普通高等教育土建学科专业"十二五"规划教材

高职高专物业管理专业规划教材

房屋本体维修养护与管理

饶春平　主编

王　钊　傅建华　主审

中国建筑工业出版社

图书在版编目（CIP）数据

房屋本体维修养护与管理/饶春平主编. —北京：中
国建筑工业出版社，2012.11
普通高等教育土建学科专业"十二五"规划教材.
高职高专物业管理专业规划教材.
ISBN 978-7-112-14833-2

Ⅰ.①房… Ⅱ.①饶… Ⅲ.①修缮加固-高等职业教育-教
材 Ⅳ.①TU746.3

中国版本图书馆 CIP 数据核字（2012）第 255061 号

《房屋本体维修养护与管理》是高职高专物业管理专业的一门主干课程。本教
材从物业服务企业进行房屋本体维修养护与管理工作实际出发，按照房屋维修管理
的一般流程和学习知识的规律特点，对房屋本体维修养护技术与管理工作的内容作
了较全面、系统的介绍。相比同类型教材，本书内容全面、实用性强，反映了目前
最新的物业管理相关制度政策、修缮技术对房屋维修养护管理的要求。每章后均安
排有实践性教学内容，进一步突出了高职高专教育的特点。

本书为普通高等教育土建学科专业"十二五"规划教材，特别适合于物业管理
专业及房地产类专业的教材使用，也适合作为物业管理行业的培训教材和有关人员
的自学参考书。

＊　　＊　　＊

责任编辑：王　跃　吉万旺　张　晶
责任设计：李志立
责任校对：张　颖　赵　颖

普通高等教育土建学科专业"十二五"规划教材
高职高专物业管理专业规划教材
房屋本体维修养护与管理
饶春平　主编
王　钊　傅建华　主审
＊
中国建筑工业出版社出版、发行（北京西郊百万庄）
各地新华书店、建筑书店经销
北京红光制版公司制版
北京建筑工业印刷厂印刷
＊
开本：787×1092 毫米　1/16　印张：13　字数：323 千字
2013 年 4 月第一版　2013 年 4 月第一次印刷
定价：**26.00** 元
ISBN 978-7-112-14833-2
（22887）

教材编委会名单

主　任：路　红

副主任：王　钊　黄克静　张弘武

委　员：佟颖春　刘喜英　张秀萍　饶春平

　　　　段莉秋　徐姝莹　刘　力　杨亦乔

序　言

　　《高职高专物业管理专业规划教材》是天津国土资源和房屋职业学院暨全国房地产行业培训中心骨干教师主编、中国建筑工业出版社出版的我国第一套高职高专物业管理专业规划教材，当时的出版填补了该领域空白。本套教材共有 11 本，有 5 本被列入普通高等教育土建学科专业"十二五"规划教材。

　　本套教材紧紧围绕高等职业教育改革发展目标，以行业需求为导向，遵循校企合作原则，以培养物业管理优秀高端技能型专门人才为出发点，确定编写大纲及具体内容，并由理论功底扎实，具有实践能力的"双师型"教师和企业实践指导教师共同编写。参加教材编写的人员汇集了学院和企业的优秀专业人才，他们中既有从事多年教学、科研和企业实践的老教授，也有风华正茂的中青年教师和来自实习基地的实践教师。因此，此套教材既能满足理论教学，又能满足实践教学需要，体现了职业教育适应性、实用性的特点，除能满足高等职业教育物业管理专业的学历教育外，还可用于物业管理行业的职业培训。

　　十余年来，本套教材被各大院校和专业人员广泛使用，为物业管理知识普及和专业教育做出了巨大贡献，并于 2009 年获得普通高等教育天津市级教学成果二等奖。

　　此次第二版修订，围绕高等职业教育物业管理专业和课程建设需要，以"工作过程"、"项目导向"和"任务驱动"为主线，补充了大量的相关知识，充分体现了优秀高端技能型专门人才培养规律和高职教育特点，保持了教材的实用性和前瞻性。

　　希望本套教材的出版，能为促进物业管理行业健康发展和职业院校教学质量提高做出贡献，也希望天津国土资源和房屋职业学院的教师们与时俱进、钻研探索，为国家和社会培养更多的合格人才，编写出更多、更好的优秀教材。

天津市国土资源和房屋管理局副局长
天津市历史风貌建筑保护专家咨询委员会主任
路　红
2012 年 9 月 10 日

前　　言

物业管理在我国正处于快速普及和发展阶段，是一个朝阳性的行业。什么是物业管理？国务院颁布的《物业管理条例》第二条给出了定义，明确指出是对房屋及配套的设施设备和相关场地进行维修、养护、管理，维护物业管理区域内的环境卫生和相关秩序的活动。很显然，对房屋进行维修、养护、管理的活动是物业管理工作的重点和核心内容之一，因为对大多数业主而言，房屋是其所拥有的资产中价值量最大的部分。物业管理者必须做好对房屋的维修养护和管理工作，保证房屋安全、正常的使用；延长房屋的使用寿命；使房屋价值能够得到保值增值，对实现社会效益、物业企业经济效益和业主综合效益意义重大。

本教材为普通高等教育土建学科专业"十二五"规划教材和高职高专物业管理专业系列教材之一，力求贴近物业管理工作实际，全面介绍了房屋本体维修养护与管理工作的内容，既包括了房屋维修养护方面的技术知识，又包含了房屋维修养护管理工作的要求。在编写过程中注重突出了下面几个特色：体现了物业维修养护方面新材料、新技术的应用；完善了物业维修养护与管理内容体系，突出了物业维修养护管理的重点；强化了技能训练，每章均安排了典型的技能训练内容，强调了以培养职业行动能力为核心，以学习领域课程结构为特征的架构模式。希望通过我们的努力使本教材更加符合高职高专课程建设的要求。

本教材共八章，由全国房地产行业培训中心、天津国土资源和房屋职业学院饶春平主编，天津国土资源和房屋职业学院王钊院长、天津市保护风貌建筑办公室副主任（副处级）傅建华正高级工程师担任主审。各章的编写人员及分工为：天津国土资源和房屋职业学院饶春平副教授编写第1章、第2章、第3章、第5章、第7章、第8章；天津市环境卫生工程设计院屈桂玲高级工程师编写第4章、第6章。全书由饶春平统稿。

本教材在编写过程中得到了天津国土资源和房屋职业学院、中国建筑工业出版社有关领导和编辑人员的指导和帮助，同时参考了有关书籍，互联网上的有关信息资源，在此一并表示衷心的感谢。

由于编者学术水平所限，书中难免存在错漏与不足之处，恳请专家、老师和广大读者批评指正。

目　录

1 房屋本体维修养护与管理概述

本章学习任务及目标

(1) 了解民用建筑的分类和等级划分

(2) 熟悉房屋建筑的保温、隔热、隔声和防震

(3) 熟悉房屋本体维修养护与管理的研究对象、任务、方针、原则及标准

(4) 熟悉房屋本体维修养护与管理相关政策规定

(5) 掌握房屋的构造组成及各部分的作用

(6) 掌握房屋本体维修养护与管理工作的分类及程序

(7) 掌握房屋维修服务的内容及管理

1.1 房屋建筑概述

1.1.1 房屋建筑的构造组成

一般民用房屋的主要组成部分是由基础、墙或柱、楼地面、楼梯、屋顶和门窗等构配件组成，如图 1-1 所示。

各组成部分的作用及构造要求如下：

(1) 基础

是房屋最下部埋在土层中的承重构件，承担建筑的全部荷载，并把荷载传给其下面的土层——地基。

基础应该坚固、稳定、耐久（耐水、耐腐蚀、耐冰冻，不应早于房屋地面以上部分先被破坏）。

(2) 墙体或柱

对于墙承重的房屋来说，墙体承受屋顶和楼层传给它的荷载，并将这些荷载和其自重传给地基，是建筑物的承重构件和围护构件。作为承重构件的外墙，还同时起到抵御自然界各种因素对室内侵袭的作用；内墙同时起分隔空间及保证舒适环境的作用。

框架或排架结构的建筑物中，柱起承重作用，墙仅起围护或分隔作用。

要求墙体或柱具有足够的强度、稳定性，具备保温、隔热、隔声、防水、防火、耐久及经济等性能。

(3) 楼板层和地坪层

楼板是水平方向的承重构件，按房间层高将整幢建筑物沿竖直方向分为若干层；楼板层承受家具、设备和人体荷载以及本身的自重，并将这些荷载传给墙或柱；同时对墙体起着水平支撑的作用。要求楼板层具有足够的强度、刚度，还具有隔声、防潮、防水等功能。

地坪层是底层房间与地基土层相接的构件，起承受底层房间荷载的作用。要求地坪具

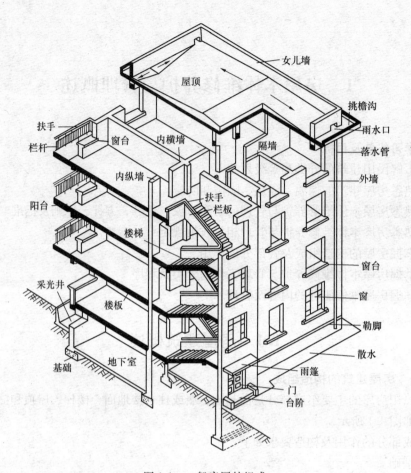

图 1-1 一般房屋的组成

有耐磨防潮、防水、防尘和保温的性能。

（4）楼梯

是楼房建筑的垂直交通设施。供人们上下楼层和紧急疏散之用。故要求楼梯具有足够的通行能力，并且防滑、防火，保证安全使用。

（5）屋顶

是建筑物顶部的围护构件和承重构件。抵抗风、雨、雪、霜、冰雹等的侵袭和太阳辐射热的影响；又承受风雪荷载及施工、检修等屋顶荷载，并将这些荷载传给墙或柱。

屋顶应具有足够的强度、刚度及防水、保温、隔热等性能。同时屋顶的构造形式应与房屋的整体形象相适应。

（6）门窗

门窗均属非承重构件。门主要承担供人们出入的内外交通和分隔房间作用；窗主要起通风、采光、分隔、眺望等围护作用。处于外墙上的门窗又是围护构件的一部分，要满足热工及防水的要求；某些有特殊要求的房间的门、窗应具有保温、隔声、防火的能力。

一幢房屋除上述六大基本组成部分外，对不同使用功能的建筑物，还有许多其他的构件和设施，如阳台、雨篷、台阶、排烟道、散水、勒脚等。

本书所提及的"房屋本体"即是指上述所提及的内容，不包括房屋所属的设施设备部分。

1.1.2 民用建筑的分类和等级划分

(1) 建筑的分类

1) 按建筑物的使用功能分类

① 民用建筑：供人们生活、居住、从事各种文化福利活动的房屋。按其用途不同，有以下两类：

A. 居住建筑：供人们生活起居用的建筑物，如住宅、宿舍、宾馆、招待所。

B. 公共建筑：供人们从事社会性公共活动的建筑和各种福利设施的建筑物，如各类学校、图书馆、影剧院等。

② 工业建筑：供人们从事各类工业生产活动的各种建筑物、构筑物的总称。通常将这些生产用的建筑物称为工业厂房。包括车间、变电站、锅炉房、仓库等。

③ 农业建筑：指供农牧业生产、加工、种植用的建筑，如种子库、温室、畜禽饲养场、农机站等。

2) 按建筑结构的材料分类

① 砖木结构：这类房屋的主要承重构件用砖、木构成。其中竖向承重构件有砖墙、砖柱等，水平承重构件的楼板、屋架等采用木材制作。这种结构形式的房屋层数较少，多用于单层或低层房屋。

② 砖混结构：建筑物的墙、柱用砖砌筑，梁、楼板、楼梯、屋顶用钢筋混凝土制作，成为砖-钢筋混凝土结构。这种结构多用于层数不多（多层）的民用建筑及小型工业厂房。

③ 钢筋混凝土结构：建筑物的梁、柱或墙、楼板、基础全部用钢筋混凝土制作。此结构用于高层或大跨度房屋建筑中。是目前广泛采用的一种结构形式。

④ 钢结构：建筑物的梁、柱、屋架等承重构件用钢材制作，墙体用砖或其他材料制成。此结构多用于大型工业建筑。

3) 按建筑结构承重方式分类

① 墙承重结构

它的传力途径是：屋盖的重量由屋架（或梁）承担，屋架（或梁）支承在承重墙上，楼层的重量由组成楼盖的梁、板支承在承重墙上。因此，屋盖、楼层的荷载均由承重墙承担；墙下有基础，基础下为地基，全部荷载由墙、基础传到地基上。

② 框架结构

主要承重体系由横梁和柱组成，但横梁与柱为刚性（钢筋混凝土结构中通常通过端部钢筋焊接后浇灌混凝土，使其形成整体）连接，从而构成了一个整体刚架（或称框架）。一般多层工业厂房或高层民用建筑多属于框架结构。

③ 排架结构

主要承重体系由屋架和柱组成。屋架与柱的顶端为铰接（通常为焊接或螺栓连接），而柱的下端嵌固于基础内。一般单层工业厂房大多采用此法。

④ 其他

由于城市发展需要建设一些高层、超高层建筑，上述结构形式不足以抵抗水平荷载（风荷载、地震力）的作用，因而又发展了剪力墙结构体系、筒体结构体系等。

4) 按建筑高度和层数分类

① 住宅建筑：低层：1～3 层；多层：4～6 层；中高层：7～9 层；高层：10 层以上。

② 公共建筑及综合建筑：总高度大于 24m 的为高层建筑（不包括高度超过 24m 的单层主体建筑）。

（2）建筑的分级

建筑物的等级一般按耐久性和耐火性进行划分。

1）按耐久年限分

建筑物的耐久等级主要根据建筑物的重要性和规模大小划分，作为基建投资和建筑设计的重要依据。以主体结构确定的建筑物耐久年限分为四级，见表 1-1。

建筑物的耐久年限   表 1-1

耐久等级	耐久年限	适 用 范 围
一级	100 年以上	适用于重要的建筑和高层建筑，如纪念馆、博物馆、国家会堂等
二级	50～100 年	适用于一般性建筑，如城市火车站、宾馆、大型体育馆、大剧院等
三级	25～50 年	适用于次要的建筑，如文教、交通、居住建筑及厂房等
四级	15 年以下	适用于简易建筑和临时性建筑

2）按耐火性能分

所谓耐火等级，是衡量建筑物耐火程度的标准，它是由组成建筑物的主要构件的燃烧性能和耐火极限的最低值所决定的。划分建筑物耐火等级的目的在于根据建筑物的用途不同提出不同的耐火等级要求，做到既有利于安全，又有利于节约基本建设投资。现行《建筑设计防火规范》（GB 50016—2010）将建筑物的耐火等级划分为四级（见表 1-2）。

建筑物构件的燃烧性能和耐火极限（h）   表 1-2

名 称		耐 火 等 级			
构 件		一级	二级	三级	四级
墙	防火墙	不燃烧体 3.00	不燃烧体 3.00	不燃烧体 3.00	不燃烧体 3.00
	承重墙	不燃烧体 3.00	不燃烧体 2.50	不燃烧体 2.00	难燃烧体 0.50
	非承重外墙	不燃烧体 1.00	不燃烧体 1.00	不燃烧体 0.50	燃烧体
	楼梯间的墙、电梯井的墙、住宅单元之间的墙、住宅分户墙	不燃烧体 2.00	不燃烧体 2.00	不燃烧体 1.50	难燃烧体 0.50
	疏散走道两侧的隔墙	不燃烧体 1.00	不燃烧体 1.00	不燃烧体 0.50	难燃烧体 0.25
	房间隔墙	不燃烧体 0.75	不燃烧体 0.50	难燃烧体 0.50	难燃烧体 0.25
柱		不燃烧体 3.00	不燃烧体 2.50	不燃烧体 2.00	难燃烧体 0.50
梁		不燃烧体 2.00	不燃烧体 1.50	不燃烧体 1.00	难燃烧体 0.50
楼板		不燃烧体 1.50	不燃烧体 1.00	不燃烧体 0.50	燃烧体
屋顶承重构件		不燃烧体 1.50	不燃烧体 1.00	燃烧体	燃烧体
疏散楼梯		不燃烧体 1.50	不燃烧体 1.00	不燃烧体 0.50	燃烧体
吊顶（包括吊顶搁栅）		不燃烧体 0.25	难燃烧体 0.25	难燃烧体 0.15	燃烧体

注：1. 除本规范另有规定者外，以木柱承重且以不燃烧材料作为墙体的建筑物，其耐火等级应按四级确定；

     2. 二级耐火等级建筑的吊顶采用不燃烧体时，其耐火极限不限；

     3. 在二级耐火等级的建筑中，面积不超过 100m² 的房间隔墙，如执行本表的规定确有困难时，可采用耐火极限不低于 0.3h 的不燃烧体；

     4. 一、二级耐火等级建筑疏散走道两侧的隔墙，按本表规定执行确有困难时，可采用 0.75h 不燃烧体。

① 建筑构件的燃烧性能可分为三类

A. 不燃烧体：指用非燃烧材料做成的建筑构件，如天然石材、人工石材、金属材料等。

B. 燃烧体：指用容易燃烧的材料做成的建筑构件，如木材、纸板、胶合板等。

C. 难燃烧体：指用不易燃烧的材料做成的建筑构件，或者用燃烧材料做成，但用不燃烧材料作为保护层的构件，如沥青混凝土构件、木板条抹灰等。

②建筑构件的耐火极限

所谓耐火极限，是指任一建筑构件在规定的耐火试验条件下，从受到火的作用时起，到失去支持能力或完整性被破坏或失去隔火作用时为止的这段时间，用小时表示。只要以下三个条件中任一个条件出现，就可以确定为达到其耐火极限：

A. 失去支持能力。指构件在受到火焰或高温作用下，由于构件材质性能的变化，使承载能力和刚度降低，承受不了原设计的荷载而破坏。例如受火作用后的钢筋混凝土梁失去支承能力，钢柱失稳破坏；非承重构件自身解体或垮塌等，均属失去支持能力。

B. 完整性被破坏。指薄壁分隔构件在火中高温作用下，发生爆裂或局部塌落，形成穿透裂缝或孔洞，火焰穿过构件，使其背面可燃物燃烧起火。例如受火作用后的板条抹灰墙，内部可燃板条先行自燃，一定时间后，背火面的抹灰层龟裂脱落，引起燃烧起火；预应力混凝土楼板使钢筋失去预应力，发生炸裂，出现孔洞，使火苗蹿到上层房间。在实际中这类火灾相当多。

C. 失去隔火作用。指具有分隔作用的构件，背火面任一点的温度达到220℃时，构件失去隔火作用。例如一些燃点较低的可燃物（纤维系列的棉花、纸张、化纤品等）烤焦后以致起火。

1.1.3　建筑的保温、隔热、隔声和防震

（1）建筑的保温、隔热和节能

1）建筑保温：是指减少建筑物室内热量向室外散发的措施，对创造适宜的室内热环境和节约能源有重要作用。建筑保温主要从建筑外围护结构上采取措施，同时还要从房间朝向、单体建筑的平面和体形设计，以及建筑群的总体布置等方面加以综合考虑。

在北方寒冷季节里，热量通过建筑物外围护构件——外墙、屋顶、门窗等由室内高温一侧向室外低温一侧传递，使热量散失，室内变冷。热量在传递过程中将遇到阻力，这种阻力称为热阻。热阻越大通过上述围护构件传出去的热量就越少，说明围护构件的保温性能越好；反之，热阻越小，保温性能就越差。因此，可采取提高热阻的方法提高围护构件的保温性能。通常可采取下列措施提高热阻：

① 增加厚度　单一材料围护构件热阻与其厚度成正比，增加厚度可提高热阻。但增加厚度显然会增加围护构件的自重和材料的消耗量，且减少了建筑物内部的有效空间。

② 保温材料　在建筑工程中，一般将导热系数小于0.3W/(m·K)的材料称为保温材料。导热系数的大小说明材料传递热量的能力。建筑工程中常用的保温材料如：加气混凝土、浮石混凝土、膨胀陶粒、膨胀珍珠岩、膨胀蛭石、岩棉、玻璃棉、泡沫塑料等。墙体通常用表观密度小、导热系数小的材料作保温材料，而用强度高、耐久性好的材料，如砖、混凝土等作承重材料，组合成复合体，如图1-2所示，使各层材料发挥各自不同的功能。

③ **防潮防水**　冬季由于外围护构件内外两侧存在温度差，室内高温一侧水蒸气分压力高，水蒸气就向室外低温侧渗透，遇冷达到露点温度时就会凝结成水，构件受潮。另外，雨水、使用水、土层中的潮气和地下水也会侵入构件，使构件受潮受水。

构件表面受潮受水会使室内装修变质损坏，严重时还会发生霉变，影响到人体健康。构件内部受潮受水会使多孔的保温材料过湿而充满水分，导热系数增高，热阻减小，降低了围护构件材料的保温效果。在低温（冰点及以下）条件下，水分形成冰点冰晶，进一步降低保温能力，并因冻融交替而严重影响建筑的安全使用和耐久性，如图 1-3 所示。

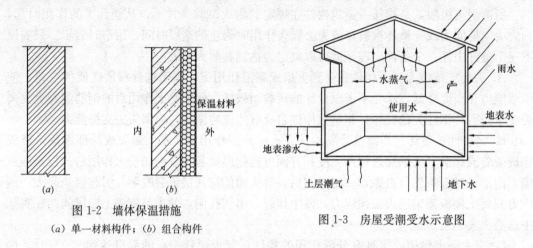

图 1-2　墙体保温措施
（a）单一材料构件；（b）组合构件

图 1-3　房屋受潮受水示意图

为防止构件受潮受水，除应采取排水措施外（如散水、明沟），在靠近水、水蒸气和潮气的一侧设置防水层、隔气层或防潮层。

④ **避免热桥**　外围护构件中，常常会设有导热系数较大的嵌入构件，如外墙中的钢筋混凝土梁、柱、过梁、圈梁、挑檐等。这些部位的保温性能都比主体围护构件差，热量很容易从这些部位传递出去，形成通常所说的"热桥"，这些部位散热量大，其内表面温度也就较低，易出现凝结水，久而久之还会出现霉变。为避免和减轻热桥的影响，就要采取切断热桥的措施，首先应避免嵌入构件内外贯通，其次应注意对这些部位采取局部保温措施，如增设保温材料等。

⑤ **防止冷风渗透**　当围护构件内外两侧空气存在压力差时，空气就会从高压一侧通过围护构件流向低压一侧，这种现象称之为空气渗透。空气渗透可由室内外温度差（热压）引起，也可由风压引起，由热压引起的渗透，热空气由室内流向室外，室内热量产生损失；由风压引起的渗透，则使冷空气向室内渗透，使室内变冷。因此，为避免冷空气渗入和热空气散失，应尽量减少围护构件的缝隙。

2）建筑隔热：我国南方地区，夏季气候炎热，高温持续时间长，太阳辐射强度大，相对湿度高。建筑物在强烈的太阳辐射和高温、高湿气候的共同作用下，通过围护构件将大量热量传入室内，另外，室内生活和生产也会产生大量的余热。这些从室外传入和室内活动产生的热量，使室内气候变得过热，影响人们的生活居住和生产活动。

为减轻和消除室内过热现象，可以采用如设置空调和制冷系统达到降温、调整湿度的目的，但费用较高。对大多数建筑而言，可以依靠建筑措施来改善室内的温湿度状况：

① **降低室外综合温度**　室外综合温度是考虑太阳辐射和室外温度对围护构件综合作

用的一个假想温度。室外综合温度的大小，关系到通过围护构件向室内传入热量的多少，降低室外综合温度的方法主要有采取合理的总体布局、选择良好的朝向、尽可能争取有利的通风条件、防止太阳西晒、绿化周围环境、减少太阳辐射和地面反射等。对建筑本身来说，采用浅色外饰面或采取淋水、蓄水屋面或西墙遮阳措施等。

② 提高外围护构件的防热和散热性能 炎热地区外围护构件的防热措施主要应能隔绝热量传入室内，同时当太阳辐射减弱时和室外气温低于室内气温时能迅速散热。

带通风间层的外围护构件既能隔热也能较好地散热，因为从室外传入的热量，由于通风，使传入室内的热量减少；当室外温度低于室内温度时，从室内传出的热量又可通过通风间层带走。在围护构件中增设导热系数小的隔热材料也有利于隔热。利用表层材料的颜色和光滑度能对太阳辐射起反射作用，对防热、降温均有一定效果。另外，利用水的蒸发，吸收大量汽化热，也可大大减少通过屋顶传入的热量。

3) 建筑节能：建筑物的能耗是由其围护结构的冷风渗透和热传导两方面造成的。建筑的围护结构直接影响民用建筑的能耗，据调查，围护结构的耗热量占建筑采暖热耗的1/3以上。因此，对于民用建筑物来说，节能的主要途径是：应从墙、门、窗、顶等围护结构着手，通过逐步优化围护结构设计，尽量减少其能量散失，更好地满足保温、隔热、透光、通风等各种需求，达到最佳的节能效果。为了降低建筑能耗，在减少建筑物冬季空气渗透耗热量和夏季空气渗透得热量的前提下，尽量利用太阳辐射得热和建筑物内部得热：

① 选择有利于节能的朝向、平面布局和建筑体形 在民用建筑规划阶段，设计应慎重考虑建筑物的朝向、布局、体形、间距、绿化配置等因素对节能的影响。在朝向方面，从节能和热环境两方面考虑，建筑物应选择在向阳、避风的地段，避免东西向，以南北向或接近南北向对争取日照有利。如果不能为南北向，将主要房间设在冬季朝阳和背风的方向，以减少围护结构散热量的影响。在建筑布局方面，应建立气候防护单元，形成优化微气候的良好界面。节能建筑的形态要求体形系数小（即建筑物外表面积与其所包围的体积之比），尽量减少建筑物的外表面积。建筑物平面形式应平整、简洁，外形应选用长条形，避免使用凹凸面过多、体形复杂的塔式建筑。同时，还应注意建筑间距与节能的关系，间距的确定首先要以能满足日照间距的要求为前提，使建筑南墙的太阳辐射面积在整个采暖季节中不因其他建筑的遮挡而减少。

② 墙体节能措施 推广使用复合墙体技术，即将保温材料与基层墙体复合，构成复合保温墙体。复合墙一般用砖或钢筋混凝土作承重墙，并与绝热材料复合。墙体复合保温方式主要包括内保温和外保温两种。内保温是指在外墙内侧增加保温措施，施工简便易行，但内保温热稳定性差，室内温度调节的速度快，适用于间歇使用的空调房间。内保温容易因室内装修而被破坏，热桥部位多，冬季室内容易结露。外保温即保温材料在墙体的外侧，有利于室内水蒸气通过墙体向外散发，可避免墙体受潮，对保护建筑结构有利，能够延长建筑物的使用寿命，墙体可以作为蓄热材料且能解决围护结构通常存在的热桥问题。其特点是热稳定性好，室内温度调节的速度慢，适用于连续采暖、空调的房间。相比较而言，推荐外保温作为墙体保温的首选措施。

③ 门窗节能措施 门、窗是薄壁的轻质构体，由玻璃、型材组成，是节能的薄弱环节，相对墙体而言，门、窗的保温隔热性能很差，大量的热量通过窗户是双向流动的。普

通单层玻璃窗的能量损失约占建筑物夏季降温及冬季保温能耗的 50％ 以上，所以改善其绝热性能是节能的重点。门窗缝隙是冷风渗透的主要通道，为了减少能耗，可选用气密窗、中空玻璃、塑钢门窗、密闭保温性能好的防盗门、新型外墙保温材料来达到节能效果。

④ 屋顶节能措施 据调查，坡屋顶与平屋顶的顶层房间的室内温度可相差 5℃ 左右。这就表明在室内热环境相同时，坡屋顶建筑的使用能耗比平屋顶节省，又能避免因温度变化过大，导致屋面结构产生较大变形引起的顶层墙体开裂，提高了建筑物墙身的整体性。因而，在节能建筑中，应提倡采用坡面屋顶。

⑤ 其他节能措施 与室外接触的楼板通常有梁，如不对其作保温，则需对其会否造成热桥进行计算；立面设计的凸窗的窗顶、窗台板应作保温。玻璃幕墙是建筑外观设计重要的创作手段，它有高耗能的缺点。节能设计规范对玻璃幕墙隔热节能性能有严格规定，会大大增加玻璃幕墙的造价，应淘汰低档产品，避免玻璃幕墙的滥用。遮阳设施是窗、玻璃幕墙的配套设施，这对于调节日照、节省能源具有十分重要的作用，开窗面积越大，遮阳要求越高。遮阳方式分玻璃外遮阳和自遮阳两种。外遮阳包括遮阳百叶窗、遮阳构件（挑板）等。与窗配套的百叶窗技术，如外窗平置式遮阳百叶卷帘外窗体系；内置遮阳百叶。玻璃自遮阳就是降低玻璃的透射率，例如镀膜玻璃、着色玻璃、中空玻璃门窗，还可在玻璃表面喷涂反射隔热涂层，提高玻璃热反射率等。

（2）建筑隔声

① 噪声的传播 凡是影响人们正常学习、工作和休息的声音，以及人们在某些场合"不需要的声音"，都统称为噪声。它是一类引起人烦躁、或音量过强而危害人体健康的声音。如机器的轰鸣声，各种交通工具的马达声、鸣笛声，人的嘈杂声及各种突发的声响等，均称为噪声。声音从室外传入室内，或从一个房间传到另一个房间的主要途径有：

A. 通过围护结构的缝隙直接传声 噪声沿敞开的门窗、各种管道与结构形成缝隙和墙体由于砂浆灰缝不饱满形成的缝隙的空气中直接传播。

B. 通过围护结构的振动传声 声音在传播过程中遇到围护结构时，在声波交变压力作用下，引起围护结构的强迫振动，将声波传播至另一空间。

C. 结构传声 直接打击或撞击建筑构件，在构件中激起振动，产生声音。这种声音主要沿着结构传递，如敲击金属管道、楼层上行人的脚步声和机械振动声等。

建筑隔声包括空气声隔声和结构隔声两个方面，上述前两种声音是在空气中发生并传播的，所以称为空气传声，后一种是通过结构本身来传播的，称为结构传声或叫固体传声。所谓空气声，是指经空气传播或透过建筑构件传至室内的声音；如人们的谈笑声、收音机声、交通噪声等。所谓结构声，是指机电设备、地面或地下车辆以及打桩、楼板上的走动等所造成的振动，经地面或建筑构件传至室内而辐射出的声音。在建筑物内空气声和结构声是可以互相转化的。因为空气声的振动能够迫使构件产生振动成为结构声，而结构声辐射出声音时，也就成为空气声。

② 建筑隔声的途径 减少空气声的传递要从减少或阻止空气的振动入手。

A. 对空气传声的隔绝

（A）增加构件重量 构件越轻，越易引起振动，因此，构件的重量越大，隔声的能力就越高，隔声效果越好，可以选择面密度（kg/m²）大的材料。

（B）采用带空气层的双层构件　双层构件的传声是由声源激发起一层材料的振动，振动传到空气层，然后再激发起另一层材料振动。由于空气的弹性变形具有减振作用，所以提高了构件的隔声能力。但应注意尽量减少和避免构件中出现"声桥"，即指空气间层内出现两层实体的连接。

（C）采用多层组合构件　多层组合构件是利用声波在不同介质分界面上产生反射、吸收的原理来达到隔声的目的。

B. 对结构传声的隔绝　厚重坚固的材料可以有效地隔绝空气传声，但隔绝结构传声的效果却很差。相反，多孔材料如毡、毯、软木、岩棉等隔绝结构传声却较为理想，因而减少结构声的传递则必须采取隔振或阻尼的办法。

（A）设置弹性面层　是指在构件面层上铺设弹性较好的材料，如地毡、地毯、软木板、喷涂弹性涂料面层等。构件表面受到撞击时，面层发生较大的弹性变形而吸收能量，减弱了撞击能量。

（B）设置弹性夹层　即在面层和基层之间设置一层弹性材料，如刨花板、岩棉、泡沫塑料等，将面层和基层完全隔开，切断了结构声的传递路线。在构造处理上要尽量避免出现声桥。

（C）采用带空气层的双层结构　这是利用隔绝空气声的办法来降低结构传声，即利用空气弹性变形具有减振作用的原理来提高隔绝结构传声的能力。

（3）建筑防震

① 地震基本知识

地球内部缓慢积累的能量突然释放或人为因素引起的地球表面的震动叫地震。

A. 震源、震中与震源深度　地震波发源的地方，叫做震源。震源在地面上的垂直投影，叫做震中。震中到震源的深度叫做震源深度。通常将震源深度小于70km的叫浅源地震，深度在70～300km的叫中源地震，深度大于300km的叫深源地震。破坏性地震一般是浅源地震。

B. 地震的震级　震级是表示地震强度大小的度量，它与地震所释放的能量有关。一次地震只有一个震级。迄今记录到的地球上的最大地震为1960年5月21日智利8.9级特大地震。最近的一次是2011年3月11日，日本当地时间14时46分，日本东北部海域发生里氏9.0级地震并引发海啸，造成重大人员伤亡和财产损失。震级每相差一级，其能量相差约为30多倍。可见，地震越大，震级越高，释放的能量越大。一个6级地震释放的能量相当于美国投掷到广岛的原子弹所具有的能量。

C. 地震的烈度　通常把地震对地面所造成的破坏或影响的程度叫地震烈度。烈度根据受震物体的反应、房屋建筑物破坏程度和地形地貌改观等宏观现象来判定。地震烈度的大小，与地震大小、震源深浅、离震中远近、当地工程地质条件等因素有关。因此，一次地震震级只有一个，但烈度却是根据各地遭受破坏的程度和人为感觉的不同而不同。一般说来，烈度大小与距震中的远近成反比，震中距越小，烈度越大，反之烈度愈小。我国目前使用的地震烈度分为12度，5度以上才会造成破坏。不同烈度的地震，其影响和破坏大体如下：小于3度。人无感觉，只有仪器才能记录到；3度。在夜深人静时人有感觉；4～5度。睡觉的人会惊醒，吊灯摇晃；6度。器皿倾倒，房屋轻微损坏；7～8度。房屋受到破坏，地面出现裂缝；9～10度。房屋倒塌，地面破坏严重；10～12度。毁灭性的破坏。

② 建筑防震要点

A. 抗震设防烈度为6度及以上地区的建筑，必须进行抗震设计。

B. 建筑应根据其使用功能的重要性分为甲类、乙类、丙类、丁类四个抗震设防类别。甲类建筑应属于重大建筑工程和地震时可能发生严重次生灾害的建筑，乙类建筑应属于地震时使用功能不能中断或需尽快恢复的建筑，丙类建筑应属于除甲、乙、丁类以外的一般建筑，丁类建筑应属于抗震次要建筑。

C. 结构体系应符合下列各项要求

（A）应具有明确的计算简图和合理的地震作用传递途径。

（B）应避免因部分结构或构件破坏而导致整个结构丧失抗震能力或对重力荷载的承载能力。

（C）应具备必要的抗震承载力，良好的变形能力和消耗地震能量的能力。

（D）对可能出现的薄弱部位，应采取措施提高抗震能力。抗震设计尽量做到建筑平面和立面规则、减少大悬挑和楼板开洞、总质量小且沿平面和立面分布均匀、刚度柔并不出现凸变。

D. 抗震设计按照二阶段、三水准　二阶段：对绝大多数结构进行多遇地震作用下的结构和构件承载力验算和结构弹性变形验算，对各类结构按规定要求采取抗震措施；对特殊结构应进行罕遇地震下的弹塑性变形验算。三水准：小震不坏、中震可修、大震不倒原则进行。

E. 对于抗震防灾建筑（如：大中型医疗建筑、消防车库及其值班用房、疾病预防与控制中心）、基础设施建筑（如：县及县级市的主要取水和输水管线、水质净化处理厂配套建筑、燃气厂主厂房、贮气罐、加压泵房和调度楼、热力建筑）、电力建筑、交通运输建筑、邮电通信和广播电视建筑、大中型公共建筑和幼儿园、小学教学楼等，国家规定要提高抗震设防标准。

1.2　房屋本体维修养护与管理概述

1.2.1　房屋本体维修养护与管理的对象及任务

房屋是人们进行生产、生活、学习和工作必不可少的物质基础，它也是国家、社会和人民家庭的巨大财富。随着城市化进程的加快和城市建设的迅猛发展，城市房屋不仅数量激增，而且功能愈加齐全，房屋类型多种多样。面对国家、社会和人民这一巨大且日益增长的不动产财富，如何保障其安全、正常的使用，延长其使用寿命，则是摆在房屋管理者面前的一项重要使命。因此，无论从何角度来看，都必须重视和加强对房屋的维修、养护和管理。

房屋维修是指在房屋的耐用年限内，在对房屋进行查勘鉴定、评定房屋完损等级的基础上，对房屋进行维护和修理，使其保持或恢复原来状态或使用功能的活动。房屋维修包括对非损坏房屋的维护和对损坏房屋的修理。所谓房屋的耐用年限，是指房屋自建成并通过竣工验收合格开始，到由于某种原因引起房屋报废并拆除为止的总期限。

　　伴随着我国住房制度的改革，房屋维修养护管理的体制也发生了根本性的变革，从过去计划经济体制下单一的政府或企业房屋管理部门对房屋的管理，已经发展成为市场经济体制下为主的，物业服务企业进行的物业管理。此处所提及的物业是指已经建成并投入使用的各类房屋及其与之相配套的设备、设施和场地。物业可大可小，一个单元住宅可以是物业，一座大厦也可以作为一项物业，同一建筑物还可按权属的不同分割为若干物业。物业含有多种业态如：办公楼宇、商业大厦、住宅小区、别墅、工业园区、酒店、厂房仓库等多种物业形式。按照《物业管理条例》第二条对物业管理的定义，物业管理，是指业主通过选聘物业服务企业，由业主和物业服务企业按照物业服务合同约定，对房屋及配套的设施设备和相关场地进行维修、养护、管理，维护物业管理区域内的环境卫生和相关秩序的活动。

　　从上述对物业管理的定义可以看出，物业管理重要环节之一就是对房屋进行维修、养护、管理服务，它是一种经常性、持久性的基本服务工作。其任务是，物业服务企业依据物业服务合同，按照科学的管理方法、程序和维修质量要求，在物业服务合同期限内，对物业管理区域内的物业使用过程中，由于自然因素、正常使用造成的物业损坏，进行维修、养护、装修、更新、改造等多种工作。其目的是：保证房屋安全、正常使用；延长物业使用寿命；改善物业使用条件、使物业能够保值增值。也就是说，是在充分利用原有物业功能、质量和技术条件的前提下，对物业损坏的原因、程度寻求最佳的修理养护或拆、改、建方案，因地制宜地将物业维修、养护好。

　　由于物业维修工作是在原有物业的基础上进行养护、修复或更新工作，所以，不仅要考虑物业的原有结构、风格，也要考虑地理条件和环境，还要考虑与相邻房屋或其他构筑物间的协调。它的工作性质是以建筑工程专业及其相关专业技术知识为基础的具有特殊技术要求的工作。这项工作的特点是综合性、专业性和操作性都很强。

1.2.2　房屋本体维修养护与管理的方针、原则及标准

（1）房屋维修养护与管理的方针

　　改革开放三十多年来，中国城乡居民的居住条件和生活环境发生了翻天覆地的变化。据统计，1978 年城镇人均住房建筑面积仅为 $6.7m^2$，到 2008 年年底，城镇人均住房建筑面积达到了 $28m^2$ 以上，是 1978 年人均住房面积的 4.2 倍，房地产业已经成为国民经济的重要支柱产业之一，房地产业增加值占 GDP 总量近 5%（2009 年 9 月 28 日，国家新闻中心举行的主题为"中国社会保障、住房保障情况和住房建设成就"新闻发布会，住房和城乡建设部副部长齐骥介绍情况并回答记者提问）。因此，管理和维修养护好城市房屋不仅是充分利用和保护好这笔巨大社会财富的问题，也关系到千家万户安居乐业和社会主义现代化的建设发展。因此，挖掘现有住房潜力，不断改善居民居住条件，延长房屋的使用年限，减少自然淘汰率，将是房屋维修养护管理服务的长期工作和任务。结合我国的实际情况，对房屋维修养护管理的方针应该是：实行管养合一、综合治理，调动各方面的因素对现有房屋做好养护、维修；积极开展对房屋的小修养护，实行综合有偿服务，严格控制大片拆建、中修与拆留结合的综合改建；结合大城市现代化进程需要改善城市景观，集中力量改造简陋平房；有步骤地轮流搞好综合维修，以提高房屋的质量、完好程度和恢复、改善其使用功能，保证业主或使用人的住用安全，最终达到以尽量少的资源投入获得提高房屋的使用年限与使用功能的目的。

（2）房屋维修养护管理服务的原则

如上一节所述，房屋类型很多，表现在使用功能、建筑材料、结构形式以及建筑标准的不同，还表现在房屋高度、层数的不同，以及建筑风格的不同等方面。对各种类型的房屋，依据什么要求、标准进行维修，要有与之适应的规范、标准。房屋维修养护管理的总原则是：美化城市、造福人民、有利生产、方便生活。为人民群众的居住生活服务、为国民经济发展服务。具体原则有：

1）坚持安全、经济、合理、实用的原则

① 安全　是房屋管理的首要原则。就是要通过房屋管理与维修服务使管理区域内建筑物主体结构不发生明显损坏和倒塌现象，达到房屋主体牢固，保证业主或使用人的住用安全，特别是对尚需利用的旧有房屋要做好防范措施，加强维护和保养。对危陋住房要有计划地拆建，保证房屋不发生安全事故。

② 经济　就是要加强维修养护工作的成本管理，处处本着节约的原则精打细算，使有限的物业服务费和专项维修资金，得到最有效的利用，做到尽量少花钱多修房。

③ 合理　就是制定科学合理的维修养护计划与维修方案，按照国家的规定标准进行维修。不任意扩大维修范围，不无故提高维修标准。对新建房屋的维修首先要做好日常养护，其次要做好综合管理，以保持房屋原貌和完损等级，对旧有房屋的维修要做到充分、有效、合理，能修则修，应修尽修，全面养护。

④ 实用　就是从实际出发，分析房屋损坏的原因和损坏程度，因地制宜地进行维修，满足用户在房屋使用功能和质量上的需求，充分发挥房屋的潜能。

2）坚持不同维修标准的原则

对不同建筑结构、不同等级标准的房屋，采取不同的维修标准。比如，对结构较好，设备较齐全，等级较高的房屋，应按原有的建筑风格与标准进行维修；对涉及城市改造规划、近期内确需拆除的房屋，在保证居住人安全的前提下，应以简修为主。对管理区域内的旧有房屋维修原则的制定，首先应该做好的是房屋现状的调查分析工作，依据房屋建筑的历史年代、结构质量状况、房屋使用标准、环境质量以及所在地区的特点等综合条件，结合城市总体规划的要求，对所在地区旧有房屋进行分类，采取不同的维修改造方针。

3）维修房屋不受损坏原则

作为不动产的房屋是社会物质财富的组成部分，加强对房屋保养、爱护使用，及时维修旧损房屋，保持房屋正常的使用功能和基本完好，维护房屋不受损坏是房屋维修工作的重要内容。维修房屋不受损坏要做到"能修则修、应修尽修、以修为主、全面保养"。

4）为业主或使用人服务原则

房屋维修养护管理的目的是为了不断满足社会生产和居民居住生活日益增长的需要，创建安全、方便、舒适、文明的生产、生活环境条件。因此，在房屋维修养护管理上必须切实做到为业主或使用人服务。建立健全、科学、合理、规范的房屋维修养护管理制度并培训好房屋管理、维修服务人员，真正树立为业主服务的思想意识，真心替业主排忧解难。当然，按照价值规律，市场经济条件下等价有偿的原则，房屋维修需投入人力、建材、机具、管理等各种合理成本，理应由业主或使用人来承担这笔维修费用。

（3）物业维修服务的标准

物业维修服务的标准是在物业维修原则的基础上制定的。国家建设行政主管部门颁布的《房屋修缮范围和标准》、《房屋完损等级评定标准》是按照我国目前房屋的现状，针对房屋的结构、装修、设备三个组成部分的完损状况，制定出不同的维修标准。房屋的完损状况分为五个标准：完好标准、基本完好标准、一般损坏标准、严重损坏标准、危险房标准。按照房屋完损状况，其修缮工程分类为：翻修、大修、中修、小修和综合维修。并按主体工程、木门窗及装修工程、楼地面工程、屋面工程、抹灰工程、油漆粉饰工程、水、电、卫、暖设备工程、金属构件及其他等九个分项工程进行确定。

凡修缮施工都必须按《房屋修缮工程质量检验评定标准》的规定执行。

1.2.3 房屋本体维修养护与管理工作的分类及程序

房屋维修有狭义和广义之分。狭义的房屋维修仅指对房屋的养护和维修；广义的房屋维修则包括对房屋的养护、维修和改建，具体地说是对房屋的日常保养，对损坏房屋的维修，以及对不同等级房屋功能的恢复、改善，装修、装潢，同时包括对房屋维修加固，增强房屋抗震能力。房屋竣工交付使用后，由于设计或施工上的疏忽、材料的缺陷，或受自然因素影响的风化、侵蚀及使用过程的磨损等原因，常导致房屋使用功能的减弱和房屋的损坏，因而需要不断地修理与养护，修理的范围有小有大，修理的程度有简有繁。同时，随着现代社会不断提升的要求和科学技术的发展，修理也不再只是进行原样修复，而是向改善、创新和节能的方向发展。所以，房屋修理除了维护和恢复房屋原有功能这个基本内容之外，还有对房屋进行改善和创新的内容。

（1）房屋维修工程的分类

以房屋损坏的程度（房屋损坏程度的划分以主体结构，装修、设备和环境条件）为依据，按房屋维修的工程规模、结构性质和经营性质进行划分。

1）维修工程按工程规模划分为四类

① 完好或基本完好的房屋，应经常进行养护（小修）；

② 一般损坏的房屋，应进行中修工程的修缮；

③ 严重损坏的房屋，应进行大修工程的修缮；

④ 危险房屋，除具有重大历史纪念意义或文物价值的房屋，应进行拆除重建。

2）按房屋结构划分，分为结构维修和非结构维修两类

① 结构维修是指对房屋的基础、承重墙、柱、梁、楼板及屋顶结构等主要受力构件进行修理养护。结构的修理与养护是房屋修理养护的关键，只有保证了结构的安全，非结构的修理养护才有意义。

② 非结构维修是指对房屋的装修、装饰、门窗、非承重墙、防水层、给排水管道、卫生设备、电气设备等部位的修理养护。非结构修理养护对结构起着保护作用，同时，也是充分发挥房屋使用功能和美观必不可少的条件。

因此，二者相互依存，都应当引起重视。

③ 按经营管理性质划分，可分为恢复性维修、赔偿性维修、救灾性维修和返工性维修四类。

A. 恢复性维修是指恢复房屋的原有状况与功能，保障居住安全和正常使用。恢复性维修是维修工作最基本的内容，也是维修的重点，安排计划时要优先考虑。

B. 赔偿性维修是指修复房屋及其构件因用户私自拆改、增加房屋荷载、改变使用性质，人为损坏，违约使用以及单位或个人过失造成损坏所需的维修工程，其费用由责任者负担。

C. 救灾性维修是指修复房屋因自然灾害而造成损坏的维修工程。对于重大天灾，如风灾、火灾、水灾、地震等，维修费用由有关部门拨专款解决；属于人为失火造成灾害，其维修费用按"赔偿性修缮"的办法处理，责任者需担负全部或部分费用。

D. 返工性维修是指因房屋维修的设计缺陷、施工质量不合格或管理失误造成的再次修缮。其维修费用由责任者负担。

（2）房屋维修工作程序

对于规模较大的维修工程，如大、中型维修项目，其维修程序一般为：查勘鉴定→设计→工程预算→工程申报→搬迁住户→工程准备→修理施工→工程验收→工程结算→工程资料归档。

对于规模较小的维修项目，如小修工程，其维修管理环节主要包括：报修、登记确认、计划安排、填报维修项目任务单、维修、验收、回访、资料归档等。

总之，为搞好房屋维修工作，物业服务企业管理人员除应了解上述工作程序外，还应具备房屋维修工程基本技术知识，熟悉有关法规、规定、标准及制度要求等，协调好各有关部门、单位之间的关系，落实维修工程计划，本书将比较详细地介绍各类维修技术和相关养护管理知识。

1.2.4　房屋维修服务的内容及管理

房屋维修管理工作包括房屋日常安全检查的管理、房屋维修的施工管理和房屋维修的行政管理等。物业服务企业是按照一定的科学管理程序和一定的维修技术管理要求，依据国家和地方城市有关房屋维修管理的法规、标准和方针、政策，对所经营管理的房屋进行查勘、鉴定、完好率评定；确定维修方案，安排维修计划；落实专项维修资金使用计划；组织维修施工；进行维修工程质量监督和竣工验收；建立房屋维修技术档案；监督业主或使用人合理使用房屋等各项管理工作。

要使房屋满足人们对生产、生活和学习的需要，必须设法保证房屋结构始终处在正常状态。而房屋管理的好坏，在很大程度上又取决于对房屋养护、维修、管理的成果。其中，房屋的养护工作是物业服务企业向业主或使用人提供的最基本、最经常性的服务项目。对房屋进行科学、合理的养护，不仅能为业主和使用人提供方便、舒适的工作和生活环境，延长房屋维修的周期，节约维修资金，而且有利于防止房屋结构损坏的产生和扩大，延长房屋的使用寿命。

（1）房屋日常养护

房屋养护从本意来理解是指保养维护房屋建筑的意思。这里的房屋养护是指物业服务企业对房屋建筑的日常保养和护理，以及对出现的轻微损坏现象所采取的必要修复等措施。房屋养护工作包含的内容有：房屋零星损坏日常修理（小修）、季节性预防保养以及房屋的正确使用、管理等工作。加强房屋日常养护，除了物业服务企业本身要按合同约定尽职尽责以外，还要注意向业主或使用人宣传正确使用房屋的知识，使业主或使用人按房屋的设计功能要求合理使用。特别是在业主或使用人进行房屋二次装修时，物业服务企业更应加强必要的指导和监督。房屋养护同房屋维修一样，都是为了房屋能安全、正常使用，但两者之间又有区别：维修工程是在相隔一定时期后，根据房屋损坏程度的评级，按需开工进行一次性的大、中修工作；而房屋养护则是指经常性的保养和零星修缮，及时地为广大业主提供服务的项目，以及采取各项必要的预防保养措施。

（2）房屋日常养护的类型和内容

房屋日常养护可分为小修养护、计划养护和季节性养护三种类型。

1）房屋小修养护的内容

房屋小修养护，是指通过维修管理人员对房屋的日常巡查和业主或使用人的随时报修等渠道来收集维修信息，对发现的小损小坏及时修复。小修（零星）养护的特点是修理范围广，项目零星分散，时间紧，要求及时，具有经常性的服务性质。如：

①门窗开关不灵的维修及少量新做；支顶加固；接换柱脚；顶棚、雨篷、墙裙、踢脚线的修补、刷浆；修补镶贴墙面和地面局部松动损坏的瓷砖；普通水泥地面、墙面的修补及局部新做；细木装修的加固及局部拆换等。

②给水管道的少量拆换；水管的防冻保暖、排水管道的保养、维修、疏通及少量拆换；阀门、水嘴、抽水马桶及其零配件的整修、拆换；脸盆、便器、浴缸、菜池的修补拆换；屋顶水箱的清洗、修理等。

③修补屋面、修补泛水、屋脊及局部翻做；拆换及新做少量天窗；室外排水管道的疏通及少量更换；明沟、散水的养护和清理；井盖、井圈的修配；雨水井的清理；化粪池的清理；装配五金等。

④楼地板、隔断、顶棚、墙面维修后的补刷油漆及少量新做油漆；维修后的门窗补刷油漆、装配玻璃及少量门窗的新做油漆；楼地面、墙面刷涂料等。

⑤电线、开关、灯头的修换；线质老化的更换；线路故障的排除、维修及少量拆换；配电箱、盘、板的修理、安装；电表与电分表的拆换及新装等。

2）房屋计划养护的内容

计划养护从性质上来看是一种房屋保养工作，它强调要定期对房屋进行检修保养，才能减少房屋的损坏机率，延长房屋的维修周期，更好地为业主和使用人的生产、生活服务，如门窗、铁件的油漆、墙面的粉刷等。计划养护任务一般应安排在报修（小修）任务不多的淡季。如果报修任务较多，要先保证完成报修任务，然后再安排计划养护任务。房屋计划养护是物业服务企业通过平常检查掌握的资料从房屋管理角度提出来的养护种类。

3）房屋季节性养护的内容

这是指由于季节性气候原因而对房屋进行的预防保养工作，其内容包括夏季来临前须做好防雨、防渗漏、防汛、防台风；冬季前须做好的保温、防冻等。季节和气候的变化会给房屋的使用带来不利影响，房屋的季节性预防养护，关系着业主或使用人的居住和使用安全以及房屋设备的完好程度，所以，这种根据季节变化所采取的预防养护也是房屋养护中的一个重要方面。根据当地自然气候条件，房屋季节性养护应注意与房屋建筑结构的种类及其外界条件相适应，砖混结构的防潮；木结构的防腐、防潮、防蚁；钢结构的防锈等养护，各有各的要求，各有各的方法，必须结合具体情况来进行。

（3）日常养护的一般程序

1）维修项目收集

日常养护的小修项目，主要通过管理人员对房屋的日常巡视检查和业主的随时报修两个渠道来收集。日常巡视检查是管理人员经常性地对所管房屋进行检查并对物业区域内业主进行走访，并在走访中查看房屋，主动收集业主对房屋维修的具体要求，发现业主尚未提出或忽略掉的房屋险情及共用部位的损坏情况。为了加强管理，提高服务质量，宜建立走访查房手册。

物业服务企业接受住户报修的途径主要有以下几种途径：

① 组织咨询活动

一般可利用节、假日时间，物业服务企业在所管物业区域内主要通道旁、公共场所或房屋集中地点摆摊设点，征求业主或使用人提出的意见并收集报修内容。

② 设置报修箱

在所管物业区域内的繁华地段、房屋集中地方和主要通道处设置信箱，供业主或使用人随时投放有关的报修单和预约上门维修的信函。物业服务企业要及时开启信箱整理报修信息。

③ 建立接待值班制度

物业服务企业可以根据物业服务合同内容要求，配备专（兼）职报修接待员，开通24h 维修、报修电话，负责全天接待来访、记录电话和接受信函。接到报修后，接待员应及时填写报修单，及时安排相关部门处理。

2）编制小修工程计划

通过管理人员对房屋的日常巡视检查和业主的随时报修等渠道收集到的小修工程服务项目后，按照轻重缓急和劳动力等资源状况，做出合理的维修安排。对室内照明、给水排污等部位发生的故障及房屋险情等影响正常使用的急迫维修，应及时安排组织人力抢修。暂不影响正常使用的小修项目，可由管理人员统一收集整理，编制维修养护计划表，尽早逐一落实。在小修工程收集过程中，若发现超出小修养护范围的项目，管理员应及时填报中修以上工程申报表。

3）落实小修工程任务

管理人员根据急修项目和小修养护计划，开列小修任务单。房屋小修养护工作凭任务单领取材料和机具，并根据小修任务单上的维修项目地点、内容进行小修工程施工。对施工中发现的房屋险情可先行处理，然后再由开列小修任务单的管理人员变更和追加工程项目手续。

4）监督检查小修养护工程

在小修养护工程施工中，管理员应每天到小修工程现场解决工程中出现的问题，监督检查当天小修工程完成情况。工程完毕，及时进行维修项目工程质量验收，保证维修项目质量合格率，并对维修项目涉及的相关业主进行回访，征求意见，最后将维修项目情况记录按要求归档保存。

1.2.5　房屋本体维修养护与管理相关政策规定

（1）新建房屋保修的规定

1）《房屋建筑工程质量保修办法》（中华人民共和国建设部令第 80 号）

《房屋建筑工程质量保修办法》规定了新建、扩建、改建各类房屋建筑工程在保修范围和保修期限内出现质量缺陷，施工单位应当（对开发建设单位）履行保修义务。

① 保修期限

《房屋建筑工程质量保修办法》第七条规定，在正常使用下，房屋建筑工程的最低保修期限为：

A. 地基基础工程和主体结构工程，为设计文件规定的该工程的合理使用年限；

B. 屋面防水工程、有防水要求的卫生间、房间和外墙面的防渗漏，为5年；

C. 供热与供冷系统，为2个采暖期、供冷期；

D. 电气管线、给排水管道、设备安装为2年；

E. 装修工程为2年。

其他项目的保修期限由建设单位和施工单位约定。

第八条规定，房屋建筑工程保修期从工程竣工验收合格之日起计算。

② 保修责任

《房屋建筑工程质量保修办法》第九条规定，房屋建筑工程在保修期限内出现质量缺陷，建设单位或者房屋建筑所有人应当向施工单位发出保修通知。施工单位接到保修通知后，应当到现场核查情况，在保修书约定的时间内予以保修。发生涉及结构安全或者严重影响使用功能的紧急抢修事故，施工单位接到保修通知后，应当立即到达现场抢修。

第十一条规定，保修完成后，由建设单位或者房屋建筑所有人组织验收。涉及结构安全的，应当报当地建设行政主管部门备案。

第十二条规定，施工单位不按工程质量保修书约定保修的，建设单位可以另行委托其他单位保修，由原施工单位承担相应责任。

第十三条规定，保修费用由质量缺陷的责任方承担。

第十四条规定，在保修期内，因房屋建筑工程质量缺陷造成房屋所有人、使用人或者第三方人身、财产损害的，房屋所有人、使用人或者第三方可以向建设单位提出赔偿要求。建设单位向造成房屋建筑工程质量缺陷的责任方追偿。

③ 不属于保修范围的情形

A. 因使用不当或者第三方造成的质量缺陷；

B. 不可抗力造成的质量缺陷。

2)《商品房销售管理办法》(中华人民共和国建设部令第88号)

第三十二条规定，销售商品住宅时，房地产开发企业应当根据《商品住宅实行质量保证书和住宅使用说明书制度的规定》(以下简称《规定》)，向买受人提供《住宅质量保证书》、《住宅使用说明书》。

第三十三条规定，房地产开发企业应当对所售商品房承担质量保修责任。当事人应当在合同中就保修范围、保修期限、保修责任等内容做出约定。

保修期从交付之日起计算。

商品住宅的保修期限不得低于建设工程承包单位向建设单位出具的质量保修书约定保修期的存续期；存续期少于《规定》中确定的最低保修期限的，保修期不得低于《规定》中确定的最低保修期限。

非住宅商品房的保修期限不得低于建设工程承包单位向建设单位出具的质量保修书约定保修期的存续期。

在保修期限内发生的属于保修范围的质量问题，房地产开发企业应当履行保修义务，并对造成的损失承担赔偿责任。因不可抗力或者使用不当造成的损坏，房地产开发企业不承担责任。

《规定》中确定的最低保修期限，正常使用情况下各部位、部件保修内容与保修期：屋面防水3年；墙面、厨房和卫生间地面、地下室、管道渗漏1年；墙面、顶棚抹灰层脱落 1 年；地面空鼓开裂、大面积起砂 1 年；门窗翘裂、五金件损坏 1 年；管道堵塞 2 个月；供热、供冷系统和设备 1 个采暖期或供冷期；卫生洁具 1 年；灯具、电器开关 6 个月；其他部位、部件的保修期限，由房地产开发企业与用户自行约定。

3)《房屋建筑工程质量保修办法》与《商品房销售管理办法》对保修规定的比较，如表 1-3 所示。

《房屋建筑工程质量保修办法》与《商品房销售管理办法》关于保修规定的比较　表 1-3

内容 ＼ 规定	商品房销售管理办法	房屋建筑工程质量保修办法
保修主体	房地产开发企业与买受人	房地产开发企业与施工单位
保修期起始日期	房屋交付之日	房屋竣工之日
最低保修期限	详见《规定》	详见《房屋建筑工程质量保修办法》
保修责任	房地产开发企业	施工单位
免责规定	因不可抗力或者使用不当造成的损坏	因不可抗力或者使用不当造成的损坏
二者关系	商品住宅的保修期限不得低于建设工程承包单位向建设单位出具的质量保修书约定保修期的存续期；存续期少于《规定》中确定的最低保修期限的，保修期不得低于《规定》中确定的最低保修期限	

（2）房屋修缮范围和标准

原城乡建设环境保护部批准试行的《房屋修缮范围和标准》明确了房屋修缮的分类、范围和标准。

1) 房屋修缮工程的分类

按照房屋完损状况，其修缮工程分类为：翻修、大修、中修、小修和综合维修。

① 翻修工程　凡需全部拆除、另行设计、重新建造的工程为翻修工程。

翻修工程主要适用于主体结构严重损坏，丧失正常使用功能，有倒塌危险的房屋；因自然灾害破坏严重，不能再继续使用的房屋；无修缮价值的房屋。

② 大修工程　凡需牵动或拆换部分主体构件，但不需全部拆除的工程为大修工程。

大修工程一次费用在该建筑物同类结构新建造价的 25% 以上；大修后的房屋必须符合基本完好或完好标准的要求。

大修工程主要适用于严重损坏房屋。

③ 中修工程　凡需牵动或拆换少量主体构件，但保持原房的规模和结构的工程为中修工程。

中修工程一次费用在该建筑物同类结构新建造价的 20% 以下；中修后的房屋 70% 以上必须符合基本完好或完好的要求。

中修工程主要适用于一般损坏房屋。

④ 小修工程　凡以及时修复小损小坏，保持房屋原来完损等级为目的的日常养护工程为小修工程。

小修工程的综合年均费用为所管房屋造价的 1% 以下。

小修工程主要适用于完好房和基本完好房。

⑤ 综合维修工程　凡成片多幢（大楼为单幢）大、中、小修一次性应修尽修的工程

为综合维修工程。

综合维修工程一次费用应在该片（幢）建筑物同类结构新建造价的20%以上；综合维修后的房屋必须符合基本完好或完好标准的要求。综合维修的竣工面积数量在统计时计入大修工程。

2）房屋修缮工程的范围

房屋的修缮，应按照国家相关法规的规定或合同的约定办理。但是：

① 用户因使用不当、超载或其他过失引起的损坏，应由用户负责维修；

② 用户因特殊需要对房屋或其他附属部位的装修、设备进行增、搭、拆、扩、改时，必须报有关管理单位鉴定同意，除有单项协议专门规定者外，其费用由用户自理；

③ 因用户擅自在房基附近挖掘而引起的损坏，用户应负责修复；

④ 市政污水（雨水）管道及处理装置、道路及桥涵、房屋进户水电表之外的管道线路、燃气管道及灶具、城墙、危崖、滑坡、堡坎、人防设施等的修缮，由各专业管理部门负责。

对于已实行物业管理的项目，物业服务企业对房屋的修缮责任主要是依据物业服务合同的约定，对房屋的共用部位、共用设施设备进行维修、养护和管理，其范围一般包括：

A. 房屋共用部位主要包括：基础、承重墙体、柱、梁、楼板、屋顶、外檐墙面及楼梯间地面面层、门窗、楼梯扶手等。

B. 房屋共用设施设备主要包括：电梯、水泵、二次供水、消防系统、排水管道、道路、围墙、大门等。

（3）房屋完损等级的评定

自1985年1月1日起试行的《房屋完损等级评定标准》，是统一评定各类房屋完损等级的国家标准，是科学地制定房屋维修计划，有效提高房屋完好率的重要依据。

1）房屋完损等级的划分

根据各类房屋的结构、装修、设备等组成部分的完好、损坏程度，分成下列5类：

① 完好房：指房屋的结构、装修和设备各部分均完好无损，不需要修理或经一般小修就能具备正常使用功能的房屋。

② 基本完好房：指房屋结构基本完好牢固，少量构部件有轻微损坏，但还稳定。屋面或板缝局部渗漏，装修和设备有个别零部件有影响使用的破损，但通过维修可恢复使用功能的房屋。

③ 一般损坏房：指房屋结构有一般性损坏，部分构部件有损坏或变形，屋面局部漏雨，装修局部有破损，油漆老化，设备管道不够畅通，水、电管线，电器等有部分老化、损坏或残缺，不能正常使用，需要进行中修或局部大修，更换部件的房屋。

④ 严重损坏房：指年久失修的房屋，房屋的部分结构构件有明显或严重倾斜、开裂、变形或强度不足，个别构件已处于危险状态，屋面或板缝严重漏水，设备陈旧不齐，管道严重堵塞，水、电、照明的管线，电器等残缺及严重损坏，已无法使用，需要进行大修或改造的房屋。

⑤ 危险房：指承重构件已属危险构件，结构丧失稳定和承载能力，随时有倒塌可能，不能确保使用安全的房屋。其评定标准按《危险房屋鉴定标准》执行。

各类房屋结构组成为：基础、承重构件、非承重墙、屋面、楼地面；装修组成分为：

门窗、外抹灰、内抹灰、顶棚、细木装修；设备组成分为：水卫、电照、暖气及特种设备（如消防栓、避雷装置等）。

2）房屋完损等级评定标准（见本书第 2 章能力训练部分）

3）房屋完损等级评定方法

① 一般规定

A. 在统计房屋完好率时，应按《房屋完损等级评定标准》所确定的完好房和基本完好房一并计算。

B. 凡新接管和经过修缮后的房屋应按本标准重新评定完损等级。结合房屋的定期普查鉴定，亦应调整房屋的完损等级。

C. 房屋完损等级的评定，一般以幢为评定单位，一律以建筑面积（m²）为计量单位。

② 房屋完损等级评定方法

对于常见的钢筋混凝土结构、混合结构、砖木结构房屋完损等级评定方法。

A. 凡符合下列条件之一者可评为完好房

a. 结构、装修、设备部分各项完损程度符合完好标准。

b. 在装修、设备部分中有一、二项完损程度符合基本完好的标准，其余符合完好标准。

B. 凡符合下列条件之一者可评为基本完好房

（A）结构、装修、设备部分各项完损程度符合基本完好标准。

（B）在装修、设备部分中有一、二项完损程度符合一般损坏的标准，其余符合基本完好以上的标准。

（C）结构部分除基础、承重构件、屋面外，可有一项和装修或设备部分中的一项符合一般损坏标准，其余符合基本完好以上标准。

C. 凡符合下列条件之一者可评为一般损坏房

（A）结构、装修、设备部分各项完损程度符合一般损坏的标准。

（B）在装修、设备部分中有一、二项完损程度符合严重损坏标准，其余符合一般损坏以上标准。

（C）结构部分除基础、承重构件、屋面外，可有一项和装修或设备部分中的一项完损程度符合严重损坏的标准，其余符合一般损坏以上的标准。

D. 凡符合下列条件之一者可评为严重损坏房

（A）结构、装修、设备部分各项完损程度符合严重损坏标准。

（B）在结构、装修、设备部分中有少数项目完损程度符合一般损坏标准，其余符合严重损坏的标准。

（4）住宅室内装饰装修管理

依据《住宅室内装饰装修管理办法》（建设部令第 110 号），物业服务企业或房屋管理部门应加强住宅室内装饰装修监督管理，保证装饰装修工程质量和安全，维护公共安全和公众利益。

1）住宅室内装饰装修活动，禁止下列行为：

① 未经原设计单位或者具有相应资质等级的设计单位提出设计方案，变动建筑主体

和承重结构;

② 将没有防水要求的房间或者阳台改为卫生间、厨房间;

③ 扩大承重墙上原有的门窗尺寸,拆除连接阳台的砖、混凝土墙体;

④ 损坏房屋原有节能设施,降低节能效果;

⑤ 其他影响建筑结构和使用安全的行为。

2) 装修人从事住宅室内装饰装修活动,未经批准,不得有下列行为:

① 搭建建筑物、构筑物;

② 改变住宅外立面,在非承重外墙上开门、窗;

③ 拆改供暖管道和设施;

④ 拆改燃气管道和设施。

上述所列第①项、第②项行为,应当经城市规划行政主管部门批准;第③项行为,应当经供暖管理单位批准;第④项行为应当经燃气管理单位批准。

3) 住宅室内装饰装修超过设计标准或者规范增加楼面荷载的,应当经原设计单位或者具有相应资质等级的设计单位提出设计方案。

4) 改动卫生间、厨房防水层的,应当按照防水标准制订施工方案,并做闭水试验。

本 章 能 力 训 练

1. 房屋本体日常维修(小修)工作流程能力训练

(1) 任务描述

房屋本体日常维修(小修)工作,是指通过维修管理人员对房屋的日常巡查和业主或使用人的随时报修等渠道来收集维修信息,对发现的小损小坏及时修复。小修(零星)养护的特点是修理范围广,项目零星分散,时间紧,要求及时,具有经常性的服务性质。因此,需要结合企业自身管理组织机构和所承担的物业管理项目特点,制定切实可行、高效的维修工作流程,及时做好房屋本体日常维修养护工作,是体现物业服务企业管理水平和服务质量的重要内容之一。

训练任务:根据本专业已经学习过的物业管理知识和本章内容,拟定房屋本体日常维修(小修)工作流程图。

(2) 学习目标

通过拟定房屋本体日常维修(小修)工作流程图的训练,应达到下列技能要求:

① 熟悉什么是流程图,流程图的编制方法;

② 通过编制房屋本体日常维修(小修)工作流程图,初步掌握物业服务企业房屋维修工作的程序要求。

(3) 任务实施及要求

采用课堂讨论、发言、教师启发等形式,弄清物业服务企业房屋日常小修的工作内容、维修工作管理程序等情况。在此基础上,按照工作流程图的表示方法和要求,每位同学独立完成房屋本体日常维修(小修)工作流程图的编制。

本次训练内容为房屋超过规定保修期的维修工作。

(4) 参考资料

① 流程图的概念

工作流程图是通过适当的符号记录全部工作事项,用以描述工作活动流向顺序和工作之间的逻辑关系。工作流程图由一个开始点、一个结束点及若干中间环节组成,中间环节的每个分支也都要求有明确的分支判断条件。所以工作流程图对于工作标准化有着很大的帮助。

工作流程图一般用矩形框表示工作,箭线表示工作之间的逻辑关系,菱形框表示判别条件,如图 1-4 所示。

② 房屋本体日常维修(小修)工作涉及的基本内容提示

物业服务企业房屋本体日常维修(小修)工作涉及的环节包括报修、登记、任务安排计划、派工单、限额领料、维修、回执、验收检查、回访、资料归档等。除此之外,还应注意维修内容是共用部位还是业主的专有部分,这涉及是否收费(如特约服务)问题,在流程图中要予以考虑。

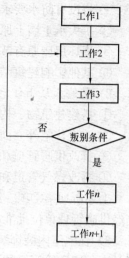

图 1-4　工作流程图示意

2. 拓展思考问题

假设某物业服务企业承接了一项住宅小区的管理服务项目,你是该项目工程部主管,一天业主李某向物业服务企业报修,称其单元内厨房下水管道与楼板相交处有浸水现象,要求物业服务企业维修。遇到此问题作为工程部主管你如何处理;若由你部承接维修,请回答如何安排维修工作(参照上面已经完成的流程图考虑,同时验证自己所拟定流程图的有效性)。

2　房屋查勘与鉴定

本章学习任务及目标

(1) 了解房屋可靠性鉴定的基本概念和我国房屋鉴定理论的发展

(2) 熟悉房屋查勘的目的

(3) 熟悉房屋可靠性鉴定程序

(4) 掌握房屋查勘的内容和类型

(5) 掌握房屋查勘一般方法中的直观检查法

2.1　房　屋　查　勘

2.1.1　房屋查勘的目的

房屋查勘是按照有关技术文件，对房屋的结构、装修和设备进行检查、测试、验算，并对房屋的完损状况或可靠度给予综合判断的活动。

房屋查勘是物业服务企业了解和掌握所管房屋的完损状况而必须进行的一项重要基础性工作。通过查勘，及时发现房屋的损坏现象和存在的安全隐患，掌握损坏程度，以便采取必要的养护和修理措施。其目的是：

(1) 掌握房屋及各个部位所处的技术状态；监督房屋的合理使用，及时纠正违反设计和使用规定的违章行为；建立房屋使用情况档案。

(2) 对各类房屋的使用功能进行评估和预测；依据《房屋完损等级评定标准》评定房屋的完损等级，计算房屋完好率。

(3) 及时发现房屋在使用期内出现的问题，为房屋的鉴定、设计、加固方案和一般维修养护计划的编制等工作提供必要的依据。

对发现的严重缺陷和安全隐患，及时采取安全措施，从而达到科学管理，尽量减少维修投资，保证房屋正常发挥其使用功能，延长房屋使用寿命。

2.1.2　房屋查勘的内容和类型

(1) 房屋查勘的内容

房屋查勘的内容，根据不同的目的和要求应有针对性和重点。查勘工作分内业和外业：内业是指查看房屋原始档案资料，包括设计图纸、施工资料和验收情况资料，了解房屋坐落地点和周围环境、建造年代、结构、层数、面积、产别及使用性质等历史和现实情况，如房屋有无受过火灾、水灾、震灾，房屋用途有无变更及维修或加固情况，以及历次外业查勘记录和分析资料等；外业是指对房屋现场进行实地查勘，一方面是依靠仪器、工具来获得房屋各部分构件及材质和损坏数据，另一方面是依靠检查人员的专业知识和实践经验检查房屋的各种功能和设备使用情况，从而判断房屋安全性能和完损状态。

（2）房屋查勘的类型

按查勘的不同目的可分为下列几种类型。

1）一般查勘：指为保证房屋正常使用而针对某些常见缺陷（例如：门窗开关不良、漏雨等）进行的日常检查，作为物业服务企业制定修理计划的依据。这种查勘应该是频次较高的经常性的工作。

2）定期查勘：指结合房屋特点，规定合理的期限，一般每间隔1~3年进行一次，对房屋进行较全面的普查，掌握所管房屋使用情况，用于评定房屋完损等级，制定中、长期修理和养护计划。包括对房屋的结构、装修和设备三方面的查勘，对房屋本体的查勘内容主要有：

① 基础是否有不均匀沉陷现象；

② 柱、梁、墙、屋架、楼地板、阳台、楼梯等有无裂缝、变形、损伤、锈蚀、腐烂、松动等现象及所在位置；

③ 屋面防水层老化程度、裂缝、渗漏水现象；

④ 墙面是否有渗水现象及其程度；

⑤ 外墙抹灰、顶棚、内墙抹灰有无裂缝、起壳、脱落及其程度；

⑥ 门窗有无松动、腐烂（锈蚀），开关是否灵活，玻璃油灰状况；

⑦ 下水道是否畅通，有无堵塞现象等。

3）季节性查勘：是根据一年四季的特点，结合当地的气候条件、房屋坐落地点、建筑物的使用状态等进行查勘。此类查勘适应于使用年限较长的房屋，一般每年不少于两次，如雨季汛期、越冬前等时间进行，是针对季节变化对房屋产生影响而有针对性和重点的查勘。

4）定项查勘：根据工作需要或使用条件的变化以及在安全上对房屋整栋或部分提出更高的使用要求时，应对房屋的某些指定项目进行查勘。如根据使用需要增加楼面荷载或房屋加层前的查勘。

5）突发性查勘：是指在自然灾害或人为损坏（如水灾、火灾、地震、爆炸等）之后，建筑结构的安全状态，耐久性能发生异常，威胁房屋安全或影响房屋使用功能等情况下，对房屋进行及时查勘和鉴定。如房屋由于装修引起相邻楼层漏水，或不合理改变房屋用途等引起纠纷，而进行的查勘。必要时要委托鉴定部门鉴定，以作为解决纠纷的法律依据。

2.1.3 房屋查勘的一般方法

物业服务企业或房屋管理部门对房屋的查勘，应由具有专业知识和工作经验的人员进行。房屋查勘工作首先需要根据查勘的目的制定查勘方案，做好查勘前的准备工作。查勘程序一般采用"从外部到内部，从屋顶到底层，从承重构件到非承重构件，从表面到隐蔽，从局部到整体"。当然也可以根据房屋的现场条件、环境情况、结构现状等，进行局部或重点的查勘。查勘可从宏观调查开始，以直接目测和实际了解为主，进而配备有针对性的各种仪器、工具进行详细检查。

房屋查勘的一般方法主要有如下几种：

（1）直观检查法：是指以目测和简单工具查勘房屋的完损情况，以经验判断构件和房屋的危、损原因和范围、等级。此法可概括为"听、看、问、查、测"五个字，"听"，即查勘人员耐心听取房屋使用人的反映，并做好记录；"看"，观察房屋外形、墙壁、门窗以及构件的表面情况有无变化，如变形、裂缝、渗漏等；"问"，通过听和看，在此基础上，再详细询问用户、知情人有关造成房屋损坏的原因等情况，获得对查勘有帮助和启发的资料；"查"，是对房屋承重结构，如屋架、墙、梁、柱、板等出现的损坏情况，进行仔细检查，尤其是节点或支承点是否腐朽，构件或墙体是否变形或产生裂缝；"测"，是对基础下沉、房屋倾斜、墙体鼓闪、屋架或大梁变形等直观现象，借助仪器、设备、工具进行现场测定。如发现严重险情，应及时委托有资质的鉴定部门进行鉴定。

（2）仪器检查法：是指用经纬仪、水准仪等检查房屋的变形、沉降、倾斜等；用回弹仪法、拉拔法、钻心取样法等对结构构件材料强度进行检验等（见本章第3节）。

（3）计算分析法：是将房屋原有设计（竣工）图纸等资料和查勘的有关资料及测量结果，运用结构设计理论和设计规范加以计算和分析，从而对房屋结构做出评定的一种方法。计算时应根据实际的负荷，以实测的材料强度，准确地判断结构的受力状态，确定静力计算模型。

（4）荷载试验法：是对结构施加试验性荷载，从而进行结构鉴定的一种方法。多用于房屋发生质量事故、发生过大变形和裂缝等缺陷的构件的查勘鉴定，当房屋需变更用途或加层，而又无法取得原始设计图纸资料和必要的物理力学数据时，用此法对房屋结构、构件进行评定。在一般情况下，多采用静载荷试验，并只允许做非破坏性试验，试验前，应编制相应的加荷程序和采取必要的安全保证措施。

（5）重复观测检查法：此法主要用于房屋所受到的损坏处于动态发展变化之中，一次观测检查不能全面、完整发现对房屋不利的影响程度，需要通过多次重复观测检查，才能及时掌握房屋危、损情况及变化的程度、规律。

上述几种房屋查勘的方法，往往需要同时或交叉使用。随着现代科学技术的迅速发展，房屋查勘所用的仪器设备也越来越先进、便捷。各种电子检测仪器、激光测量仪器、非（微）破损材料强度检测设备等，已广泛应用到房屋查勘鉴定工作中。

2.1.4 对房屋查勘人员的要求

房屋查勘是物业管理工作中的一项重要内容，随着物业管理行业的快速发展，对房屋的维护管理也必将向着科学化、社会化、法制化、规范化的方向发展，这就要求物业管理行业的从业人员要具有高度的责任感和严肃认真的工作态度，同时必须掌握有关房屋查勘和鉴定的基本知识，要认真学习国家和地方的房屋查勘鉴定规范和标准，不断积累房屋维修管理实践经验。做到对所管区域内的房屋进行客观、全面的分析，综合判断和科学的评价，从而制定出合理的房屋维修养护管理方案，进一步提高整个物业管理行业的管理水平。

2.2 房 屋 鉴 定

2.2.1 我国房屋鉴定理论的发展

1. 传统经验法

在我国，传统经验法是20世纪80年代以前主要采用的方法，传统经验法的特点是按设计规程校核，以个人或少数鉴定人员的长期从业经验和知识为主进行鉴定，也就是依靠有经验的技术人员进行现场检测和定值法验算进行评价。由于没有统一的鉴定标准，没有现代鉴定应用技术和测试技术，缺乏一整套科学完善的评价方法和程序，鉴定的结论受主观影响较大，往往出现结论会因人而异，尤其是对一些结构较复杂的工程，且在工程处理上多偏于保守。

2. 实用鉴定法

房屋实用鉴定法是在传统经验法的基础上发展起来的一种较科学的鉴定评判方法。房屋鉴定人员利用现代检测手段和测试技术，依据国家和地方编制的鉴定标准和规程进行鉴定，它克服了传统经验法的不足。在接受委托鉴定任务时成立鉴定小组，该小组包括鉴定专家、鉴定人员、测试技术人员等。实用鉴定法的工作程序为：确定鉴定目的和范围；进行初步调查；实施详细调查；提出综合评价；编写鉴定报告。20 世纪 90 年代主要采用该方法。

3. 可靠性鉴定法

进入 21 世纪以来，随着科学技术的发展，特别是我国房地产行业的迅猛发展，各种类型、更大规模的房屋建筑不断涌现，对房屋鉴定的需求和难度也随之不断增加。在此背景下，房屋的鉴定方法也在不断更新和完善，结构可靠性理论已引入建筑结构的鉴定中，目前用概率衡量结构可靠度的理论能更加科学地描述房屋的可靠状态。可靠性鉴定就是以概率理论为基础，以结构的各种功能要求的极限状态为依据的鉴定方法，也是我国目前房屋结构设计采用的理论方法。

我国实行改革开放三十多年来，房屋鉴定方面经过多年的努力取得了一定的成绩，已编制实施了一些房屋可靠性鉴定标准。下面列举的是我国已编制的现有房屋鉴定的国家和行业的部分标准和规程：

《民用建筑可靠性鉴定标准》（GB 50292—1999）；

《工业厂房可靠性鉴定标准》（TBJ 144—90）；

《钢铁工业建（构）筑物可靠性鉴定规程》（YBJ 219—89）；

《钢结构检测评定及加固技术规程》（YB 9257—96）；

《房屋完损等级评定标准》（城住字（1984）第 678 号）；

《危险房屋鉴定标准》（JGJ 125—99）；

《建筑抗震鉴定标准》（GB 50023—95）；

《工业构筑物抗震鉴定标准》（GBJ 117—89）。

2.2.2 房屋可靠性鉴定的基本概念

结构可靠性是指房屋结构在规定的时间内、在规定的条件下完成预定功能的能力。它包括安全性、适用性和耐久性，当以概率来度量时称为结构可靠度。

（1）安全性：指结构在正常施工和使用条件下承受可能出现的各种作用的能力，以及在偶然荷载（如地震力，强风）作用下或偶然事件发生时和发生后仍保持必要的整体稳定性的能力。

（2）适用性：指结构在正常使用条件下满足预定使用功能的能力。如不发生影响正常使用的过大变形和振幅，或引起使用者不安的裂缝宽度等。

（3）耐久性：指结构在正常使用和正常维护条件下，在规定的使用期限内有足够的耐久性。如不发生由于混凝土裂缝扩展过大导致钢筋锈蚀，不发生在恶劣的环境中出现侵蚀或化学腐蚀、温湿度及冻融破坏而影响结构的使用年限等。

房屋可靠性鉴定是指对现有房屋上的作用（荷载）、结构抗力及其相互关系进行检测、试验和综合分析，评估其结构的实际可靠性。

2.2.3 房屋可靠性鉴定程序

一般房屋从设计构思到建成验收交付使用后，要想较深入了解它的可靠度，不经过鉴定是难以确定的，这是因为：

1）建成后的房屋所承受的实际荷载与设计荷载往往有较大的差异，有些情况下实际使用荷载只有在使用后才能合理确定。

2）实际建成的房屋与原始设计图纸有时也有所不同，这是因为在施工过程中建设单位经常会出现设计变更。

3）房屋结构的设计计算往往要借助假想的力学模型和经验参数，和结构建成后的实际受力情况也会有一定误差，并不能代替实际结构的可靠分析。典型工程的鉴定可以应用现代技术装备与理论，对结构进行深入的科学的分析判断。

4）一般房屋结构经过一段较长时间的使用，遇到地震、火灾、严重腐蚀、地基基础不均匀沉陷、温度变化、洪水、龙卷风、爆炸、安装荷载、活动荷载等作用后，对房屋结构造成损害，影响房屋结构的可靠性。

5）在我国由于历史上、技术上和管理上的原因，有相当数量的既有房屋，存在着设计、施工、使用上的不正常、错误或管理不当，危及了房屋结构的安全及正常使用，而这些房屋正在经济建设中发挥着重要的作用。如何确保这些房屋在可靠性原理指导下控制使用，更需要科学的鉴定工作来保证。

房屋可靠性鉴定程序如图 2-1 所示。

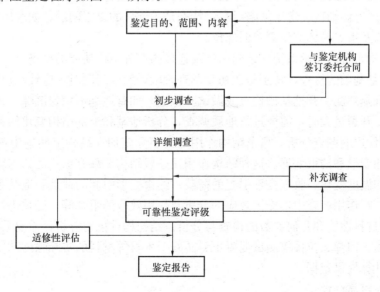

图 2-1 房屋鉴定程序

（1）房屋鉴定的目的、范围和内容

一般由房屋的产权人或管理者提出房屋调查和鉴定目的、内容、范围，并与鉴定单位进行商谈，签订鉴定委托合同。合同中应规定查勘鉴定的目的、范围和内容。

民用建筑可靠性鉴定，可分为安全性鉴定和正常使用性鉴定两种。因此房屋鉴定的目的首先要明确是安全性鉴定还是正常使用性鉴定或二者兼而有之。其次，对既有建筑结构可靠性鉴定，是要对结构作用及结构抗力进行符合实际的分析判断，以利于结构的合理使用与加固处理。房屋在加固、改扩建、事故处理、危房检查及施工质量事故裁决中经常要进行鉴定工作。

房屋鉴定的范围可以是整幢房屋，也可以是其中的某一部分，如某个区段、某个楼层或楼层中的某个房间（单元）。房屋鉴定的内容可以是基础、墙、柱、梁（屋架）、楼板（屋面板）等构件，并对其截面形状和尺寸、变形、材料强度、裂缝、锈蚀（腐蚀）、沉降等进行鉴定。

在房屋鉴定时，地震设防地区应注意与抗震鉴定结合进行。

（2）初步调查

1）收集并审阅原设计图和竣工图，以及岩土工程勘察报告、历次加固和改造设计图、事故处理报告、竣工验收文件和检查观测记录等；

2）了解原始施工情况，重点了解房屋遗留有施工质量问题部位的施工情况；

3）了解房屋的使用条件，包括结构上的荷载、使用环境和使用历史；

4）根据已有资料与实物进行初步核对、检查和分析；

5）填写初步调查表；

6）制定详细调查计划，确定必要的检测、试验和分析等工作大纲。

（3）详细调查

经过初步调查后，对被鉴定的房屋有了初步的了解和认识，接下来可根据合同的要求进行详细调查。详细调查是鉴定技术人员深入房屋现场进行检查和分析的核心过程。

1）从整体上详细调查房屋缺陷所在，特别是关键性的要害问题，如房屋整体稳定性、倾斜、沉降以及重点损坏部位等薄弱部位。

2）对结构布置、支承系统、结构构件及连接构造等结构功能的检查。

3）对地基基础的检查，特别是在初步调查阶段若发现问题时，应针对现象分析原因，进行必要的沉降观测、开挖基槽检查或做试验检查，如有地基不均匀沉降、开裂，导致上部结构变形、开裂过大时，需要进行地质调查，分析地基和上部结构变化的关系。

4）结构作用的调查分析。所谓结构作用是指实际施加在结构上的集中荷载或分布荷载，以及外加变形和约束变形。这种结构作用比一般结构荷载有更广泛的内容，故也称作广义荷载。如温度变化、收缩变形引起的荷载；约束变形引起的荷载和地基不均匀沉降引起的荷载等。在作用调查中，作用效应的分析及作用效应的组合等，必须进行实例统计。

5）结构材料性能和几何参数的检查与分析。结构构件抗力分析，需要采用检测仪器，如取芯、抗压、回弹、拉拔等测试混凝土、砖石、木材等材料的实际强度和质量，为定量分析和结构计算提供数据。

（4）房屋可靠性评定

房屋可靠性鉴定评级根据鉴定目的要求有两种评定方法供选用。

第一种是以《民用建筑可靠性鉴定标准》（GB 50292—1999）和《工业厂房可靠性鉴定标准》（GBJ 44—94）为代表的，以建筑结构可靠性状态为标准的，分为安全性和正常使用性鉴定。安全性鉴定评级分为三层次四等级；正常使用性鉴定评级分为三层次三等级。简称建筑结构可靠性鉴定评级法，具体评定方法详见上述标准。

第二种是以《房屋完损等级评定标准》为代表的，以房屋完损状态为标准的划分等级方法（简称房屋完损鉴定评级法），将房屋划分为完好房、基本完好房、一般损坏房、严重损坏房、危险房五级。其中危险房是根据《危险房屋鉴定标准》给定危险构件、危险房屋界限制定的，具体评定方法详见《危险房屋鉴定标准》。

（5）鉴定报告

鉴定报告一般包括以下内容：

1）鉴定的目的、内容与范围；

2）房屋的概况；

3）检查、分析和鉴定结果；

4）结论与建议；

5）附录。

2.2.4 房屋安全鉴定实例

【例 2-1】 某住宅楼房屋安全鉴定

工程编号：×××号

委托单位：××房地产开发有限公司

鉴定目的和内容：楼板裂缝、屋顶梁裂缝房屋安全鉴定

鉴定范围：××住宅小区 3 号楼 2 门 602 室，即 15～17 轴和 B～G 轴范围

建筑概况：

某住宅楼为六层砖混结构，建筑面积 3251.88m²。工程于 2002 年初开始动工，2002年 12 月竣工。该工程混凝土设计强度等级为 C20 级。砌体及砂浆强度等级，基础：机砖MU10，水泥砂浆 M10；1～3 层：机砖 MU10，混合砂浆 M10；4～6 层：机砖 MU10，混合砂浆 M7.5。该建筑南北朝向，平面为矩形，房屋总长 41.88m，各层层高均为2.8m，房屋总高度 20.10m，室内外高差 0.60m。拟鉴定位置位于该建筑 2 门 602 室 15～17 轴和 B～G 轴范围内，楼板裂缝及屋顶梁裂缝。现受某房地产开发有限公司委托，对该房屋进行安全性鉴定。

检查情况：

根据甲方提供的施工图纸，现场查勘情况如下：

（1）基础：根据图纸得知，该建筑采用钢筋混凝土预制桩进行地基处理，基础采用筏形基础，基础埋深自室内地坪下 1.9m，底板厚 350mm，符合设计要求。

（2）墙体：外墙厚 360mm，内承重墙 240mm，内隔墙 120mm，未发现有空鼓、碱蚀等异常情况，砖及砂浆强度等级符合设计要求。

（3）楼板及梁：钢筋混凝土现浇板，经查 3-2-602 室在 15～17 轴和 B～G 轴范围内板沿短跨方向产生裂缝，裂缝宽度约 0.1mm，缝长约为 3000mm，裂缝处预埋电线管。原设计板厚为 110mm，经钻芯后量取板厚为 90mm。在此范围内屋顶梁在跨中位置产生三面裂缝，缝宽约 0.07mm。

检测情况：

采用钻芯法对板、梁构件取芯进行混凝土强度检测，检测结果表明现在构件混凝土设计强度等级均满足设计要求。

鉴定意见：

根据现场查勘、检测，对照《民用建筑可靠性鉴定标准》（GB 50292—1999）中构件安全性鉴定和正常使用性鉴定评定标准，其钢筋混凝土构件依据裂缝宽度的正常使用性评定等级为 a_s 级。经过对出现裂缝的板及梁进行验算，其结果为：梁截面及配筋满足设计及使用要求，实测板截面不满足设计要求。鉴于房屋现状，目前板、梁裂缝宽度均小于规范允许值，裂缝系收缩所致。为消除不安全感，满足正常使用要求，应采取以下加固措施：

（1）对有裂缝的梁，采取甲凝灌浆及梁裂缝处施加二层"U"形碳纤维布补强，综合加固。

（2）对开裂楼板，为加强其整体性，应按计算采取加固措施。加固方法为：在裂缝处应先采用甲凝灌浆，再施二层碳纤维布补强。同时在板范围内每隔 1000mm 加设二层碳纤维布补强带一道，碳纤维布宽度均为 300mm。

（3）补强加固措施应委托有资质单位实施，施工标准应按相关标准执行。

2.3 房屋查勘鉴定常用仪器设备简介

现代房屋查勘鉴定除了需要专业人员的知识和经验之外，离不开科学的查勘仪器设备，随着我国改革开放三十多年的发展，特别是近二十多年来我国房屋建设得到了突飞猛进的发展，伴随这一进程，对房屋查勘鉴定的需求不仅从数量上，更从复杂程度、科学准确、新技术运用上提出了更高的要求。因此，由于房屋查勘鉴定仪器设备的需求和现代电子科学技术的日新月异的进步，房屋查勘鉴定仪器设备在这一时期也得到了快速的普及应用，已形成应用于钢筋混凝土结构、砌体结构和钢结构等不同类别房屋的专用或多用途的系列仪器设备，成为目前房屋查勘鉴定领域必不可缺的重要手段。下面结合物业管理行业的特点和要求，介绍几种房屋查勘鉴定常用的仪器设备。

2.3.1 回弹仪

（1）回弹仪的用途

目前普遍采用的是数显回弹仪，它用于无损检测混凝土、砖或砂浆等材料的抗压强度。较之传统的回弹仪，操作更加简单，采用液晶屏幕显示更直观，可与计算机连接自动生成报告，如图 2-2 所示。

数显回弹仪是依据中华人民共和国行业标准《回弹法检测混凝土抗压强度技术规程》

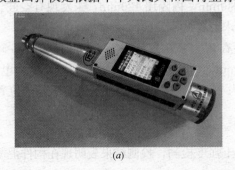

(a)　　　　　　　　　　　　　　　　(b)

图 2-2　数显回弹仪

(a)—一体式回弹仪；(b)—分体式回弹仪

(JGJ/T 23—2001) 设计和制造。其工作原理是用弹簧驱动弹击锤并通过弹击杆弹击被测试样表面所产生的瞬时弹性形变的恢复力，使锤带动指针弹回并指示出回弹距离，以回弹值作为评定混凝土、砖或砂浆抗压强度的相关指标之一，来推定其抗压强度。它是用于无损检测工业与民用一般建筑物常用结构材料抗压强度的一种仪器。

使用回弹仪检测混凝土、砖或砂浆抗压强度，虽然检测精度不高，但设备简单、操作方便、测试迅速、检测费用低廉，且不破坏被测结构材料的承载力，故在现场直接测定中使用广泛。

（2）回弹仪的使用方法

1）将弹击杆顶住被测材料（如混凝土）的表面，轻压仪器，使按钮松开，放松压力时弹击杆伸出，挂钩挂上弹击锤。

2）使仪器轴线始终垂直于被测材料的表面并缓慢均匀施压，待弹击锤脱钩冲击弹击杆后，弹击锤回弹带动指针向后移动至某一位置时，指针块上的示值刻线在刻度尺上示出一定数值即为回弹值。

3）使仪器机芯继续顶住被测材料表面读数并记录回弹值。如条件不利于读数，可按下按钮，锁住机芯，将仪器移至它处读数。

4）逐渐对仪器减压，使弹击杆自仪器内伸出，待下一次使用。

（3）回弹仪使用注意事项

1）回弹仪用完后，应及时放入包装套或仪器盒内，以防止灰尘进入仪器内部。

2）仪器不得随意拆卸和乱弹试，以免影响使用寿命和降低精度。

3）仪器要定期保养，使用一段时间以后，要擦拭净化，但不应改变仪器各零部件和整机的装配关系。

4）仪器的示值系统，特别是指针滑块，一般情况下不应拆卸，指针轴不允许涂抹油脂，以保持摩擦力恒定。

2.3.2 楼板测厚仪

（1）楼板测厚仪的用途

房屋现浇楼板、墙体等厚度情况是评定建筑物承载能力和安全性能的重要指标，越来越受到业主和有关房屋管理部门的重视，各级质量监督检测单位对楼板，墙体厚度的非破损检测技术也十分关注，过去传统方法采用钻孔测量，不仅误差大，而且属破损测量，既费时又费力。

楼板测厚仪，是专业测量现浇楼板等非金属、混凝土或墙、柱、梁、木材以及陶瓷等其他非铁磁体介质厚度的重要仪器。楼板测厚仪可以在不损坏被测房屋结构的情况下进行测量，而且与传统的测量方法相比，它的测量值准确，误差小。楼板测厚仪的工作原理是基于电磁波运动学、动力学原理和现代电子技术而工作的，它主要由信号发射、接收、信号处理和信号显示等单元组成，当探头接收到发射探头电磁信号后，信号处理单元根据电磁波的运动学特性进行分析，自动计算出发射到接收探头的距离，该距离即为测试板的厚度，并完成厚度值的显示，存储和传输，如图2-3所示。其主要组成部分包括：主机、发射探头、接收探头、探头连接线、数据传输线、仪器加长杆、对讲机、探头充电器等。

图 2-3 楼板测厚仪

（2）楼板测厚仪使用方法

1）测点布置

测试前，应根据查勘鉴定要求，确定所检测的楼栋、单元门牌号，并在要测定厚度的楼板上布置测点位置，并对每个测点按一定规则依次编号（如按楼号或单元顺序编号）记录。

2）仪器连接

按照仪器使用说明书的要求，进行仪器连接、开机、调试、进入等待测试状态。

3）测试

① 打开发射探头电源开关，举起探头置于楼板底面预先布置的测点上，使探头顶面紧贴楼板底面；

② 接收探头置于楼板顶面，使其尽量靠近发射探头位置，当仪器显示确认接收探头在发射探头上方附近时，把接收探头紧贴楼板顶面，前后左右慢慢移动探头，使仪器屏幕厚度值逐渐减小，直到寻找到显示最小值时的位置，说明正好位于发射探头的正上方，则该位置显示的厚度值即为该测点的楼板厚度；

③ 当确信显示为楼板厚度时，该测点测厚完成，对数据按测点号进行自动储存，接下来进入下一个测点，重复上述过程，直到全部测点完成。

2.3.3 渗漏巡（寻）检仪

（1）渗漏巡检仪的用途

可用于无损检测屋面渗漏。渗漏巡检仪用于无损检测屋面受潮区域和渗漏源的查找，而不会对面层（如油毡、油漆、面砖和墙纸）造成任何损害。其工作原理是利用低频电场下材料的阻抗随其含水量变化的特点，测量材料的含水量。在仪器的底部装有两块橡胶电极，发射出能穿过屋面覆盖层的低频信号，当这些信号遇到导电层（如水分）时就形成回路而发出音响信号并在表盘上显示出来，如图 2-4 所示。仪器设有两个灵敏度量程，分别适用于光滑表面和铺有一层干砾砂保护层的表面。

图 2-4 渗漏巡检仪

（2）渗漏巡检仪的应用

屋面渗漏部位的查找：以爱尔兰 Tramex 公司生产的 LeakSeeker渗漏巡检仪为例，在光滑表面（通常为无防水保护层）上，选择量程 1，将深度控制钮旋至 50mm，遇到屋面含水处，渗漏寻检仪就会做出指示。为了追踪一条渗漏线直到其源点，只要沿着最大信号追踪便可；在铺有砾砂的屋面，一般把深度控制钮旋至 "Ballasa"，并选择量程 2，进行渗漏部位的查找。

2.3.4 钢筋锈蚀仪

钢筋锈蚀仪是对结构混凝土中的钢筋锈蚀程度进行非破损检测的仪器。

钢筋混凝土结构中的钢筋一旦发生锈蚀，使得钢筋有效截面积减小、体积增大，从而导致混凝土膨胀、剥落，钢筋与混凝土之间的握裹力及承载力降低，直接影响到混凝土结构的安全性及耐久性。因此对混凝土结构内部钢筋锈蚀程度的检测是对既有建筑结构安全查勘鉴定的重要内容之一。

钢筋锈蚀检测仪是根据 GB/T 50344—2004《建筑结构检测技术标准》中的电化学测定方法（自然电位法）而生产的专用仪器，用于无损检测钢筋混凝土构件的电阻率以及锈蚀率，以此评价内部结构中钢筋的腐蚀程度。其工作原理是采用极化电极原理，通过铜/硫酸铜参考电极来测量混凝土表面电位，或通过一个电极持续产生正电流脉冲与贴在混凝土结构表面的一个相关电极产生通路。利用通用的自然电位法判定钢筋锈蚀程度。自然电位法是目前采用范围最广的一种定性测量钢筋锈蚀程度的方法，和表面电阻法等其他方法

图 2-5 钢筋锈蚀仪

比较，有测量操作简单、测量直观、便捷、受周围环境影响小、重复性好、可连续跟踪等优点，如图 2-5 所示。

2.3.5 裂缝测宽仪

（1）裂缝测宽仪的用途

裂缝测宽仪是专业检测混凝土结构中裂缝宽度和表面微观缺陷的仪器，广泛用于桥梁、隧道、房屋墙体、混凝土路面等裂缝宽度的定量检测。如图 2-6 所示。

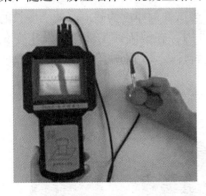

图 2-6 裂缝测宽仪

（2）裂缝测宽仪的使用

裂缝测宽仪在使用时用电缆连接显示屏和测量探头，打开电源开关，将测量探头的两支脚放置在裂缝上，在显示屏上可看到被放大的裂缝图像，稍微转动摄像头使裂缝图像与刻度尺垂直，根据裂缝图像所占刻度线长度，读取裂缝宽度值。为减小误差，仪器在使用前需要校验：校验标准刻度板上分别有宽度为 0.02、0.10、0.20 和 1.00mm 的刻度线。分别把摄像测量头支脚放在不同宽度的刻度线上，屏幕上读取相应的刻度线宽度。当误差小于 0.02mm 时，仪器方可正常使用。

当需要测量裂缝深度时，可以采用裂缝测深仪来确定，在此不再赘述。

2.3.6 超声波探伤仪

（1）超声波探伤仪的用途

超声波探伤仪是一种便携式工业无损探伤仪器，它能够快速、便捷、无损伤、精确地进行工件内部多种缺陷（裂纹、疏松、气孔、夹渣等）的检测、定位、评估和诊断。而数字式超声波探伤仪可全面、客观地采集和存储数据，并对采集到的数据进行实时处理或后处理，对信号进行时域、频域或图像分析，还可通过模式识别对工件质量进行分级，减少了人为因素的影响，提高了检查的可靠性和稳定性。

超声波探伤仪广泛应用于钢结构、锅炉、压力容器、航天、航空、电力、石油、化工、海洋石油、管道、军工、船舶制造、汽车、机械制造、冶金、金属加工、铁路交通、

图 2-7　超声探伤仪

核能电力等行业，如图 2-7 所示。

超声波探伤仪的工作原理是根据超声波在被检测材料中传播时，材料的声学特性和内部组织的变化对超声波的传播产生一定的影响，通过对超声波受影响程度和状况的探测了解材料性能和结构变化达到检测材料内部缺陷的目的。

（2）超声波探伤仪检测方法

超声检测方法通常有脉冲反射法、穿透法、共振法等。

1）脉冲反射法

超声波探头发射脉冲波到被检试件内，依据反射波的状况来检测试件缺陷的办法，称为脉冲反射法。脉冲反射法包括缺陷回波法、底波高度法和屡次底波法。

2）穿透法

穿透法是根据脉冲波或连续波穿透试件之后的能量变化来判别缺陷状况的一种办法。穿透法常采用两个探头，一个作发射用，一个作接收用，分别放置在试件的两侧进行探测。

3）共振法

超声波（频率可调的连续波）在被检工件内传播，当试件的厚度为超声波的半波长的整数倍时，将引起共振，仪器显现出共振频率。当试件内存在缺陷或工件厚度发生变化时，将改变试件的共振频率，根据试件的共振频率变化特性，来判别缺陷状况和工件厚度变化状况的方法称为共振法。共振法常用于试件测厚。

2.3.7　经纬仪

目前常用的经纬仪有光学经纬仪和激光经纬仪。

光学经纬仪是指具有玻璃度盘和光学读数装置的经纬仪。按测角精度划分，光学经纬仪有 DJ1、DJ2、DJ6 等级别，DJ 为"大地"、"经纬仪"的首字母汉语拼音缩写，1、2、6 分别为该经纬仪一测回方向观测中误差（以秒为单位），如图 2-8（a）所示。

激光经纬仪是指带有激光指向装置的经纬仪。是将激光器发射的激光束，导入经纬仪的望远镜筒内，使其沿视准轴方向射出，以此为准进行定线、定位和测设角度、坡度，以及大型构件装配和划线、放样等，如图 2-8（b）所示。

(a)　　　　　　(b)

图 2-8　经纬仪
(a) 光学经纬仪；(b) 激光经纬仪

经纬仪是测量的主要仪器，可用以测量水平角、竖直角、水平距离和高差。它们的主要功能是测量纵、横轴线（中心线）以及垂直度的控制测量等。主要应用于机电工程、建（构）筑物建立平面控制网的测量和垂直度的控制测量，并在安装全过程进行测量控制。

2.3.8 水准仪

(1) 水准仪的用途

1) 水准仪的主要功能是用来测量标高和高程。

2) 水准仪主要用于建筑工程测量控制网标高基准点的测设及民用房屋、厂房、大型设备基础沉降观察的测量。在设备的安装工程项目实施中用于连续生产线设备测量控制网标高基准点的测设及安装过程中对设备安装标高的控制测量。

3) 标高测量主要分两种：绝对标高测量和相对标高测量。绝对标高是指所测标高基准点、建（构）筑物及设备的标高相对于国家规定的±0.000标高基准点的高程。相对标高是指建（构）筑物之间及设备之间的相对高程或相对于该区域设定的±0.000的标高基准点的高程。

(2) 水准仪的种类

水准仪主要由目镜、物镜、水准管、制动螺旋、微动螺旋、校正螺丝、脚螺旋及专用三脚架等组成，如图2-9所示。

图2-9 水准仪

1) 微倾水准仪。借助微倾螺旋获得水平视线。其管水准器分划值小、灵敏度高。望远镜与管水准器联结成一体。凭借微倾螺旋使管水准器在竖直面内微作俯仰，符合水准器居中，视线水平。

2) 自动安平水准仪。借助自动安平补偿器获得水平视线。当望远镜视线有微量倾斜时，补偿器在重力作用下对望远镜作相对移动，从而迅速获得视线水平时的标尺读数。这种仪器较微倾水准仪工效高、精度稳定。

3) 激光水准仪。利用激光束代替人工读数。将激光器发出的激光束导入望远镜筒内使其沿视准轴方向射出水平激光束。在水准标尺上配备能自动跟踪的光电接收靶，即可进行水准测量。

4) 数字水准仪，这是20世纪90年代新发展的水准仪，集光机电、计算机和图像处理等高新技术为一体，是现代科技发展的结晶。

(3) 水准仪的使用

水准仪的使用包括仪器的安置、粗略整平、瞄准水准尺、精平与读数五个步骤。

1) 安置

将水准仪安装在可以伸缩的三脚架上并置于两观测点之间。首先打开三脚架并使其高度适合观测者读数观察，用目估法使架头大致水平并检查脚架是否牢固，然后用连接螺旋将水准仪连接在三脚架上。

2) 粗平

粗平是使仪器的视线粗略水平，利用脚螺旋置圆水准气泡居于圆指标圈之中。在整平过程中，气泡移动的方向与手大拇指运动的方向一致。

3) 瞄准

瞄准是用望远镜准确地瞄准目标。首先把望远镜对向远处明亮的背景，转动目镜调焦螺旋，使十字丝最清晰；再松开固定螺旋，旋转望远镜，使照门和准星的连接对准水准尺，拧紧固定螺旋；最后转动物镜对光螺旋，使水准尺的数字清晰地落在十字丝平面上，再转动微动螺旋，使水准尺的像靠于十字竖丝的一侧。

4）精平

精平是使望远镜的视线精确水平。微倾水准仪，在水准管上部装有一组棱镜，可将水准管气泡两端，折射到镜管旁的符合水准观察窗内，若气泡居中时，气泡两端的像将符合成一抛物线形，说明视线水平。若气泡两端的像不相符合，说明视线不水平，这时可用右手转动微倾螺旋使气泡两端的像完全符合，仪器便可提供一条水平视线，以满足水准测量基本原理的要求。

5）读数

用十字丝，截读水准尺上的读数。目前的水准仪多是倒像望远镜，读数时应由上而下进行。先估读毫米级读数，后报出全部读数。

图 2-10　钢筋扫描及保护层厚度检测仪

2.3.9　钢筋扫描及保护层厚度检测仪

钢筋扫描及保护层厚度检测仪的用途

主要用于检测已有钢筋混凝土或新建钢筋混凝土内部钢筋直径、位置、分布及钢筋的混凝土保护层厚度。除此之外，钢筋扫描仪还可以对混凝土结构中的磁性体及导电体的位置进行检测，如墙体内的电缆、水暖管道等，施工前的探测可以有效避免施工中对这些设施的损坏，减少意外的发生。钢筋扫描仪是施工过程监测和质量检验的有效工具，如图 2-10 所示。

本 章 能 力 训 练

1. 房屋完损等级评定训练

（1）任务描述

房屋完损状况查勘及其等级评定，是物业服务企业掌握房屋使用功能，建立房屋使用情况档案，制定房屋维修养护计划，计算房屋完好率的重要基础。

任务一：根据下面任务实施中给出的"房屋完损等级评定表格"，完成选定查勘房屋的完损状况查勘及评级工作。

任务二：根据下面任务实施中给出的"房屋本体损坏情况查勘记录表"，结合选定查勘房屋的实际损坏情况，填写记录表。该记录表作为本书第 8 章能力训练的基础。

（2）学习目标

通过房屋完损等级评定及房屋本体损坏情况调查的训练，应达到下列技能要求：

① 初步掌握以《房屋完损等级评定标准》为依据，对实际房屋进行现场查勘、评定，具备确定房屋完损等级的能力；

② 运用学习过的专业知识，进行房屋本体损坏情况调查、记录，为下一步制定房屋维修养护计划打下基础。

（3）任务实施

① 班级分成以 6 人左右为一组的若干训练单位，以小组为单位，教师指导，组长负责组织实施。

② 由教师指定或各组分别选定房屋查勘对象，房屋查勘对象以学校校舍为宜，如校区的教学楼、实训楼、食堂、学生公寓、图书馆等。

③ 以组为单位，按照下列表格，采用直观检查法查勘对象房屋，认真、准确地填写查勘记录（表格），按照房屋完损等级评定方法的规定，确定被查勘房屋的完损等级，

房屋完损等级评定表

专业：_____ 班级：_____ 姓名：_____ ___年___月___日

房屋坐落				建筑结构		层 数	
查勘目的				建筑面积		层 高	
其 他				查勘人			
评定结论							

项 目		房屋完损状态	完好	基本完好	一般损坏	严重损坏
结构部分	地基基础	⊙有足够承载能力，无超过允许范围的不均匀沉降				
		⊙有承载能力，稍有超过允许范围的不均匀沉降，但已稳定				
		⊙局部承载能力不足，有超过允许范围的不均匀沉降，对上部结构稍有影响				
		⊙承载能力不足，有明显不均匀沉降或滑动、压碎、折断、冻酥、腐蚀等，并仍在发展，对上部结构有明显影响				
	承重构件	⊙梁、柱、墙、板、屋架平直牢固，无倾斜变形、裂缝、松动、腐朽、蛀蚀				
		⊙梁、柱、墙、板、屋架有少量损坏，基本牢固				
		⊙梁、柱、墙、板、屋架有较多损坏，强度已有所减弱				
		⊙梁、柱、墙、板、屋架明显损坏，强度不足				
	非承重墙	⊙预制墙板节点安装牢固，拼缝处不渗漏；砖墙平直完好，无风化破损；石墙无风化弓凸				
		⊙有少量损坏，但基本牢固				
		⊙有较多损坏，强度已有所减弱				
		⊙有严重损坏，强度不足				
	屋面	⊙不渗漏（其他结构房屋以不漏雨为标准），基层平整完好，积尘甚少，排水畅通				
		⊙局部渗漏，积尘较多，排水基本畅通				
		⊙局部漏雨，木基层局部腐朽、变形、损坏，钢筋混凝土屋面板局部下滑，屋面高低不平，排水设施锈蚀、断裂				
		⊙严重漏雨，木基层腐烂、蛀蚀、变形损坏，屋面高低不平，排水设施严重锈蚀、断裂、残缺不全				
	楼地面	⊙整体面层平整完好，无空鼓、裂缝、起砂；木楼地面平整坚固，无腐朽、下沉，无较多磨损和隙缝；砖、混凝土块料地面层平整，无碎裂				
		⊙整体面层稍有裂缝、空鼓、起砂；木楼地面稍有磨损和隙缝，轻度颤动；砖、混凝土块料面层磨损起砂，稍有裂缝、空鼓；灰土地面有磨损、裂缝				
		⊙整体面层部分裂缝、空鼓、剥落，严重起砂；木楼地面部分有磨损、蛀蚀、翘裂、松动、隙缝，局部变形下沉，有颤动；砖、混凝土块料面层磨损，部分破损、裂缝、脱落，高低不平；灰土地面坑洼不平				
		⊙整体面层严重起砂、剥落、裂缝、沉陷、空鼓；木楼地面有严重磨损、蛀蚀、翘裂、松动、隙缝、变形下沉，颤动；砖、混凝土块料面层严重脱落、下沉、高低不平、破碎、残缺不全				

项目		房屋完损状态	完好	基本完好	一般损坏	严重损坏
装修部分	门窗	⊙完整无损，开关灵活，玻璃、五金齐全，纱窗完整，油漆完好				
		⊙少量变形、开关不灵，玻璃、五金、纱窗少量残缺，油漆失光				
		⊙木门窗部分翘裂，榫头松动、木质腐朽，开关不灵；钢门窗部分变形、锈蚀，玻璃、五金、纱窗部分残缺；油漆老化翘皮、剥落				
		⊙木质腐朽，开关普遍不灵，榫头松动、翘裂，钢门窗严重变形、锈蚀，玻璃、五金、纱窗残缺，油漆剥落见底				
	外抹灰	⊙完整牢固，无空鼓、剥落、破损和裂缝（风裂除外），勾缝砂浆密实；其他结构房屋以完整无破损为标准				
		⊙稍有空鼓、裂缝、风化、剥落，勾缝砂浆少量酥松脱落				
		⊙部分有空鼓、裂缝、风化、剥落，勾缝砂浆部分酥松脱落				
		⊙严重空鼓、裂缝、剥落，墙面渗水，勾缝砂浆严重酥松脱落				
	内抹灰	⊙完整、牢固，无破损、空鼓和裂缝（风裂除外）				
		⊙稍有空鼓、裂缝、剥落				
		⊙部分有空鼓、裂缝、剥落				
		⊙严重空鼓、裂缝、剥落				
	顶棚	⊙完整、牢固，无破损、变形、腐朽和下垂脱落，油漆完好				
		⊙无明显变形、下垂，抹灰层稍有裂缝，面层稍有脱钉、翘角、松动，压条有脱落				
		⊙有明显变形、下垂，抹灰层局部有裂缝，面层局部有脱钉、翘角、松动，部分压条脱落				
		⊙严重变形下垂，木筋弯曲翘裂、腐朽、蛀蚀，面层严重破损，压条脱落，油漆见底				
	细木装修	⊙完整牢固，油漆完好				
		⊙稍有松动、残缺，油漆基本完好				
		⊙木质部分腐朽、蛀蚀、破裂，油漆老化				
		⊙木质腐朽、蛀蚀、破裂，油漆老化见底				
设备部分	水卫	⊙上、下水管道畅通，各种卫生器具完好，零件齐全无损				
		⊙上、下水管道基本畅通，卫生器具基本完好，个别零件残缺损坏				
		⊙上、下水道不够畅通，管道有积垢、锈蚀，个别滴、漏、冒；卫生器具零件部分损坏、残缺				
		⊙下水道严重堵塞、锈蚀、漏水；卫生器具零件严重损坏、残缺				
	电照	⊙电气设备、线路、各种照明装置完好牢固，绝缘良好				
		⊙电气设备、线路、照明装置基本完好，个别零件损坏				
		⊙设备陈旧，电线部分老化，绝缘性能差，少量照明装置有损坏、残缺				
		⊙设备陈旧残缺，电线普遍老化、零乱，照明装置残缺不齐，绝缘不符合安全用电要求				
	暖气	⊙设备、管道、烟道畅通、完好，无堵、冒、漏，使用正常				
		⊙设备、管道、烟道基本畅通，稍有锈蚀，个别零件损坏，基本能正常使用				
		⊙部分设备、管道锈蚀严重，零件损坏，有滴、冒、跑现象，供气不正常				
		⊙设备、管道锈蚀严重，零件损坏、残缺不齐，跑、冒、滴现象严重，基本上已无法使用				

续表

项　　目		房屋完损状态	完好	基本完好	一般损坏	严重损坏
特种设备		⊙现状良好，使用正常				
		⊙现状基本良好，能正常使用				
		⊙不能正常使用				
		⊙严重损坏，已无法使用				
评定说明						

房屋本体损坏情况查勘记录表

专业：_____　班级：_____　姓名：_____　查勘日期：_____　___年___月___日

房屋坐落						
建筑结构			建筑面积（m²）		层数	
查勘目的					查勘人	
项　　目			损坏情况			
结构部分	地基基础					
	承重构件	柱				
		梁				
		板				
		墙				
	非承重墙					
	屋面					
	楼地面					
装修部分	门窗					
	外抹灰					
	内抹灰					
	顶棚					
	细木装修					
建　议						

（4）参考资料

①《房屋完损等级评定标准》

② 房屋完损等级评定方法见第 1 章第 2 节

2. 拓展思考问题

通过上述采用直观检查法（"听、看、问、查、测"）完成查勘工作过程中，结合自己的实际查勘内容和体会，谈一下你是如何具体运用"看"和"查"两个字的，并说明"看"和"查"两个字的区别是什么。

3 房屋地基基础及地下室的维修与养护

本章学习任务及目标
(1) 了解地基基础产生破坏与变形的主要原因及对上部结构的影响
(2) 了解地基基础的加固方法
(3) 熟悉地基基础病害鉴定的工作内容及产生破坏与变形的主要原因
(4) 熟悉地下室渗漏的检查与修理养护方法
(5) 熟悉影响地基基础产生损坏的因素
(6) 掌握地基基础的养护内容和要求

3.1 地基基础工程的维修与加固

房屋建筑上部的所有自重及其所承担的各种荷载，是通过其下部的基础传递给地基的，因此地基基础是建筑物的根基，直接关系到房屋建筑的整体稳定性和坚固性。由于基础是埋于地面以下的承重部分，当产生损害、缺陷时往往不易被发现，在房屋管理工作中，对其养护和预防工作也容易被忽视，且房屋安全事故的发生原因又多与地基基础有关，因此加强对房屋地基基础的维护及修缮工作是物业管理工作中的重点之一。作为物业管理人员，掌握一定的地基基础维修养护知识是很必要的。

3.1.1 地基基础产生破坏与变形的主要原因及对上部结构的影响

(1) 地基基础破坏与变形的主要形式及对上部结构的影响

地基基础的破坏与变形主要是从上部结构的破坏与变形观察到并通过科学分析得出的，如常见的使上部结构出现裂缝、倾斜，削弱和破坏了房屋结构的整体性，影响房屋的正常使用，严重的地基失稳还会导致房屋倒塌。主要包括两大方面。

1) 地基的承载力或刚度不足引起的破坏

① 地基失稳破坏　在荷载作用下，当地基承载力小于基础传来的平均压力时，表现为基础急剧下沉，基础倾斜，地基发生破坏而失去稳定，甚至发生整体滑移，严重的导致房屋倾倒，典型的例子是加拿大特朗斯康谷仓的地基破坏。发生于 2009 年 6 月 27 日，上海"莲花河畔景苑"商品房小区工地内，一幢 13 层楼房发生倾倒事故，由于此楼尚未竣工交付使用，所以未酿成居民伤亡事故。从技术角度看，也是地基失去稳定性造成的（来自新华网）。

② 斜坡失稳破坏　斜坡失稳常以滑坡的形式出现，滑坡可能是缓慢的、长期的，也可能是突然的发生，对房屋的危害极大。

由于房屋位于斜坡上的位置不同，因此斜坡出现滑动，对房屋造成的危害也有所不同，大致可分为以下三种情况：

A. 房屋位于斜坡顶部时，从顶部形成滑坡，地基土从房屋下挤出，地基土松动，如

图 3-1a 所示。房屋出现不均匀沉降而开裂损坏或倾斜。

    B. 房屋位于斜坡上，在出现滑坡情况时，房屋下的地基土发生移动，部分土绕过房屋基础移动，如图 3-1b 所示。在这种情况下，无论是作用在基础上的滑动土的土压力，还是基础在平面上的不同位移，都可能引起超过房屋允许的过大变形，导致房屋破坏。

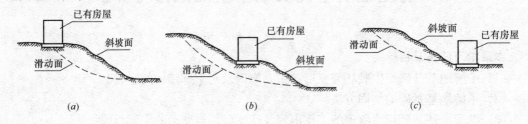

图 3-1　斜坡失稳破坏

(a) 房屋下地基松动；(b) 房屋下土移动；(c) 滑动土体压在房屋上

    C. 房屋位于斜坡下部，房屋要经受滑动土体的侧压力，如图 3-1c 所示。对房屋造成的危害程度与滑坡规模、滑动土体的体积有关，但事故往往是灾难性的，必须引起重视。

    ③ 地基变形过大　地基变形过大经常发生于软土、湿陷性黄土、膨胀土、季节性冻土等地质条件下，分为均匀沉降和不均匀沉降。过大的沉降量会造成室内地坪标高低于室外地坪，引起雨水倒灌；给排水管道断裂；污水不易排出等问题。而不均匀沉降是造成房屋裂缝或倾斜损坏的主要原因，其对房屋的危害性更大。例如，2009 年 7 月 16、17 日，成都下了两天大雨后，"××春天"小区原来距离就很近的两栋楼房居然微微倾斜，靠在了一起。造成"楼歪歪"事件的起因是，"××苑"小区基坑施工，引起旁边的"××春天"小区过道、围墙等出现不同程度裂缝，同时导致 6、7、8 幢楼房发生倾斜。其中 6、7 号楼出现脸贴脸，其他地方裂缝不断加深，造成小区内一阵恐慌。(《中国青年报》8 月18 日)

    当然，影响地基不均匀沉降的因素有许多，如土质的不均匀性、上部结构的荷载差异、建筑物体形和平面复杂、相邻建筑物间影响、地下水位变化及建筑物周围开挖基坑等等。

    2) 基础的强度、刚度不足引起的破坏形式

    基础的强度、刚度反映了基础承受荷载的能力和抗变形的能力，强度和刚度不足将使基础无法有效地承受并向地基传递荷载，使基础出现不同程度的破损、断裂、失稳等破坏。具体表现在：

    ① 基础强度不足，即基础材料所受应力达到甚至超过了其极限应力，造成基础发生断裂、分离、解体，这也会使房屋上部结构相应产生变形和破坏。因此，地基基础的破坏形式主要反映在强度破坏和变形破坏两个方面，对于已建的房屋，由于各种原因而使地基基础发生上述破坏形式时，都将引起房屋出现不同程度的倾斜、位移、开裂、扭曲，甚至倒塌现象。

    ② 基础变形过大传力不良，基础是上部荷载与地基之间的传力桥梁，起着承上启下的作用。当基础刚度不足变形过大时，上部荷载传到基础上的力就不均匀了，造成荷载差异较大，会进一步引起上部结构变形加大，引起房屋损坏现象的发生。

    (2) 地基基础不均匀沉降对常见房屋结构产生的不利影响

1）砖混结构

砖混结构墙体发生斜裂缝，如图 3-2 所示。这是砖混结构常见的墙体开裂原因之一，由于地基基础不均匀沉降使砖砌体受弯曲而导致砌体受拉受剪应力过大而发生开裂。如当沉降发展到一定限度时，在建筑物底层门窗洞口角部出现斜裂缝或八字形裂缝，少数的可发展到二层和三层，此类裂缝大多数在房屋建成后不久出现，并随着时间的增长而加大增多，待地基下沉稳定后，一般不再变化。斜裂缝一般发生在房屋纵墙的某端，多数裂缝通过窗口的两个对角，裂缝向沉降较大的方向倾斜，并由下向上发展，裂缝多发生在墙体下部，向上逐渐减少。墙体裂缝有正八字形、倒八字形、X 形，还有水平裂缝及局部裂缝等。

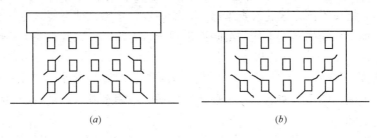

图 3-2　砖混结构墙体发生裂缝示意图

2）钢筋混凝土结构

钢筋混凝土现浇结构房屋基本都是超静定结构，其中一个或多个受力构件发生变位，就牵扯到其他构件，从而使结构构件内产生附加应力，引起非原设计的受力变形，造成结构构件的变形开裂。如框架结构或排架结构钢筋混凝土柱倾斜或开裂；梁出现支座裂缝；过大的不均匀沉降也可能使板产生不同程度的裂缝等。

3）钢、木结构房屋

在基础产生不均匀沉降后，整个结构构件的内力有可能会重新调整。当受压构件变成受拉构件时，将易产生裂缝，特别是连接部位。反之原受拉构件若变为受压，将会产生失稳破坏的可能。

（3）地基基础产生破坏与变形的主要原因

对于已建成房屋出现上述地基基础破坏现象的主要原因有以下四方面：

1）勘察、设计失误

① 地基勘察、设计工作欠认真，钻孔取样化验数据有误，钻孔间距过大，钻孔深度不够，造成土力学指标及地基承载力不准确；土层分布不均匀，地基持力层选择不当；地基承载力不足；软弱下卧层未经验算，导致地基发生强度破坏或过大的不均匀沉降。

② 对于平面形状复杂，纵横单元交叉处基础附加应力叠加考虑不全，计算不准。另外，对房屋高低差相交处的基础设计不周等均会导致沉降不均。

③ 选择的基础构造形式、尺寸和埋置深度有误，基础的构造形式选择不当，如条形基础、十字形基础、筏形基础、箱型基础对抵抗地基不均匀沉降的能力不同；对季节性冻胀土地区，基础埋置深度不当会造成地基土因冻胀与融陷的不均匀，致使建筑物开裂破坏。

2）施工原因所致

① 使用的基础材料不合格。具体如抗压、抗剪、抗拉等强度指标不够，致使基础强度不足；发生有害介质侵入基础，而基础材料选择不当，其抗腐能力不足，又无必要的防护措施，使基础受到腐蚀，强度和耐久性大大降低。

② 基坑（槽）开挖后敞露过久，持力层土受人为或自然环境影响而被扰动，如雨水浸泡、冬季受冻，破坏了土体的天然结构，导致地基土强度下降，沉降加大。

③ 未按设计图纸和技术操作规程施工，施工方法或施工质量达不到设计和规范规定的技术要求，使得地基基础发生质量问题。

3）使用维护不善

① 上下水管道长期渗水，引起地基湿陷。由于房屋或附近地下埋设的上、下水管道安装处理不当，接口不严；缺乏检查维修，长期漏水，水渗入地下侵入地基土层，引起地基局部湿陷，使上部结构产生不均匀沉降而出现开裂等情况。尤其是在湿陷性黄土地区此类事故较为多见。

② 养护维修不及时，地表水渗入地基。房屋外墙四周的散水，排水沟等长期失养、失修、破损、塌陷、断裂，使墙根处出现坑洼不平，地表水渗入地基造成湿陷或冻胀，从而产生不均匀沉降。

③ 随意改变房屋使用性质、搭盖加层，靠近房屋堆积重物。如将住宅改作仓库，不经设计部门同意随意在房顶设置加层，以及在房屋周边堆积重物，都会使房屋地基基础承受的荷载发生很大变化，进而产生沉降量过大或不均匀沉降，造成上部结构破坏、开裂、变形等。

4）新建房屋的影响

① 新建房屋的地基附加应力，会造成它邻近房屋的地基应力的叠加，当两建筑物之间距离较近时，常常造成邻近建筑的倾斜或损坏。特别是在施工时，由于未采取适宜的支护措施，使原有房屋地基松动或地下水涌出，造成承载力大幅下降，从而引起其上部结构出现问题。

② 新建房屋在施工过程中对周围房屋的影响，目前我国城镇建设中，高层房屋已经成为普遍的建筑形式，并且随着汽车进入家庭的普及，地下停车库伴随高层建筑的建设也成为必然，包括大城市地铁建设、地下人防工程建设，由此带来的即是施工中大量的深基坑开挖，深基坑开挖中如采取的基坑支护措施不可靠，基坑壁外围土体将向坑内挤出而易引起相邻建筑物的水平位移与扭曲，同时基坑内挖走土方的局部卸载可能引起基坑周边地面的变形挠曲。另外，大部分基坑施工特别是深基坑施工，需采取降排水措施，目前通常采用的降水方式为井点降水，降水必然引起地下水位的波动，如降水效果不好，引起邻近原有房屋基础下的地下水或土粒流失，带来周围土体承载力和变形的变化，而导致建筑物开裂甚至坍塌。再如，基础的打桩施工，或回填土夯实，由于震动极大，又不采取保护措施，则会影响邻近建筑基础稳固和安全。

3.1.2 地基基础损坏的检查鉴定

这部分工作物业服务企业一般需委托有相应资质的专业查勘鉴定单位来完成，但对于物业服务企业的管理人员来讲应知道该项工作的程序、内容。

（1）地基基础的鉴定标准

地基基础出现下列情况之一者应进行加固处理：

1）地基因滑移、承载力严重不足或因其他特殊地质原因，导致明显不均匀沉降，引起结构明显倾斜、位移、裂缝、扭曲等，并有继续发展的趋势。

2）地基因毗邻建筑增大荷载、因自身局部加层增大荷载或因其他人为因素导致不均匀沉降，引起结构明显倾斜、位移、裂缝、扭曲等，并有继续发展的趋势。

3）基础老化、腐蚀、酥碎、折断，导致结构明显倾斜、裂缝、扭曲等。

（2）地基基础病害鉴定的工作内容

1）搜集沉降与裂缝的实测资料，特别是沉降、裂缝随时间变化的资料。从中可以知道沉降、裂缝开裂的位置和程度，并能判定沉降是否在继续发展，及其发展速度，从而了解危害的严重程度。再者，由地基基础破坏而在上部结构引起的裂缝往往呈现出规律性，从而对正确得出鉴定结论有很大帮助。

2）查阅原有工程地质勘察报告，摸清现场地质情况，如持力层、下卧层及基岩的性状、深度、地基土的物理力学性质、地下水情况等来对照出现问题房屋的破坏特征，看其是否与地质条件相对应，同时也能验证地质资料的可靠性。

3）复核原有建筑结构设计图纸，了解房屋的结构、构造和受力特征。如荷载分布、荷载传递途径、结构的整体性情况，特别是审核原设计是否对不良地质做了专门设计处理，必要时要重新验算，这样才能确定设计是否存在问题。

4）检查施工记录及竣工技术资料，了解施工过程中发生的实际情况。如：是否按图施工，工程变更情况，隐蔽工程验收记录，材料检验记录，施工中降水、排水记录及施工中遇到的相关问题的处理、解决措施记录等，以期排除上述情况或认定某些可能的情况。

5）查明房屋的使用及周围环境的实际情况。如地表水的情况，建筑物的给水、排水管道的渗漏情况，邻近建筑物基础施工情况（分析可能对原建筑物基础的影响）等。

6）可能需要的补充勘察。如对某些地质资料有疑问或资料不详细、不完整而对鉴定结论有影响时，就需要进一步进行补充勘察。

3.1.3 地基基础的加固方法

地基基础的加固是一项专业性很强，风险性较高的工作。它是处理地基基础病害、缺陷的一种常用措施。通过加固地基可以提高地基土承载能力、稳定地基土和阻止地基和上部结构变形的进一步发展。而基础的加固，主要是对基础的灌浆加固或加大基础的受力面积，以及从技术上实现把荷载（或部分荷载）转移到新基础上去，以代替或部分代替原基础的承载力，从而达到恢复或提高基础强度、刚度及耐久性，消除过大的和不均匀沉降的病害，达到加固基础的目的。

在房屋修缮工程中，地基基础的加固是在房屋已存在的情况下进行的，因此，施工往往比较困难，而且在施工时必须保证上部结构的安全。所以，在选择加固方案时，根据工程具体情况，应从技术上、经济上和施工条件上，在做出可行性分析及加固方案优选后，再选定安全有效的加固方法。因其属于建筑工程范畴，对于物业管理人员只需重点了解几种加固方法及其加固原理即可，下面结合图示加以说明。

地基基础的加固分为地基的加固和基础的加固两方面，其工作步骤是：

（1）地基基础维修加固前的准备工作

1）已进行了技术、安全交底，熟悉了作业区域的地形，工程水文地质和建筑物图纸等技术资料。掌握了地下管线、电缆及其他地下及相邻建筑物情况。对相邻建筑物进行了必要的安全保护措施。

2）施工作业区域内，原有的房屋管线和上、下水管道等已处理完毕。草皮、树墩等已清除，场地已平整。对挖土深度低于地下水位时的排水、降水措施已准备到位。

（2）地基的加固方法

地基的加固方法主要有：

1）灌浆法加固

灌浆法的实质是用气压、液压或电化学原理，把某些能固化的浆液注入各种介质的裂缝或孔隙，以改善地基土的物理力学性质。目前比较常用的浆液有水泥浆液、水玻璃浆液和石灰浆液。

水泥浆液是指以水泥为主剂，掺以其他外加剂（速凝剂、缓凝剂、膨胀剂等）的灌浆材料。常用水泥强度等级不低于32.5级的普通硅酸盐水泥，也可根据具体情况选用其他品种水泥。水灰比大多控制在0.6～2.0，常用1.0。

石灰浆液是用生石灰，在施工前的3～5d经充分水解，用孔径1mm筛过滤，水灰比1∶0.67为宜制作的。

水玻璃浆液是指以水玻璃（硅酸钠）为主剂，另加入胶凝剂（如氯化钙）以形成胶凝的灌浆材料。这是一种化学加固方法，又称为硅化灌浆。氯化钙这种胶凝剂与主剂的反应速度很快，它们须和主剂在不同的灌浆管或不同的时间分别灌浆，也称双液硅化法；另一种胶凝剂如碳酸氢钠等与主剂反应速度较慢，可与主剂混合在一起同时灌注，又称单液硅化法。

① 灌注水泥浆加固地基

当房屋发生沉降，经查勘是由于其地基下含有软弱土层时，可采用此法加固地基。施工时，用压力装置将水泥浆压入基础下一定深度（加固深度和面积根据查勘鉴定需要确定）。由于水泥属水硬性胶凝材料，水泥浆流入地基土颗粒的空隙中，经一段时间硬化后，将软弱土层凝结成承载力较高且刚度较大的整体，从而提高了地基的承载能力和稳定性，减少地基的变形。

② 石灰浆加固

石灰浆加固适用于膨胀土地基的处理，以石灰浆压力灌入黏土的裂隙层里，呈片状分布。石灰浆同周围土层起离子交换作用，形成硬壳层，硬壳层随时间增长而加厚，以此改变了地基土的性质和结构，消除了土的胀缩变形，使膨胀土地基趋于稳定。

③ 硅化法加固

硅化法加固地基是用压力将硅酸钠溶液（水玻璃）和另外一种或两种浆液形成的混合液，如水泥浆液、氯化钙溶液等，逐次压入需加固的土层中。采用何种溶液要视地基土质而定。溶液与天然土中的盐类物质起物理、化学作用，可使土颗粒表面产生胶凝，改变土的性质，改善土的物理力学性能，提高地基承载力，增大压缩模量。此法属化学加固地基的一种方法，可按设计要求加固到地基的各种深度，如图3-3所示。

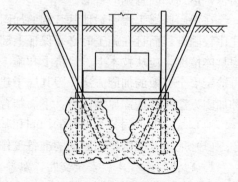

图3-3 地基灌浆加固

如果地基土是渗透系数小的黏性土，具有压力的溶液也难以注入土的孔隙中时，可借助于电渗作用，通过电流，使溶液在土体中电渗，这种加固方法称为电硅化法。

除了上述无机系的灌浆材料外，目前还有有机系的如环氧树脂类、聚氨酯类的灌浆材料。

2）高压旋喷注浆法加固

高压旋喷注浆法加固，适用于淤泥、黏性土、沙土和人工杂填土等地基。它是利用普通钻机，把安装在钻杆底端的特定喷嘴，钻至土层的预定加固深度后用高压泵以 20～40MPa 的压力，把能随时间逐渐硬化的浆液（如水泥浆），从喷嘴中高速喷出冲击土体，使喷流射程内的土体结构遭到破坏，同时经过土颗粒与浆液搅拌混合，凝固后即成为具有一定强度和防水性的新土体结构。当钻杆和喷嘴在土中以一定速度旋转和提升，便得到圆柱状固结体，故称旋喷桩。加固程序如图 3-4 所示。

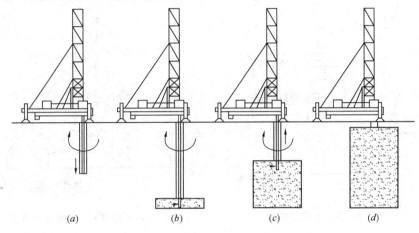

图 3-4　旋喷桩加固地基程序示意图

3）灰土挤密桩法加固

其原理是用桩来挤密地基土层，但要特别注意，在施工桩时引起的地基附加沉降及上部结构可能产生的变形。

该法适用于较厚的回填土、炉灰等填土地基、软弱土层、湿陷性黄土地基加固。其方法是在房屋基础周围打 2～3 排灰土挤密桩，机械打桩桩径宜选用 300mm，桩深可为 6～10m，桩距应选用 2.5～3d（d 为桩孔直径），用消石灰和土（或粉煤灰、炉渣）为桩体材料，逐层填实。经灰土挤密桩加固后的地基承载能力可提高一倍左右。

（3）基础的加固方法

基础的位置是在建筑物与地基之间，它的损坏既可影响上部建筑物又可波及下边的地基，因此必须针对破坏情况及时予以修复加固。其基本思路为：针对基础受腐蚀等原因产生的空隙增大、松散、砂浆强度降低等，采用注入高强胶粘剂（如水泥浆、环氧树脂等）加固基础；针对基础自身强度不足，则采取加大基础受力面积，从而提高其承载能力的措施。

1）基础的灌浆加固

砖、石砌体基础，由于施工的缺陷或使用时间较长，也可能受有害介质侵蚀的作用，使砌筑砂浆强度降低、砌体松散，砌体失去或降低了原有强度和整体性。此种情况下可将高水灰比（1∶1～1∶10）水泥浆液或环氧树脂高压注入基础孔隙中，以恢复砂浆和砌体的整体强度，如图3-5所示。

2）刚性基础扩大基础底面受力面积的加固法

对地基局部软弱或荷载集中，沉降量较大的基础段，视情况扩大其基础底面积，就可相应地减轻该段地基单位面积上的压力，减小沉降量，从而使基础的承载力得到提高，地基的不均匀沉降得到控制。

① 在原基础上增加混凝土套加固

采用混凝土套加固条形基础，如图3-6所示。

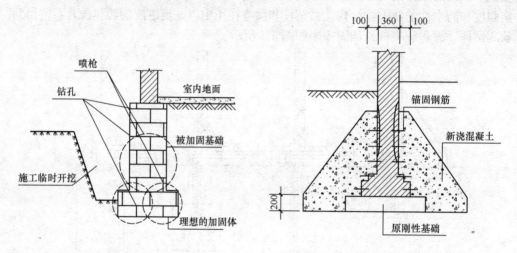

图3-5 砌体基础灌浆加固　　　　图3-6 刚性基础的混凝土套加固

在施工中要将条形基础划分成若干区段分别进行施工，决不能在基础全长上挖成连续的地槽或使地基土暴露，以免导致饱和土从基底下挤出，使基础产生很大的不均匀沉降。

② 墙体增设扶壁柱时的基础局部加固

当由于墙体的强度或稳定性不足，需要对墙体增设扶壁砖柱或钢筋混凝土柱时，其下刚性基础承载力不足的扩大加固常采用此方法，如图3-7所示。

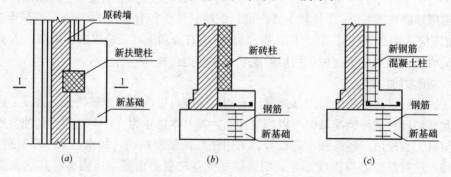

图3-7 墙体增设扶壁砖柱或钢筋混凝土柱时的基础加固
(a) 平面；(b) 1-1扶壁砖柱；(c) 1-1钢筋混凝土柱

③ 条形基础两侧扩大加固

该方法是通过在条形基础两侧加宽基础、增设扁担梁，起到对原有基础进行卸载的作用，减轻了原基础的荷载负担。适用于房屋墙体下的条形基础多处出现裂缝沉降过大时，原基础已不能继续承受上部荷载的情况下。

两侧扩大面积和配筋应按设计规范经过计算确定。加固时新基础顶面可与墙身大放脚平行，并在室外地坪以下。新基础顶面，按间距 1.2～1.5m 加设横穿墙身的钢筋混凝土扁担梁，使墙身荷载通过扁担梁传递到加宽部分的基础上。扁担梁钢筋需按计算要求配置，但至少配置上下各两根直径 12mm 的纵向主筋，扁担梁应与加宽部分混凝土基础一同浇筑。加固方法如图 3-8 所示。

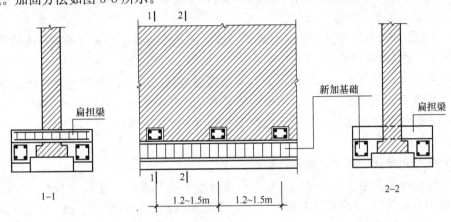

图 3-8　条形基础两侧扩大加固

3）钢筋混凝土柱下独立基础的加固

柱下独立基础的加固方法如图 3-9 所示。

为了保证原基础和新加固部分混凝土连接牢固及施工质量，增加的混凝土厚度不宜小于150mm。施工时，将地面以下，靠近基础顶面处的柱段四边的混凝土保护层及旧基础四侧边混凝土保护层凿除，露出柱内主筋和基础底板的钢筋，并将其顶面混凝土凿毛。扩大和加厚部分的顶部，按设计图纸配筋要求布设钢筋，

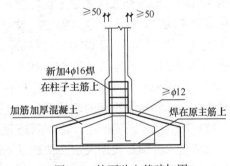

图 3-9　柱下独立基础加固

并与基底原主筋端部焊接牢固。为了保证柱荷载有效传递给新基础，原基础顶面上约450mm 长的柱段四边应各加宽至少 50mm，并加插 4 根钢筋与柱内露出的主筋焊接牢固。柱加宽部分与基础扩大和加厚部分的混凝土须一次浇捣完成。

钢筋混凝土条形基础的扩大加固，可以参照上述柱下独立基础的加固方法进行。

（4）地基基础修缮加固施工管理要点

1）根据基础周围土质，备好回填所需的相应土、石料，这些回填的土、石料要经过筛，去除草根、杂质、有机物等。回填土要达到设计规定的密实度要求，砂石类回填土要按合理的颗粒级配良好，并备好所需的夯实机具等。

2）要严格按查勘设计要求，并按具有出厂合格证和材料试验合格报告的标准，准备好地基基础修缮加固所需的砖、水泥、砂、石子、钢筋、石灰膏等材料。

3）挖基槽土前，应对受影响的邻近房屋做好查勘记录，随时观测检查邻近房屋的结构变化，并应对沟槽立壁土质的状况和支撑的牢固程度随时检查，发现有可能倾塌等危急情况时，应立即按预案做出紧急处理。

4）堆料不要靠近坑（槽）帮，更不要在坑（槽）帮堆砖处浇砖，防止坑（槽）帮塌方。

5）基础加固时，由于扩大部分紧靠旧基础，因此其开挖深度不宜超过旧基础的基底，以免影响旧基础的承载能力。

6）与扩大连接接触的旧基础的顶面和侧面，一定要对接触面凿毛并将砂浮粒洗刷干净，以提高新旧接合面的牢固度。

7）要有保证荷载传递及新旧部分连成一体共同工作的构造措施（如插筋或植筋）。

3.1.4 地基基础的养护

尽管房屋的地基基础处在地面以下，未暴露在显见的地方，但其重要性已如前所述。作为物业服务企业的管理人员，认真做好地基基础的养护工作，及时预防和消除产生对房屋损害的自然或人为因素，可以大大减少地基基础发生问题的可能性，为此应做好如下几方面的工作。

（1）坚持正确使用房屋，避免大幅度超载

由于随意改变房屋用途、搭盖加层、装修时地面铺设超重、超厚的材料（如天然大理石板、花岗石板等），造成地基基础承受的荷载大幅度超过设计荷载；或由于基础附近的地面堆放大量材料、设备等重物，形成较大的荷载，使地基的附加压力相应增大，从而产生附加沉降，而这种沉降多是不均匀的，往往造成基础向一侧倾斜的后果。即使对沉降已经稳定的老地基，在没有经过鉴定、没有取得依据或未采取措施前，都应禁止出现大幅度超载现象。如在屋顶上私设加层，将房屋使用性质作大的改变，如将普通用途改为重荷载用途，例如书库、仓库等。因此，物业管理人员应对房屋日常使用情况加强巡视检查监督，保持房屋正常合理使用，发现违反房屋安全使用的禁止行为，及时加以解决，防止引起对地基基础和房屋不利的超载现象发生。

（2）加强房屋及周围上、下水管道设施的管理，防止地基浸水

地基浸水特别是长期浸水会使地基基础产生不利的工作条件，降低了地基基础的承载力和稳定性，使基础产生局部沉降过大的现象，以致对房屋造成损坏。因此，对埋设在房屋下面或靠近房屋基础的上、下水管道，要加强检查维修，防止漏水。同时应经常检查房屋四周的散水、排水明沟完好情况，特别是散水的基层要夯实，面层要密实，与墙根接合处的沉降缝和散水间的伸缩缝要经常检查发现损坏及时填补好，保证不渗漏。保证房屋四周的排水通畅，要避免房基附近出现积水情况。发现排水不畅或散水破损时，要及时修复。

（3）保持勒脚完整、防止基础受损削弱

勒脚是指位于房屋外墙靠近室外地面的那部分墙体，其作用是将墙体自身及上部结构的全部荷载进一步扩散并均匀地传递给基础。由于其位置的特殊性，不仅在房屋墙体中处于最底部而承受的荷载大，而且由于靠近室外地坪，更易受到人为的磕碰和雨水的淋湿、地表水浸泡等不利环境的损害。在北方，冬季的寒冷天气使潮湿的勒脚部位发生冻害。勒脚破损或严重腐蚀剥落，不仅影响到基础的受力状态，还会影响到整个房屋的使用安全和

耐久性。因此，物业管理人员应加强对房屋勒脚的保护，保持勒脚干燥，发现破损部分应及时修复。对于风化、起壳、腐蚀、松酥的部分，清除冲净后，加做或重做水泥砂浆抹面层或其他材料保护层。勒脚上口宜用砂浆抹成斜坡，以利排水。

另外，要防止在外墙四周挖坑及靠近外墙种植树木，而应考虑以花、草为主。要经常保持基础覆土的完整，墙基处覆土散失时，应及时加填培土夯实，不使基础顶部外露，以防基础受到损伤削弱。

（4）做好采暖保温、防止地基冻害

在季节性冻土地区，要注意基础的保温工作。按采暖设计的房屋，冬季不宜间断供暖，要合理使用，保证各房间都有采暖。如不能保证采暖时，应将内外墙基础做好保温（如关严门窗）。有地下室的房屋，在寒冷季节地下室的门、窗应封闭严密，以防冷空气侵入引起基础冻害。对有积水的地下室要在入冬期以前将积水排净，以防冻害。

房屋的地基基础对于多业主的房屋来说属于共用部分，物业服务企业应特别注意对该部分的维护保养。应在做好养护工作的同时向广大业主多做宣传工作，使业主知晓一些地基基础养护的基本知识，从而更好地协助物业服务企业做好地基基础的养护工作。

3.2 地下室的维修养护

地下室属于建筑物的组成部分。房屋的地下室往往也是整个建筑物的基础。这个"空心"的基础称为箱形基础，一般可用来做人防、商业经营、设备层、车库或仓库，也可用来居住或做其他用途。地下室维护的重点主要是防水，因此地下室的防水是本节的主要内容。

3.2.1 地下防水工程的分类

按地下室所用的防水材料不同分类。

（1）混凝土结构自防水

混凝土结构自防水是以工程结构本身的密实性实现防水功能的一种防水，它使结构承重和防水合为一体。防水混凝土一般分为普通防水混凝土、外加剂防水混凝土和膨胀水泥防水混凝土。

1）普通防水混凝土

混凝土是非匀质材料，它的透水是通过石子与水泥凝胶体之间的空隙、裂缝以及与石子砂浆表面的孔道形成的。普通防水混凝土是通过改善混凝土材料级配、控制水灰比来提高混凝土本身的密实性，减少混凝土中的孔隙和孔道，以控制地下水对混凝土的渗透。该种混凝土不宜承受振动和冲击、高温或腐蚀作用，当构件表面温度高于$100℃$或混凝土的耐蚀系数$K<0.8$时（$K=$浸泡在侵蚀液后的抗折强度/自来水中浸泡相同龄期的抗折强度），必须采取隔热，防腐措施。

2）掺外加剂的防水混凝土

掺外加剂的防水混凝土是利用外加剂在混凝土内所起的特殊作用来消除混凝土渗水现象，达到防水目的。配制时，按所掺外加剂种类不同分为：加气剂防水混凝土、三乙醇胺防水混凝土、氯化铁防水混凝土等。

①加气剂是一种憎水性表面活性剂，溶解于水，拌制混凝土时掺入加气剂溶液，能使

混凝土产生大量互不连通的微细气泡。这些大量稳定、均匀的细小气泡隔断了混凝土中的渗水通道，从而提高了混凝土抗渗性能。同时，各种侵蚀性介质和空气中的二氧化碳也不易侵入，所以又能提高混凝土的抗蚀性和抗碳化能力。掺加气剂的防水混凝土，抗渗能力可达到 0.8～3MPa。

②氯化铁防水混凝土

将氯化铁防水剂掺入普通防水混凝土，通过混凝土的搅拌能生成一种不溶于水的胶状悬浮颗粒，填充混凝土中微小孔隙和堵塞通路，有效地提高混凝土的密实性和不透水性，其抗渗强度可达到 1.5～3.5MPa。是配制防水混凝土外加剂中效果较好的一种。但由于氯化铁对混凝土中的钢筋有腐蚀作用，因此，限制了它的广泛应用。

③三乙醇胺防水混凝土

三乙醇胺是一种有机表面活性剂，为棕黄色透明油状液体，呈强碱性，pH 值为 8～9，相对密度为 1.12～1.13，与氯化钠复合使用，掺加到混凝土中，三乙醇胺防水剂对水泥的水化起加快作用，水化生成物增多，水泥石结晶变细，结构密实，能阻塞毛细管通路，提高混凝土的密实性和不透水性。因此提高了混凝土的抗渗性。它的特点是抗渗性能良好，且具有早强和强化作用，便于施工，质量稳定。

（2）水泥砂浆防水

水泥砂浆防水是一种刚性防水，是用水泥砂浆或掺有防水剂的水泥砂浆抹在地下结构的内外表面，作为地下防水混凝土结构的附加防水层和防水补救措施。近年来，利用高分子聚合物材料制成聚合物改性砂浆，如有机硅防水砂浆、氯丁胶乳水泥砂浆等，以提高材料的抗拉强度和韧性。适用于埋置深度不大，使用时不会因结构沉降，温度和湿度变化以及受震动等产生有害裂缝的地下防水工程和只需做防潮处理的地下防水工程。

（3）卷材防水

卷材防水是一种柔性防水，是将油毡、各种高分子防水卷材、高聚合物改性沥青卷材等，用胶粘材料粘结在地下结构外表面，作为外防水层。卷材防水能适应钢筋混凝土结构沉降、伸缩或开裂变形的要求，但不适合用于内防水。有些新型卷材还具有抵抗地下水化学侵蚀的能力，适用性广泛。

（4）涂料（膜）防水

涂料（膜）防水实际上也是一种柔性防水。它是以高分子合成材料为主体的防水涂料，在常温下呈无定型液态，经涂布后能在结构表面形成坚韧防水膜，用它涂布在地下结构外表形成防水膜。防水涂料种类很多，如聚氨酯防水涂料、丙烯酸防水涂料等。涂膜防水由于防水效果好，施工简单，方便，特别适合于表面形状复杂的结构防水施工，因而得到了广泛的应用。它不仅适用于房屋的屋面防水、墙面防水，而且还广泛应用于地下防水以及其他工程的防水。

3.2.2　地下室防水层渗漏的原因及检查方法

地下室防水层常因设计构造考虑不周，或施工质量不良，使用不当，造成渗漏而影响使用。在进行修补前，必须查明渗漏水的原因和部位，方能进行修补。

（1）地下室防水层渗漏的常见原因

对于地下室发生渗水、漏水等现象，在检查其发生的原因时，首先应检查结构是否变形开裂，并对墙体的阴阳角、门窗口与墙的接触面、过墙管道、预埋墙内的配件、穿墙螺栓以及地面、墙面的裂缝、剥落、孔眼、空鼓、沉降缝等仔细检查，以弄清渗漏水的原因。

1）用防水混凝土做的地下室防水构造的渗漏原因。

① 普通防水混凝土

A. 施工中水灰比过大，骨料级配不佳；振捣不实或漏振，跑模漏浆；

B. 施工缝留设位置不当，施工缝清理不净，新旧混凝土未能很好结合；钢筋过密，混凝土捣实困难；

C. 施工后养护不良，由于干缩、温度变化、水泥用量过大或水泥安定性不好等因素，引起混凝土产生裂缝渗漏。

② 加气型防水混凝土

A. 加气剂掺量不准，造成混凝土结构密实度不均匀；

B. 搅拌时间不适宜，使得混凝土内的微气泡含量不够，造成密实度低。

③ 氯化铁防水混凝土

A. 氯化铁防水剂掺量过多会造成混凝土与钢筋握裹力降低，使压力水通过钢筋表面的毛细孔进入墙体、室内；氯化铁防水剂掺量过少，影响混凝土的密实性，降低了混凝土的抗渗性能；

B. 混凝土拌合时间短，防水剂分布不均，造成混凝土结构整体抗渗功能下降；混凝土养护欠佳，使混凝土微细裂缝扩大，形成毛细孔道，造成渗漏。

④ 三乙醇胺防水混凝土

A. 砂率（细骨料占粗细骨料总量的百分数）没有控制在 35%～40% 之间，降低了混凝土的抗渗能力；

B. 水泥用量过大，因为三乙醇胺的早强催化作用，在硬化后期，造成混凝土内部缺水，形成干缩裂缝，造成渗漏。

2）采用刚性抹面（防水砂浆）防水层的地下室发生渗漏的原因

① 基层表面处理不好，使得防水层与基层粘结不牢出现剥落、裂缝、空鼓而引起渗漏；

② 防水层材料强度不足或配比不对，降低了防水性能；

③ 施工时分层厚度过大，抹压次数不够；

④ 对墙的阴阳角、门窗口与墙的连接处、过墙管道、穿墙螺栓等周围的防水层，没有按要求施工，造成渗漏；

⑤ 防水层受到地下水较强的化学侵蚀或高温作用；

⑥ 由于地基基础不均匀沉降，或砖砌体结构变形，造成墙体开裂，使防水层遭到破坏开裂，形成渗漏；

⑦ 地下室砖墙体遭受腐蚀，使防水层砂浆不能很好的粘结，而逐步出现剥落、裂缝等造成渗漏。

3）采用卷材防水层的地下室渗漏原因

① 设计防水层高度不够，地下水从防水层上部渗入；

② 地基不均匀沉降过大造成结构开裂，防水层柔性和强度不够被撕裂而渗漏水；

③ 卷材粘贴质量不好，如粘贴不实，搭接尺寸不足，封边不严造成渗漏；

④ 变形缝处使用的材料和构造形式不当，不能适应结构的变形，如橡胶止水带缝口处油膏封闭不严，造成渗漏；

⑤ 穿墙孔部位，防水处理不严；

⑥ 防水卷材老化；

⑦ 未及时砌油毡保护墙或施工中油毡破损未被发现等。

（2）地下室防水层渗漏的现象及检查方法

1）在地下室防水检查中，常见渗漏现象可归纳为以下五种：

① 慢渗

漏水现象不明显，可用干布将漏水处擦干后，不立即漏水，但经 10～20min 后，才发现有湿痕，再隔一段时间后才集成一小片水。

② 快渗

漏水情况比较明显，将漏水处擦干后，经 3～5min 就发现湿痕，并很快集成一小片水。

③ 有小水流

漏水情况明显，水流不断，擦不净，形成较大一片水。

④ 急流

漏水严重，形成一股水流，由渗透孔或裂缝处急流涌出。

⑤ 水压急流

漏水非常严重，地下水压力较大，室内形成水柱，由漏水处涌出。

2）检查方法

进行堵漏、修补前，必须先找出漏水点的准确位置，除急流和水压急流漏水点可直接观察确定外，漏水部位一般不能直接准确确定，而需要借助如下方法确定：

① 对于慢渗和轻微快渗，可先将漏水处擦干，立即在漏水处均匀撒一薄层干水泥粉，干水泥粉出现湿点或湿线处，就是漏水孔眼或缝隙处，立即用钻子或其他工具刻出标记，以便修补。

② 上述检查方法，若干水泥粉出现同时湿一片的现象，不能确定漏水的准确位置时（此种情况往往是快渗或有小水流的情况），用布擦干后，迅速用纯水泥浆或速凝水泥胶浆（水泥：促凝剂＝1：1）在漏水处均匀涂抹一薄层，并立即在该薄层上均匀撒干水泥粉一层，此时观察干水泥粉表面的湿点或湿线即为漏水的孔眼或缝隙。

③ 对由于基础下沉或结构变形引起的开裂造成的渗漏，可用测量仪器检查房屋是否发生了不均匀沉降来证明，如果是此原因则须先处理完地基基础，使其沉降或变形稳定后，再修补裂缝及漏水部位。

3.2.3 地下室渗漏的修理与养护

1. 堵漏灌浆材料

1）堵漏材料

堵漏材料是一种能在几十秒或数分钟即开始初凝的材料，主要用于地下工程漏水的封堵。目前常用的堵漏材料有下列两类：

① 硅酸钠防水剂 硅酸钠防水剂是以硅酸钠（水玻璃）为基料，与矾和水共同配制而成的一种快速堵漏材料（促凝剂）。

常用的促凝剂有两类，一类是以水玻璃为主要成分，加入各种矾剂配制而成，常用的有二矾、三矾、四矾、五矾促凝剂等；另一类是快燥精促凝剂，以水玻璃为主体材料，掺入适量的硫酸钠、荧光粉和水配制而成。

硅酸钠防水剂适用于地下室、水池等构筑物的防水堵漏。但不适于掺入承重结构的混凝土中。

硅酸钠防水剂的特点是：应用范围广泛，与水泥拌合可制成防水水泥胶浆；凝固时间短，对渗水部位可迅速起到堵漏作用；材料来源广，价格低廉。例如，根据不同的使用条件，通过调整水泥与五矾防水剂的配比来控制五矾防水水泥胶浆的初凝与终凝时间，在水泥：五矾防水剂＝1：0.5～0.6时，一般条件下堵漏材料的初凝时间为1分30秒。

② 无机高效防水粉

无机高效防水粉是一种水硬性无机胶凝材料，不仅可以用来堵漏，还可用于防水与防潮。

目前，国内无机高效防水粉的品种较多，常见的如：堵漏灵、堵漏停、堵漏能、确保时、防水宝等。产品之间的性能与功能差异较大。如堵漏灵净浆的抗压强度＞22MPa，而堵漏停的抗压强度只有13MPa；堵漏能的初凝时间为30min，堵漏停为45min，防水宝为55min，确保时则为170min。终凝时间在2.5～6h之间。

与硅酸钠防水剂相比，无机高效防水粉更适用于抗渗与防潮。对各类新旧建筑、地下工程、市政工程、水利工程等均可用于防水、防渗与堵漏。

2）灌浆材料

① 水泥浆

使用强度等级42.5的普通硅酸盐水泥与水拌合的水泥浆料，价格低，配制方便，但性能一般，仅适用于一般裂缝的修补。

② 水泥水玻璃浆

将水玻璃与水泥混合成的灌浆材料。凝固时间可以非常短，也可调整至数十分钟凝固，强度高于水泥浆。效果虽略优于水泥浆材，但性能的改进幅度却不大，因此与水泥浆材一样，大多用作一般裂缝的修补。

③ 丙烯酰胺类浆料

丙烯酰胺类浆料是以丙烯酰胺为主剂，辅以交联剂、促进剂等配制而成的一种灌浆材料。其特点是黏度低、可灌性好、胶凝时间可调节，对各种裂缝均可修补，并具有一定的抗酸碱性。但其强度较低，适合于长期处于潮湿环境下的堵漏，在干燥环境中则会发生收缩现象。

④ 环氧糠醛浆料

是以环氧树脂和糠醛为主剂，加入促凝剂、固化剂等配制而成的一种灌浆堵漏材料。其特点是：环氧树脂具有强度高、粘结力强、收缩小、化学稳定性好和能在常温条件下固化等优点。环氧糠醛浆料黏度低，可灌较微细的裂缝，并可在有水的条件下施工，由于其综合性能较好，因此是常用的一种化学灌浆材料。

⑤ 氰凝

这是我国开发较早、使用时间较长的一种灌浆材料，系以多异氰酸酯和聚醚树脂产生反应制成的主剂，加入适量添加剂配制而成的一种灌浆材料。其特点是遇水后立即发生反应，浆液不会被水冲走流失或冲淡；用压力灌浆设备将其灌入裂缝后浆液便会向裂缝四周渗透扩散，从而起到堵漏的作用。

氰凝固结体具有疏水性质，能有效阻隔水的通路，并具有较高的强度、化学稳定性、耐酸、碱、盐和有机溶剂的作用。

⑥ 聚氨酯浆料

聚氨酯灌浆材料分为水溶性和弹性两种。水溶性聚氨酯灌浆材料是以环氧乙烷或环氧乙烷及环氧丙烷开环共聚的聚醚，与异氰酸酯合成制成的一种单组分灌浆材料；弹性聚氨酯灌浆材料则是以多异氰酸酯与多元醇反应而成的一种可在室温固化成弹性体的浆液。

水溶性聚氨酯浆料的特点是：具有良好的延伸性、弹性和耐低温性等，对使用一般方法难以奏效的大流量涌水、漏水、微渗水都有较好的止水效果。适用于各种地下工程内外墙面、地面等变形缝的防水、堵漏。

弹性聚氨酯浆材是一种弹性好、强度高、粘结力强、室温固化的材料，是目前的灌浆材料中性能较为理想的产品之一，但其价格相对较高。主要适用于处理变形缝和反复变形条件下的混凝土裂缝。

（2）修理

堵漏修补是地下室局部修理的一种常见和有效的方法，需要根据不同的原因、部位、漏水的情况和水压的大小，采取不同的方法进行修补。堵漏修补的一般原则是：把大漏变小漏，线漏变点漏，片漏变孔漏，逐步缩小渗漏水范围，使漏水集中于一点或数点，最后把点漏堵塞。地下室堵漏修补的技术方法有堵塞法、抹面法、灌浆法和贴面法等。

1）地下室渗漏修缮施工准备工作

① 材料准备

A. 按查勘设计要求备好所需的材料，如水泥、砂子等；

B. 按规定的配合比备足所需堵漏灌浆材料，如水玻璃促凝剂，环氧树脂灌浆堵缝材料等。

② 机具准备

准备的机具主要有：手压泵、空压机、输料管、注浆嘴、榔头、铁抹子等。

③ 作业条件准备

A. 按查勘设计已核查并找出了渗漏部位，检查核实了漏水情况和水压情况；

B. 依照渗漏情况已制定了堵漏方案，并向施工人员进行了技术和安全操作的交底工作；

C. 已具备了施工环境条件（如：用户已搬迁，排水通道及电源已接通等）。

2）孔洞漏水的处理方法

① 当水压不大（水头在 2m 以下）漏水孔洞较小时，可采用"直接堵塞法"处理。即在漏水点中心剔槽，尺寸约为直径 10mm、深 20mm。若直径再大，深度也应随之加大。所剔槽壁要与基面垂直，剔后用水将槽冲净，然后配制水泥胶浆（水泥：促凝剂＝1:0.6）并团成与槽尺寸相近的锥形体，待胶浆开始凝固时，迅速用力堵塞入孔槽内，并向槽壁四周挤压，使其紧密结合。堵塞后，撒干水泥粉检查，如发现堵塞不严仍有渗水时，应全部清除，按上法重新堵修。如检查无渗水时，胶浆表面抹素灰一遍，水泥砂浆一遍，并与四周防水层结合好。

② 当水压较大（水头 2～4m），漏水孔洞较大时可采用"下管堵塞法"处理，如图 3-10 所示。

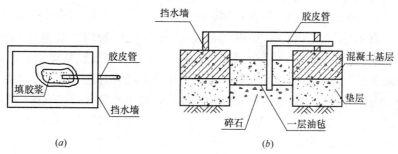

图 3-10　下管堵塞法
(a) 平面图；(b) 剖面图

将漏水孔剔成垂直于基层的孔洞，其深度视漏水而定。漏水严重的应直接剔至垫层，清除干净后，在洞底铺碎石一层，上面盖一层与孔洞大小相同的油毡，油毡中间开一小孔，用胶皮管插入孔内通到碎石中，使水顺管流出。若地面孔洞漏水，需在漏水处四周砌挡水墙，将水引出围墙外，最后用促凝水泥胶浆把孔洞一次灌满，待胶浆开始凝固时，用力向孔洞四周挤压密实，并使胶浆表面低于基层 10mm，用干水泥粉检查孔洞四周无漏水后，拔出胶皮管，再按孔洞漏水"直接堵塞法"将孔洞堵塞，最后拆除挡水墙。

③ 当水压很大（水头在 4m 以上），漏水孔不大时，可采用"木楔堵塞法"处理，如图 3-11 所示。将漏水处剔成一孔洞，用胶浆将一适当直径铁管（铁管一端打扁）稳固在孔洞内，铁管外端应比基面低 20～30mm，再按铁管内径制作木楔一个，木楔上表面平整，并用沥青浸渍。待胶浆有一定强度时，将木楔打入铁管内，木楔顶距铁管上端约 30mm，用促凝水泥砂浆把楔顶上部空隙填实，表面再抹素灰和砂浆各一道，水泥砂浆保护层与基层表面相平。

④ 当水压较大，漏水严重，孔洞又较大时，可采用"预制套盒堵塞法"处理，如图 3-12 所示。

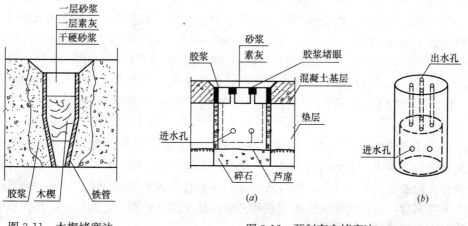

图 3-11　木楔堵塞法

图 3-12　预制套盒堵塞法
(a) 剖面图；(b) 预制套盒三维视图

　　将漏水处剔成圆形孔洞，深度至混凝土垫层以下，孔四周砌临时挡水墙。根据孔洞大小预制防水混凝土套盒，其外径比漏水孔径稍小且外壁为毛面（以便粘结牢固）。套盒侧壁、底部均有流水孔。施工时，先在孔洞底铺碎石一层，其上铺芦席或过滤网，然后将胶管插入预制套盒上面的孔眼内，并将预制套盒反扣在孔洞内，套盒高度要比孔洞低20mm。孔洞四周填垫小碎石至原垫层高度，再在其上用水泥胶浆填满，并用力挤压密实。通过插入预制套盒底部孔眼的胶管，将水引出挡水墙外。接下来，在孔洞上部抹素灰一道，促凝水泥砂浆一层，待砂浆具有一定强度后，拔出胶管并按"直接堵塞法"的做法将孔眼堵塞。

　　3）裂缝漏水的处理方法

　　结构变形和材料收缩造成开裂渗、漏水均属于裂缝漏水，应在采取措施后，变形基本稳定，裂缝不再发展的情况下，才能进行修补，而且要根据水压的大小采取不同的操作方法。

　　① 直接堵塞法：用于堵塞水压较小的裂缝，属于慢渗、快渗或涌流状漏水的处理，如图 3-13 所示。

　　沿裂缝方向以裂缝为中心剔成八字形边坡沟槽，深约 30mm，宽约 15mm，将沟槽冲洗干净，把水泥胶浆搓成长条形，待胶浆将要凝固时，迅速堵塞在沟槽中，并挤压密实。若裂缝过长，可分段堵塞。堵塞完毕检查已无渗水现象

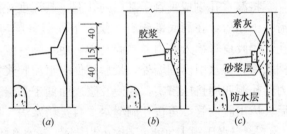

图 3-13　裂缝漏水直接堵塞法
(a) 剔槽；(b) 填槽；(c) 抹防水层

时，再在八字坡内抹素灰一道，砂浆一层且与基层表面相平。

　　② 下线堵塞法：用于水压较大或快渗的裂缝漏水的处理。

　　与直接堵塞法一样，先沿裂缝方向以裂缝为中心剔成八字形边坡沟槽，冲洗干净后，在槽底沿裂缝放置一根小绳，长约 200～300mm，绳径视漏水量而定。较长的裂缝应分段堵塞，每段长 100～150mm，各段间留出 20mm 的空隙，将待要凝固的胶浆堵塞于每段沟槽内，然后迅速向槽壁两侧挤压密实，之后立即把小绳小心抽出，使渗漏水顺绳孔流出。每段间所留 20mm 的空隙，可用"下钉法"缩小孔洞。即把胶浆包在钢钉上，待胶浆开始凝固时，插入该空隙中，用力将胶浆与空隙四周压实，同时一边挤压一边转动钢钉并立即拔出钢钉，使水顺钉眼流出，经检查除钉孔外无渗漏水现象时，沿沟槽坡抹素灰一道，砂浆一层，表面扫毛。待有一定强度后，再按孔洞漏水"直接堵塞法"完成最后堵孔工作。

　　③ 下半圆铁片堵漏法：当水压较大的裂缝急流漏水时可采用此法处理。施工时同样先将漏水处裂缝剔成八字形边坡沟槽，沟槽底部每隔 500～1000mm 放上一个带有圆孔的半圆铁片，把胶皮管插入孔内，然后按裂缝漏水直接堵塞法分段堵塞，使漏水顺管流出，经检查无渗漏后，沿沟槽抹一层水泥浆和一层砂浆。待其达到一定强度后，拔出胶管，再按孔洞漏水直接堵塞法堵塞。

　　4）地下室渗漏修缮施工的管理要点

　　主要抓好以下三个环节的管理：

① 对所用的各类堵漏材料要严格质量检验；

② 在修缮施工中严格按修缮方案确定的顺序及工艺要求进行施工；

③ 使用压力灌浆设备前要事先做好充分准备，包括设备的检查及人员的组织，保证灌浆施工连续进行，一次灌浆成功。

（3）地下室的养护

1）建立地下室养护管理制度

在地下室的养护特别是防空地下室的养护工作中，物业服务企业应按照本地区民用建筑防空地下室维护管理办法，建立相应的管理工作制度。

① 岗位责任制度。根据物业项目情况，确定领导成员、管理人员、维护人员的维护管理工作岗位及其相应的职责，明确维修保养的目标、任务和内容。

② 定期检查、维修、保养及档案管理制度。每季度开展一次检查，两年至少保养一次，保证防护设备处于良好使用状态。建立地下室维修保养档案，对地下室维修保养的时间和内容进行记录。物业服务企业不得擅自弃置防空地下室，使其无人管理、失修、损坏。

③ 安全管理制度。按照治安、消防等法律法规和技术规范，建立健全安全组织，制定各项安全管理制度和操作规程，明确工作目标，落实安全责任。建立定期安全检查和值班巡视制度，发现治安和火灾隐患及时整改；组织消防、安全知识宣传、培训、教育；严格用电管理，不得乱拉、乱接临时用电线路，严禁超负荷用电。

④ 突发事故（事件）灾害预警制度。按照当地有关要求，建立信息监测、报告和24小时值班制度。在汛期、火灾高发期和疫情期，接受当地人防工程突发事故（事件）应急处置领导小组统一调度和部署，确保通信联络畅通，加强监督检查，定期报告情况，全力保障人力、物力，做好各项应急准备工作。制定火灾、煤气、液化气等应急预案并组织演练。制订防汛方案和应急措施，做好人防工程防汛排涝和防雨水倒灌等工作。

2）地下室日常养护工作

① 加强对地下室，尤其是防水的检查，特别是施工缝、沉降缝、后浇带、管道穿墙部位、墙内预埋件部位的检查，发现问题时及时修补。

② 使用者不得以重器、锐器敲击地面和墙面，不准在墙壁上打眼、钉钉和安装膨胀螺栓。

③ 地下室门窗口不得随意改动。

④ 靠防水墙及防水地面不得有高温设施（防水混凝土在高温下会大大降低抗渗能力）。

⑤ 发现有腐蚀的管道及配件应及时更换。

⑥ 地下室一旦进水（外来水）要及时排出。

⑦ 无人居住的地下室，夏季应保持通风，冬季应有防冻措施，进出口要有标识和防范措施。

3）（防空）地下室维修保养标准

防空地下室的维修保养，应当按照国家有关技术规范进行，达到下列标准：

① 结构完好；

② 内部环境整洁、无渗漏水，空气和饮用水符合国家有关卫生标准；

③ 工程内外排水畅通，地面无积水，无倒灌；

④ 防护密闭设备、设施性能良好，启闭灵活轻便，各种零部件完好无缺，保持清洁；

⑤ 风、水、电、暖、通信、消防系统工作正常，设备性能良好，管道畅通，各种阀门开启灵活、关闭严密，设备保持清洁；

⑥ 金属、木质部件无锈蚀损坏；

⑦ 进出口道路畅通，孔口伪装及地面附属设施完好；

⑧ 防汛设施安全可靠。

本 章 能 力 训 练

1. 房屋地基基础维护方案编制能力训练

（1）任务描述

作为物业管理项目经理，假如你负责管理的住宅小区周围有高层建筑即将开工建设，首先要进行地下基础工程施工，开挖基坑深度达 9m，基坑距离小区 5、6 号楼较近，针对此情况，你将考虑做好哪些方面的工作和安排。施工过程中产生的紧急情况如何应对。

（2）学习目标

通过房屋地基基础维护方案编制能力训练，应达到下列技能要求：

① 能够清楚知道地基基础日常维修养护的工作内容，影响因素。

② 对遇到的实际问题，如雨季暴雨，特别是房屋周围有地下物施工（高层、地铁、管道等地下施工）时的应对方法和措施有基本的掌握。

（3）任务实施

可以分组的方式，班级分成以 6 人左右为一组的若干训练单位，小组内成员针对任务要求进行讨论，集思广益，形成工作方案，然后将讨论确定的内容进行分解，根据各自较擅长的方面，将任务落实到每位同学，共同来完成，最后综合形成完整的方案内容。

（4）参考资料（提示）

针对任务描述内容，可从以下几方面考虑：

① 基坑开挖施工前，应和建设单位或施工单位进行接触，了解工程概况和施工方案，特别是为保护周围房屋采取的有效措施（需要有哪些措施由同学来考虑）。

② 应与 5、6 号楼的业主沟通、提示（沟通、提示内容有哪些也需由同学来考虑）。

③ 监督施工单位是否按经批准的施工保护方案进行施工，措施是否有效。

④ 地下施工过程中有可能导致 5、6 号楼出现什么紧急情况？相应的应急预案如何？

4　房屋主体结构的维修与养护

本章学习任务及目标

(1) 熟悉砌体结构、钢筋混凝土结构和钢结构的一般知识
(2) 熟悉砖混结构、钢筋混凝土结构和钢结构的维修与加固
(3) 熟悉房屋附属部分的养护管理
(4) 掌握砖混结构、钢筋混凝土结构和钢结构的损坏现象与维修养护

4.1　砖混结构房屋的维修与养护

4.1.1　砌体结构的一般知识

由砖、石或各种砌块用砂浆砌筑而成的结构，称为砌体结构。其所使用的材料，如黏土、砂、石等都是地方性材料，可以"因地制宜，就地取材"。因此砌体结构，特别是砖混结构是我国上个世纪民用建筑工程中应用最广泛的结构形式。

大多数民用房屋结构的墙体是砌体材料建成的，而屋盖和楼板则是用钢筋混凝土建造的，这种由两种或两种以上材料作为主要承重结构的房屋称为混合结构房屋。

(1) 砌体材料

1) 块材

① 砖

用于砌体结构中的砖，有黏土砖和硅酸盐砖，而使用最多的是烧结普通黏土砖，其标准尺寸为 240mm×115mm×53mm。为节约黏土，减轻墙体自重，改善砖砌体的技术经济指标，多年来我国大力推广应用具有不同孔洞形状和不同孔洞率的承重黏土空心砖，其主要规格有：KP1 型，尺寸 240mm×115mm×90mm；KP2 型，尺寸 240mm×180mm×115mm；KM1 型，尺寸 190mm×190mm×90mm。非烧结硅酸盐砖是用工业废料，煤渣及粉煤灰加生石灰和少量石膏振动成型，经蒸压制成的，其尺寸和标准砖相同。上述两种类型砖，按强度等级划分为 MU30、MU25、MU20、MU15 和 MU10 五个等级。

② 砌块

为了解决目前黏土砖与农业争地的矛盾，大力发展绿色节能建材，推动建筑业可持续发展，我国已在大部分大中城市限制或禁止建造烧结普通黏土砖房屋。在此背景下混凝土小型空心砌块得到了快速发展，作为烧结普通黏土砖的替代品，现已成为具有一定竞争力的墙体材料。北方寒冷地区还生产了用浮石、火山灰渣等轻骨料制成的轻骨料混凝土空心砌块，是寒冷地区保温及承重的较理想的墙体材料。小型空心砌块的标准尺寸为 190mm×390mm×190mm，其强度等级分为 MU20、MU15、MU10、MU7.5 和 MU5 五个级别。

③ 石材

天然石材按加工程度分为料石和毛石。当石材表观密度大于 18kN/m³ 时称为重石

（如花岗石、石灰石、砂石等），表观密度小于 $18kN/m^3$ 时称为轻石（如凝灰岩，贝壳灰岩等）。重石材由于强度高、抗冻性、抗渗性、抗气性均较好，故通常用于建筑物的基础、墙体以及挡土墙等。其强度等级分为 MU100、MU80、MU60、MU50、MU40、MU30和 MU20 七个级别。

2) 砌筑砂浆

砂浆在砌体中的作用是将单个的块体粘结成一整体，并因抹平块体表面而使其应力分布较为均匀。此外，砂浆填满块体间的缝隙，减少了砌体的透气性，因而提高了砌体的隔热性能，这一点对采暖房屋是相当重要的。

砂浆是由砂、矿物胶结材料（水泥、石灰、黏土及石膏等）与水按配合比要求经搅拌而成。对砌体所用砂浆的基本要求是强度、可塑性（流动性）和保水性。

砂浆按其成分可分为：无塑性掺合料的（纯）水泥砂浆；有塑性掺合料（石灰膏或黏土）的混合砂浆以及不含水泥的石灰砂浆、黏土砂浆和石膏砂浆等非水泥砂浆。无塑性掺合料的纯水泥砂浆强度高，且由于能在潮湿环境中硬化，一般多用于含水量较大的地基土中的砌体。混合砂浆（水泥石灰砂浆、水泥黏土砂浆）强度较高，可塑性、保水性好、便于施工，常用于地上砌体。非水泥砂浆中的石灰砂浆，强度不高，属气硬性材料（即只能在空气中硬化），通常用于地上较干燥环境下的砌体；黏土砂浆，强度低，一般用于简易房屋；石膏砂浆，硬化快，用于不受潮湿的地上砌体中。砂浆的强度等级有 M15、M10、M7.5、M5 和 M2.5 五个等级。

（2）砌体的施工要点

1) 砌体的一般要求

砌体根据所用的块材及是否配筋分为：砖砌体、砌块砌体、石材砌体、配筋砌体等。此外，还有在非地震区采用实心砖砌筑的空斗墙砌体等。砌体除应采用符合质量要求的材料外，还必须保证有良好的砌筑质量，以使砌体具有良好的整体性、稳定性和受力性能。一般要求砌体灰缝横平竖直，砂浆饱满，厚薄均匀，块体应上下错缝，内外搭砌，接槎牢固，墙面垂直；在施工中注意墙、柱的稳定性；冬季施工时还要采取相应的措施保证砌体的质量。

2) 砖墙的砌法

普通砖墙的砌筑形式主要有一顺一丁、三顺一丁和梅花丁，此外还有二平一侧（用于砌180mm厚或300mm厚墙）、全顺（用于砌半砖墙，即120mm厚墙）、全丁（用于砌圆弧形砌体）。

① 一顺一丁

一顺一丁是一皮中全部顺砖与一皮中全部丁砖间隔砌成。上下皮间的竖缝相互错开1/4砖长，如图 4-1a 所示。这种砌法效率较高，墙体整体性好，但墙面砖缝较多，当用

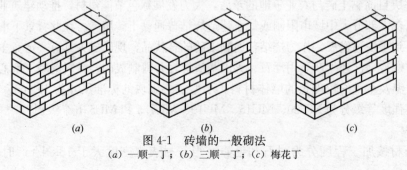

(a)　　　　　*(b)*　　　　　*(c)*

图 4-1　砖墙的一般砌法

(a) 一顺一丁；*(b)* 三顺一丁；*(c)* 梅花丁

于清水墙面时欠美观。该砌法适用于砌一砖、一砖半及二砖墙。

② 三顺一丁

三顺一丁是三皮中全部顺砖与一皮中全部丁砖间隔砌成。上下皮顺砖间竖缝错开 1/2 砖长；上下皮顺砖与丁砖间竖缝错开 1/4 砖长，如图 4-1*b* 所示。这种砌法因顺砖较多，砌筑效率较高，墙体整体性较一顺一丁差，但墙面砖缝较一顺一丁少，适用于砌一砖、一砖半墙。

③ 梅花丁（亦称十字式、沙包式）

梅花丁是每皮中丁砖与顺砖相隔，上皮丁砖坐中于下皮顺砖，上下皮间竖缝相互错开 1/4 砖长，如图 4-1*c* 所示。这种砌法比较美观，灰缝整齐，而且整体性较好，但砌筑效率较低。适用于砌一砖及一砖半墙。

3）砖墙砌筑施工要点

砖墙砌筑工艺一般是抄平、放线、摆砖、立皮数杆、盘角、挂线、砌筑、勾缝、清理等工序。

① 全部砖墙应平行砌起，砖层必须水平，并用皮数杆控制其正确位置，基础和每楼层砌完后必须校对一次水平、轴线和标高，且应在允许偏差范围内。其偏差值应在基础或楼板顶面调整。

② 砖墙的水平灰缝和竖向灰缝厚度一般为 10mm，但不小于 8mm，也不应大于 12mm。水平灰缝的砂浆饱满度不得低于 80％，竖向灰缝宜采用挤浆或加浆方法，使其砂浆饱满，严禁用水冲浆灌缝。

③ 砖墙的转角处和交接处应同时砌筑。对不能同时砌筑而又必须留槎时，应砌成斜槎，斜槎长度不应小于高度的 2/3，如图 4-2 所示。如留斜槎有困难时，除转角处外，也可留直槎，但必须做成阳槎，并加设拉结钢筋。拉结筋的数量为每 120mm 墙厚放置 1 根直径为 6mm 的钢筋，间距沿墙高不得超过 500mm，埋入长度从墙的留槎处算起，每边均不小于 500mm，其末端应有 90°弯钩，如图 4-3 所示。抗震设防地区不得留直槎。

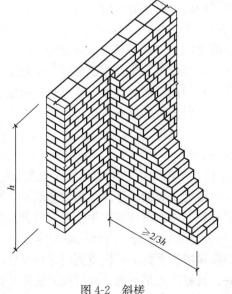

图 4-2　斜槎

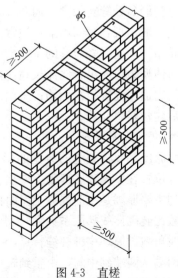

图 4-3　直槎

④ 隔墙与承重墙如不同时砌筑而又不留成斜槎时，可于承重墙中引出阳槎，并在其灰缝中预埋拉结筋，其构造与上述相同，但每道不少于2根钢筋。

⑤ 砖墙接槎时，必须将接槎处的表面清理干净，浇水润湿，并应填实砂浆，保持灰缝平直。

⑥ 每层承重墙的最上一皮砖、梁或梁垫的下面及挑檐、腰线等处，均应用整砖丁砌。隔墙和填充墙的顶面与上层结构的接触处，宜用侧砖或立砖斜砌挤紧。

⑦ 砖墙中留置临时施工洞口时，其侧边离交接处的墙面不应小于500mm，洞口顶部宜设置过梁。

⑧ 砖墙相邻工作段的高度差，不得超过一个楼层的高度，也不宜大于4m。砖墙临时间断处的高度差，不得超过一步脚手架的高度。砖墙每天砌筑高度以不超过1.8m为宜。

4.1.2 砖混结构的损坏与查勘

（1）砖混结构损坏的形式及原因

1）砖砌体裂缝及产生的原因

砖砌体裂缝是墙体比较普遍的损坏现象之一。砌体上产生裂缝后，轻则会影响建筑物的观瞻，有的还会造成建筑物的渗漏等病害，影响建筑物使用功能和寿命，严重的甚至影响到建筑物的强度、刚度、稳定性和整体性，危及到建筑物的使用安全。裂缝产生的原因有很多，也较复杂，需要综合分析，找出主要原因，以便对症下药。根据砌体一般受力情况，可以将裂缝分为两类：一类为非荷载裂缝，即裂缝的产生不是由于砌体承受荷载造成的，比如沉降裂缝、温度和收缩裂缝等；另一类为荷载（强度）裂缝，即砌体受荷载作用后，因砌体强度不足而直接引起砌体开裂。

① 沉降裂缝

沉降裂缝是由于地基发生不均匀沉降，改变了砌体下支承反力的分布，在砌体内产生了附加应力。砖砌体为脆性材料，表现为其抗压强度较大，而抗拉及抗剪强度小，所以砌体在拉应力和剪应力复合作用下易产生裂缝。地基不均匀沉降产生的房屋裂缝一般从底层逐步向上发展，多为斜向或竖向裂缝，也有水平裂缝。斜裂缝一般发生在窗洞口的两对角处，靠近窗洞口处缝宽较大，向两边和上下逐渐减小；竖向裂缝多出现在底层窗台位置；水平裂缝一般出现在窗间墙上，通常是每个窗间墙的上方两对角处成对出现。

防止墙体产生沉降裂缝的主要措施有：严格按照规范要求设置沉降缝、钢筋混凝土圈梁；房屋体型力求简单，墙体长高比控制在允许范围内，横墙间距不宜过大；底层窗台下砌体灰缝内适当配置拉结钢筋；采用钢筋混凝土窗台板；合理安排施工顺序，宜先建较重单元，后建较轻单元等。

② 温度和收缩裂缝

产生温度和收缩裂缝的典型的形式和位置有：平屋顶下边外墙的水平裂缝和包角裂缝，裂缝位置在平屋顶底部附近或顶层圈梁底部附近，裂缝程度严重的贯通墙厚，产生这种裂缝的主要原因是钢筋混凝土屋面板在温度升高时伸长对砖墙产生推力（因为混凝土线膨胀系数比砖砌体线膨胀系数大）。温度产生的裂缝整体上看，内外纵墙和横墙呈八字形裂缝、对角斜裂缝，这种裂缝特点，一是发生在顶层从上到下，由重到轻逐步发展；一是发生在两端从两端到中间，由重到轻逐步发展。其原因也是气温升高后屋面板伸长比砖墙大，使顶层砖墙受拉、受剪。拉应力分布大体是墙体中间为零两端最大，因此八字形裂缝多发生在墙体两端附近。

③ 强度裂缝

是指在荷载直接作用下因砌体强度不足而产生的裂缝。这种裂缝常发生在砌体直接受力部位，而且其破坏形式与荷载作用引起的破坏形式相一致，如受压、受拉、受弯及受剪等。砌体一旦出现强度裂缝，必然影响到房屋的使用安全，应及时检查、鉴定，采取有效的加固措施。

2）砖砌体腐蚀及产生的原因

砖砌体腐蚀，一般表现为墙面产生粉化、起皮、酥碱和剥落等现象，这种破坏从表层逐渐向砌体纵深发展，使墙体厚度逐渐减小，降低了砌体承载力和墙体的保温、隔热等性能，影响房屋建筑的美观，严重的还会造成坍塌事故。砌体产生腐蚀的原因主要有自然界的长期侵蚀、使用环境腐蚀介质的侵蚀、使用养护不当、砌体材料质量不合格及施工原因等。

砌体作为建筑物的外墙时，长期受自然界风、霜、雨、雪的侵蚀，以及因夏季高温，冬季严寒周而复始的循环胀缩。特别是墙体长期受潮部分（如外墙下部靠近地面的勒脚处、女儿墙处），经反复冻融作用，砌体面层容易形成粉状，并不断剥落。地下水位较高的地区，又因地下水中常含有溶解性盐类和酸类，对墙体下部砌体也有侵蚀作用，城市中大气污染对砌体亦有不同程度的侵蚀作用。另外，块体材料质量不合格或清水砖墙灰缝勾缝施工质量不符合要求出现损坏，更会加速上述侵蚀现象的发生。

3）墙体的变形

① 沿墙面的变形——倾斜与弯曲

沿墙面的水平方向的变形叫倾斜，沿墙面的竖向变形叫弯曲。变形前后的墙体仍在同一平面内，如图 4-4a 所示。

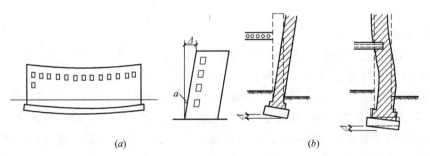

(a)   (b)

图 4-4 墙体的变形
(a) 沿墙面的变形；(b) 出墙面的变形

造成房屋倾斜与弯曲的主要原因有：施工不良造成，比如，灰缝厚薄不匀，砌筑砂浆质量不符合规定，组砌方法不当和冬期采用冻结法施工时，未严格遵守规定要求；地基不均匀沉降；房屋横墙平面内刚度不足造成倾斜，此时墙体一般不能满足《砌体结构设计规范》（GB 50003—2011）的要求，如横墙中洞口的水平截面面积过大，横墙长度与其高度的比值相对较小等。

② 出墙面的变形

垂直于墙面的变形叫出墙面变形，变形后侧面观察，原来的竖向平面，变成曲面或斜面。例如弯曲、凸突或倾斜，如图 4-4b 所示。

造成墙体发生出墙面变形的原因也可归纳为：施工不良导致；设计失误，使得墙体高厚比过大，超过了规定允许值；出墙面强度不足，多发生在外墙及偏心受压墙，侧视可见墙面向外弯曲；地基发生不均匀沉降时，当楼盖与墙体缺乏可靠联结会发生向外侧的倾斜，而当楼盖与墙体有可靠连接时，地基不均匀沉降使基础发生转动，则可能发生出墙面的弯曲变形。

（2）砖混结构房屋的查勘内容

1）房屋概况调查

① 建筑物的概况：主要包括建筑物的名称、用途、结构形式、层数、层高、总高、设计单位、施工单位和开竣工日期等；

② 图纸与文件资料：包括设计任务书、地质钻探资料、全套施工图纸及竣工图、设计变更资料等原始资料；

③ 建筑物的历史状况：包括建筑物用途变更情况、改扩建情况、修缮情况、有无遭受水灾、火灾、地震灾害及其他偶然事件如爆炸的影响等；

④ 建筑物所处的内、外环境：包括振动、有害气体、工业废水排放、高温等。

2）房屋检测调查

① 结构部分：基础、梁、柱、墙、板、楼面、屋面等有无损坏，变形是否超过允许规定；屋面防水层是否老化漏雨，有无裂缝、起翘、渗漏等现象；

② 装修部分：内外墙面抹灰有无裂缝、空鼓、脱落；墙壁是否渗漏、积露；门窗有无松动、腐烂；油漆是否起壳、剥落等；

③ 设备部分：水、卫、电照、通讯、燃气、暖气及各种设备是否完好、完整，运行是否正常；

④ 附属设施：上、下水道、化粪池是否畅通，有无损坏等。

3）砖混结构的查勘

对砖混结构，主要检验砌体灰缝砂浆的饱满度，砖墙、柱的截面尺寸，垂直度和表面裂缝，砖砌体表面腐蚀层深度，砌体中灰缝砂浆和砖块的强度等。

① 砖砌体灰缝砂浆饱满度检验。砖砌体中水平灰缝砂浆必须填实饱满，要求砂浆饱满度不小于 80%。检验的方法和数量为，每步架随机抽查不少于 3 处，每处掀开 3 块砖，用钢尺或百格网检测砖底面与砂浆的粘结痕迹面积，取 3 块砖砂浆饱满度百分率平均值，作为该处的灰缝砂浆饱满度。

② 砌体截面尺寸和砖墙、柱垂直度检验。进行砌体承载力验算时，需要弄清楚砌体截面的实际尺寸。检测砖墙、柱截面尺寸前，应把其表面的抹灰层铲除干净，用钢尺仔细量取。

测量砌体的垂直度，也应清除砌体表面抹灰层，根据不同建筑物，用经纬仪、或吊线和钢尺测量砖砌体的垂直度。对多层砖混房屋规定，每层墙体的垂直度允许偏差为 5mm；砖砌体全高小于或等于 10m 者，允许偏差为 10mm；砖砌体全高大于 10m 者，允许偏差为 20mm。重点检查有明显偏斜或截面面积缺损的砌体。

③ 砖砌体裂缝检测。对砌体表面裂缝应作全面检测，查清裂缝的长度、宽度、方向和数量。可用钢尺量取裂缝长度，记录其数量和走向；以塞尺、卡尺或专用裂缝检测仪器

量测裂缝的宽度。把检测结果详细地标注在墙体立面图或砖柱展开图上。并初步分析产生裂缝的主要原因。

④ 砖砌体腐蚀层深度的检测。可以先按砖墙面腐蚀的严重程度，划分若干区域或类别，同一类中随机抽查检验。墙面表层已腐蚀的部分一般较疏松，容易剥落，需要用小锤轻敲墙体表层，除去腐蚀层，用直尺配合钢尺直接量取砖的腐蚀层深度。灰缝砂浆的腐蚀深度检测方法与检测砖的腐蚀层深度方法相同，但由于砌筑砂浆的强度较低，有时较难确定正常砂浆与被腐蚀砂浆的分界线，因此在轻轻铲除表层腐蚀砂浆时，除应注意区别被腐蚀砂浆与正常砂浆的硬度外，还应观察二者的颜色变化，以确定灰缝砂浆的腐蚀层深度。

⑤ 砖砌体抗压强度的检验。抗压强度是砌体的重要力学指标，关系到砌体结构的受力安全。而砖砌体又是砖和砂浆的复合体，很难从结构上截取试件直接作砌体强度检验。通常的方法是分别用回弹仪检验出砖和砂浆的抗压强度，按《砌体结构设计规范》（GB 50003—2011）确定砌体强度。

4.1.3 砖混结构的维修与加固

（1）砖混结构的维修

1）砖砌体裂缝的修补

砖砌体裂缝的修补，一般应在裂缝稳定以后进行，应首先查明产生裂缝的原因，否则，即使进行了修补，裂缝还有可能继续开展。如地基与基础需加固时应先处理地基和基础；砌体可靠度不足时应先加固砌体等。另外，裂缝是否需要处理以及采用何种修补方法，应从裂缝对房屋建筑的美观、强度、耐久性、稳定性等方面的影响程度，综合考虑后确定。

砖砌体裂缝常用的维修方法有以下几种：

① 水泥砂浆填缝

用水泥砂浆嵌填已趋于稳定的裂缝，是最简单、经济的修补方法。操作时先用工具将缝隙清理干净，并洒水润湿，根据裂缝宽度不同，分别用勾缝镏子（捆子）、抹子等工具将裂缝填抹严实，所用砂浆为1∶3水泥砂浆或比原砌体砂浆高一个等级的混合砂浆。这种修理方法对砖砌体的美观、使用功能、耐久性等方面可起到一定作用，但对提高砌体强度、整体性方面作用不大。

② 抹灰

抹灰可用于常见非结构裂缝而且裂缝也不严重且已经静止不发展的处理，也可用于砌体表面非严重的酥碱腐蚀等缺陷处理。抹灰前应先清除或剔除墙面上疏松部分，用水冲净润湿后再做抹灰处理，抹灰所用砂浆种类应根据墙体部位和抹灰所起作用而选用。抹灰处理后对砌体的整体性、强度和耐久性均能起到一定的作用。

③ 喷浆

用压力喷浆（机械喷涂抹灰）代替手工抹灰，处理裂缝及受腐蚀而酥碱的砌体表面，具有更好的强度、抗渗性和整体性，砂浆与墙面的结合更加牢固，特别是对裂缝的处理效果更佳。

④ 压力灌浆

压力灌浆是通过灌浆设备施加一定的压力，将某种复合水泥浆液或化学浆液灌入裂缝内，把砌体重新胶结成为整体以达到恢复砌体的强度、整体性、耐久性以及抗渗性的目的。是维修裂缝效果较好的方法。

2）砖砌体腐蚀的维修

① 砖墙面腐蚀的修补

对于墙面腐蚀一般，尚未对墙体安全造成严重影响的修补。首先将已腐蚀的墙面，呈酥松的粉状腐蚀层清除干净，可用人工凿除，再用钢丝刷清除浮灰、油污等，然后用压力水冲洗干净。根据墙体防腐要求，对墙面进行修复，可加抹水泥砂浆、耐酸砂浆或耐碱砂浆面层，或改用沥青混凝土、沥青浸渍砖等修复。

② 砖砌体的局部拆除重砌

墙体局部腐蚀严重（截面削弱减少 1/5 以上）或出现严重的空鼓、松动、歪闪、裂缝等现象，对结构安全已发生影响时，可采用局部拆除重砌（剔砌或掏砌）的处理方法。下面以剔砌为例，说明砖墙剔砌的一般方法。剔砌适用于不小于一砖半厚的实心砖墙，剔换厚度不得超过半砖厚。

A. 剔砌前准备 50mm 宽，8～10mm 厚的钢板。在墙面上画出剔砌范围、作业顺序和施工缝的位置，范围较大时应设置皮数杆。

B. 按分段范围剔拆碱蚀、风化砖，应随拆随留槎，随清理干净，浇水湿润。剔砌时，应在墙面上挂立线，拉水平线，按原墙组砌形式砌筑，每隔 4～5 皮砖用整丁砖与旧墙剔槽拉结，其间距不大于 500mm，坐浆挤实，如图 4-5 所示。

C. 剔砌至最上一皮砖时，应临时用钢楔撑开，填塞稠度 30～40mm 的 1：3 水泥砂浆严实，灰缝厚度不得小于 8mm。

D. 剔砌的墙身应搭接牢固，咬槎良好，砂浆饱满，表面平整，色泽一致，灰缝通顺，所用砂浆强度等级不宜低于 M5。

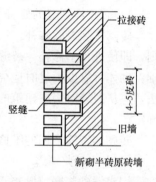

图 4-5 砖墙体剔砌示意图

对于墙体局部腐蚀严重（墙体内外均已腐蚀）的情况，可采取掏砌的方法将腐蚀的砖体替换下来，掏砌时应在保证施工安全的前提下，分段进行施工。具体方法可参照上述剔砌施工方法进行。

对面积较大严重腐蚀的多层房屋底部墙体，在保证房屋结构和修缮施工安全的条件下，可采用"架梁掏砌"的方法。架梁支顶采用钢木支撑或用圆木柱和方木梁。对腐蚀的墙身掏砌应分段进行，每段长 1～1.2m，留出接槎连续进行，随掏随砌，直至把腐蚀部分全部掏换干净，掏换部分的顶部水平缝采用坚硬的片材（如钢片）楔紧，并填入 M5～M7.5 砂浆。

（2）砖混结构的加固

砖混结构的承重构件（墙、柱、过梁等）发生严重开裂、腐蚀、变形，超过《危险房屋鉴定标准》（CJ1 3—86）的规定，已成危险构件时，就应对砖混结构进行加固。砖混结构的加固应当在查勘鉴定和加固设计后，按设计要求进行。

1）墙、柱强度不足的加固

加固时应先进行承载力验算，选择加固方案和确定加固断面。下面几种加固方法可供选择：

① 用钢筋混凝土加固

A. 增加钢筋混凝土套层。在砖柱或砖壁柱的一侧或几侧用钢筋混凝土扩大原构件截面。为加强新增加的钢筋混凝土与原砌体的联系，原砌体各面每隔 1m 高左右设一个销键，各面的销键要交错设置；或采用插筋的方法，插筋与加固的主筋焊接。套层除了直接参与受力外，还可以阻止原有砌体在竖向荷载作用下的侧向变形，从而满足原砌体对承载力的要求，如图 4-6 所示。

B. 增设钢筋混凝土扶壁柱。在砖墙的单侧或双侧增设钢筋混凝土扶壁柱。该法由于增大了截面，因此可以提高砌体的承载力，同时对提高墙体刚度、稳定性也起到明显效果，如图 4-7 所示。

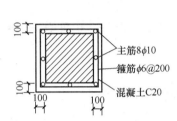

图 4-6　钢筋混凝土套箍加固

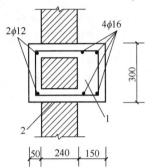

图 4-7　增设扶壁柱加固砖墙

1—现浇混凝土 C30；2—墙上每五皮砖凿孔，孔径 $\phi30$，放入 $\phi8$ 箍筋后用砂浆填满

② 用砌体增大墙、柱截面的加固

独立砖柱、窗间墙及承重墙，承载力不足，但砌体尚未被压裂，或只有轻微裂缝时，或稳定性不足时，可采用扩大砌体截面的方法，达到加固的目的。

增大截面的方法有：在砖墙上增设扶壁柱，在独立柱、扶壁柱外包砌砖墙等。要求后增加砌体的截面，应满足补强加固的需要，所用砖的强度等级与原砌体相同，砂浆强度等级比原砌体砂浆等级提高一级，且不能低于 M5，新旧砌体要结合牢固，可在新旧砌体之间埋设钢筋，加强相互拉结，使其能共同工作。断面增大后，如基础不能满足传力要求，应相应扩大基础，如第 3 章图 3-7 所示。

③ 用配筋喷浆层或配筋抹灰层加固

当砌体大面积严重腐蚀，表层深度酥松，及砌体需要的加固断面厚度较小时，可采用配筋喷浆或配筋抹灰的方法进行处理。施工时先将原砌体表层酥松部分凿除，清理干净，然后绑扎钢筋，提前浇水润湿墙面，接下来按设计要求进行喷浆或抹灰。要特别注意对喷浆或抹灰层的养护。

④ 托梁换（加）柱加固

当独立砖柱、窗间墙等承载力下降很大，砌体已严重开裂，有倒塌的危险，采用增大砌体断面补强已不能取得最佳效果时，可采用托梁换柱或托梁换墙的方法进行加固。

对于独立砖柱，宜采用托梁拆柱重砌，新砌的砖柱截面，应通过计算确定，并应在梁底处加设钢筋混凝土梁垫。

对于窗间墙，根据承受荷载大小及构造情况，可将原墙拆除重砌，也可拆除部分墙体，另设一根钢筋混凝土柱，其截面尺寸和配筋亦应通过计算确定。施工时要用支撑将上部结构撑起，并采取相应的安全措施。原有砖墙应拆成锯齿形以便新旧结构能很好地联结成整体，同时还要相应增大柱子部位的基础。

2）墙、柱稳定性不足的加固

墙、柱稳定性不足的加固措施有：加大截面厚度、加强连结锚固和补加支撑等。

加大砌体截面的厚度，亦即减小了墙、柱的高厚比，从而提高了墙、柱的稳定性，同时具有补强作用。加固的方法如前所述。增强的断面需要进行高厚比的验算。

当砖墙的锚固不足及锚固发生异常时，应视具体情况加强或补做锚固。砖混结构的房屋山墙设计通常以屋面板或檩条等构件作为墙体顶部的水平支撑，如山墙与屋面板或檩条锚固不足，甚至漏做，则墙顶应按自由端验算砖墙的高厚比，高厚比不足时，应补做锚固，如增设螺栓连接，增加埋设铁件进行焊接等。砖混结构房屋增设圈梁和构造柱可达到提高其整体稳定性的作用。

墙、柱发生裂缝、歪闪及稳定性不足时，可加设斜向支撑临时加固，也可增设隔断墙或增设钢拉杆、钢支撑等，作为永久性加固。

4.2 钢筋混凝土结构房屋的维修与养护

4.2.1 钢筋混凝土结构的一般知识

（1）钢筋混凝土结构的特点

钢筋混凝土是由钢筋和混凝土这两种性质截然不同的材料所组成。混凝土的抗压强度较高，而抗拉强度很低；钢筋的抗拉和抗压强度都很高，但单独用于受压时容易失稳，且钢材价格较高、易腐蚀。二者结合在一起工作，使混凝土主要承受压力，钢筋主要承受拉力，并且由于混凝土的保护，使钢材免受氧化腐蚀的侵扰，这样就可以有效地发挥各自材料的受力性能，更合理地满足工程结构的要求，取得良好的技术经济效果。在钢筋混凝土结构中，有时也利用钢筋来协助混凝土承受部分压力，从而起到提高结构构件延性以及减少变形等作用。目前我国城镇中大量的多层与高层房屋结构均采用钢筋混凝土建造，应用十分广泛。这主要是因为其具有以下优点：

1）耐久性好　处于良好环境的钢筋混凝土结构，混凝土的强度不随时间增长而降低，且略有提高，钢筋受混凝土保护而不易锈蚀，所以钢筋混凝土结构的耐久性好，不像钢结构那样需要花费大量资金定期维护。

2）耐火性好　混凝土本身的耐高温性能好，且可保护钢筋不致在高温下发生软化而失去强度，所以耐火性优于钢、木结构。

3）整体性好　现浇整体式钢筋混凝土结构，节点的连接强度较高，其整个结构的强度和稳定性能好，因而有利于抗震及防爆。

4）可模性好　可以根据设计需要，浇注成各种结构所需的形状和尺寸。

5）就地取材　钢筋混凝土结构中所用的砂、石材料，一般可以就地、就近取材，因此可以减少运输成本，降低结构的造价。

6）节约钢筋　钢筋混凝土结构合理地利用钢筋和混凝土各自的优良性能，在很大程度上可以用钢筋混凝土代替钢结构，从而达到节约钢材的目的。

钢筋混凝土结构和其他结构相比也有以下缺点：

1）自重大　和钢结构相比，不利于建造大跨度、超重荷载结构和超高层建筑。

2）抗裂性差　由于混凝土抗拉强度低，普通钢筋混凝土结构构件往往是带裂缝工作的，而裂缝宽度的限制妨碍了现代高强钢筋的应用。为提高钢筋混凝土构件的抗裂性能，充分利用高强度钢筋，可采用预应力混凝土结构，达到不开裂或开裂很小的目的。

3）施工较复杂　与钢结构相比，现浇钢筋混凝土结构建造周期一般较长，费工、费模板，需要养护时间较长，且施工受季节影响。

4）补强修复工作比较困难　钢筋混凝土结构一旦出现严重的损害（如地震损坏），维修加固工作比较困难，特别是结构节点部位（如梁板柱交接部位）的加固。

（2）钢筋混凝土多层与高层房屋常用的结构体系

1）框架结构

框架结构是由梁和柱刚性连接而成的骨架承重结构，如图 4-8 所示。

框架结构的优点是强度高，整体性和抗震性好。它不靠墙承重，所以建筑平面布置灵活，可以获得较大的使用空间，能满足各类建筑不同的使用和生产工艺要求。主要用于民用房屋中的办公楼、旅馆、医院、学校、商店和住宅，以及多层工业厂房和仓库等建筑。

框架体系用以承受竖向荷载是合理的，因为当层数不多时，风荷载影响较小，竖向荷载对结构设计起控制作用。但在框架层数较多时，水平荷载（如风荷载、水平地震作用等）使结构产生较大的横向变形，为满足结构变形要求就要加大柱截面尺寸，随着层数增加将使柱截面尺寸过大，造成在技术经济上不合理，因此这种结构形式在地震设防地区不宜建得太高，主要用于 10 层及以下的房屋。

2）剪力墙结构

剪力墙结构是利用建筑物内的纵横钢筋混凝土墙体作为承重结构的一种结构体系，如图 4-9 所示。

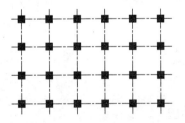

图 4-8　框架结构平面

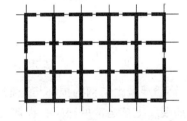

图 4-9　剪力墙结构平面

剪力墙除承受竖向压力外，还要承受由水平荷载引起的剪力和弯矩，它具有很大的水平刚度。一般多用于 25～30 层的房屋。

剪力墙结构房屋，由于建筑平面受到墙体限制，室内空间小，平面布置不灵活，而且自重大，所以，一般用于住宅、公寓或旅馆等建筑。为了满足使用要求，也可将底层或下部两三层的若干片剪力墙改为框架，则形成框支剪力墙结构体系，这种结构体系不宜用于抗震设防地区。

3）框架—剪力墙结构

框架—剪力墙结构是由框架和剪力墙共同承受竖向和水平力的结构，如图 4-10 所示。

图 4-10　框架—剪力
墙结构平面

这种结构体系的房屋，其竖向荷载通过楼板分别由框架和剪力墙共同承担，而水平荷载则主要由剪力墙承担，这样既可大大减少柱的截面尺寸，又可使房屋的侧移明显减少。剪力墙虽然在一定程度上限制了建筑平面的灵活性，但相比剪力墙结构，这种体系既有较大的刚度，也有较灵活的空间。一般用于15～25层的办公楼、旅馆、住宅等房屋。

4）筒体结构

随着现代化城市建设的飞速发展，出现了一大批层数大于30层的超高层建筑。显然，上述框架和框架—剪力墙结构已不能满足水平荷载下强度和刚度的要求，而剪力墙结构因平面受到墙体限制，又不能满足建筑上需要较大开间和空间的要求，所以由剪力墙和框架—剪力墙综合、演变和发展而形成了筒体结构体系。它将剪力墙集中到房屋的内部，并与外部形成空间封闭筒体，使整个结构体系既具有很大的刚度，又能因为剪力墙的集中而获得较大的空间，使建筑平面设计重新获得良好的灵活性，所以适用于建造多功能、多用途的30层以上超高层建筑，如办公楼、旅馆等各种综合性建筑。

筒体结构体系根据房屋高度和水平荷载的性质、大小的不同，可以采取四种不同的形式：框架内单筒，如图4-11a所示、框架外单筒，如图4-11b所示、筒中筒，如图4-11c所示和组合筒，如图4-12所示。

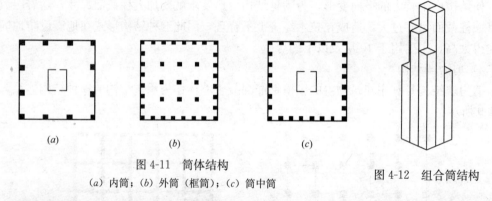

图4-11 筒体结构
(a) 内筒；(b) 外筒（框筒）；(c) 筒中筒

图4-12 组合筒结构

4.2.2 钢筋混凝土结构的损坏与查勘

(1) 钢筋混凝土结构常见缺陷、损坏及其原因

1) 钢筋混凝土的常见缺陷

钢筋混凝土常见的缺陷主要有麻面、露筋、蜂窝、孔洞、掉角、缝隙夹层和碳化等。

① 麻面：混凝土表面局部缺浆粗糙，或有许多小凹坑，但无钢筋外露。

② 露筋：钢筋混凝土构件内的主筋或箍筋等，没有被混凝土包裹而外露。

③ 蜂窝：混凝土局部酥松，砂浆少，石子多，石子之间出现空隙，形成蜂窝状的孔洞。

④ 孔洞：混凝土结构内有空腔，局部没有混凝土，或蜂窝特别大。

⑤ 裂缝：主要有温度裂缝、干缩裂缝和外力引起的裂缝。

⑥ 缝隙夹层：施工缝处混凝土结合不好，有缝隙或夹有杂物，造成混凝土整体性不良。

造成混凝土产生上述缺陷的主要原因是，施工、使用和维护不当。如施工时水质不良，配合比不良、水泥过期或标号不足、砂石含泥量大等均会造成混凝土酥松、强度不足；混凝土振捣不实或漏捣，水灰比选择不合适，往往造成空洞、蜂窝、露筋、密实性差等；模板清理不干净，拆模不当会造成混凝土表面出现麻面、破损等。又如结构使用不当或维护保养不好，使构件遭到碰撞、超载、及有害介质侵蚀，而导致混凝土出现掉角、露筋、酥松等缺陷。这些缺陷如不及时修补，任其发展，将影响到结构的承载力和耐久性。

2）钢筋的锈蚀

由于混凝土的碱性介质（新浇筑混凝土的 pH 约为 12 左右），在钢材表面形成碱性保护膜，阻止锈蚀的产生，故混凝土中的钢材一般不易锈蚀。一旦钢筋发生锈蚀会使其截面逐渐减小，并造成和混凝土之间的粘结力降低，影响构件的承载力。同时钢筋由于锈蚀而体积膨胀，最严重的可达原体积的 5 倍，会使周围的混凝土胀裂甚至脱落，从而降低了结构的受力性能和耐久性。尤其是预应力混凝土结构中的预应力钢筋一般含碳量较高，且断面小，应力高，因而对锈蚀破坏较敏感，一旦发生锈蚀，危险性更大，严重的会导致构件断裂。

钢筋产生锈蚀的原因是多方面的，根据锈蚀作用机理，钢材的锈蚀主要分为化学锈蚀和电化学锈蚀两种。

① 化学腐蚀：指钢材直接与周围介质发生化学反应而产生的锈蚀。

在正常环境情况下，混凝土不密实和构件上产生的裂缝，往往是造成钢筋锈蚀的主要原因。尤其当水泥用量偏少，水灰比不当或振捣不良时，或者在混凝土浇筑中产生露筋、蜂窝、麻面等情况，都给水（汽）、氧和其他侵蚀介质的渗透创造了有利条件，特别是在温度或湿度较高的环境中，化学锈蚀进展加快，从而加速了钢筋的锈蚀。

另外，钢筋混凝土结构长期暴露在使用环境中，大气中的 CO_2 不断向混凝土孔隙中渗透，并与孔隙中的碱性物质 $Ca(OH)_2$ 溶液发生中和反应，使混凝土孔隙内碱度（pH）降低而造成混凝土的碳化现象，它使钢筋表面的介质转变为弱酸性状态，钢筋表面在混凝土孔隙中的水和氧共同作用下发生化学反应，生成新的氧化物——铁锈，这种氧化物生成后体积增大，使其周围混凝土产生拉应力直至引起混凝土开裂。

② 电化学锈蚀：指钢材与电解质溶液接触，形成微电池而产生的锈蚀。

潮湿环境中钢材表面会被一层电解质水膜所覆盖，而钢材本身含有铁、碳等多种成分，由于这些成分的电极电位不同，形成许多微电池。在阳极区，铁被氧化成为 Fe^{2+} 离子进入水膜；在阴极区，溶于水膜中的氧被还原为 OH^- 离子。随后两者结合生成不溶于水的 $Fe(OH)_2$，并进一步氧化成为疏松易剥落的红棕色铁锈 $Fe(OH)_3$。电化学锈蚀是钢材锈蚀的主要形式。

影响钢材锈蚀的主要因素：环境中的湿度、氧，介质中的酸、碱、盐；钢材的化学成分及表面状况等。一些卤素离子，特别是氯离子（如施工时混凝土中加入的含氯盐外加剂）能破坏保护膜，促进锈蚀反应，使锈蚀迅速发展。

3）钢筋混凝土结构的裂缝

钢筋混凝土结构构件上的裂缝，按其产生的原因和性质，可分为荷载裂缝、温度裂缝和收缩裂缝等。

① 荷载裂缝 钢筋混凝土结构在各种荷载作用下而产生的裂缝。这种裂缝多出现在构件的受拉区、受剪区或振动严重部位，依受力特性和受力大小而具有不同的形状和规律。

A. 受弯构件的裂缝。钢筋混凝土受弯构件（如典型的梁、板）裂缝一般有垂直裂缝和斜裂缝两种。垂直裂缝一般出现在梁、板结构弯矩最大的横截面上，例如简支梁裂缝在跨中由梁底开始向上发展，其数量、宽度与荷载大小与梁配筋有关。斜裂缝一般出现在剪力最大同时作用有弯矩的部位，常在靠近支座附近，裂缝由下部开始并沿大致 45°方向逐渐向跨中上方发展。对于钢筋混凝土受弯构件，在使用过程中受拉区出现一些微细裂缝，裂缝宽度只要不超过规范允许值，就是正常的，否则，钢筋将因混凝土裂缝过宽而受到腐蚀、生锈，降低结构构件的承载能力和耐久性，同时影响观瞻要求。

B. 轴心受压构件的裂缝。钢筋混凝土轴心受压构件（如柱），在使用荷载下不应出现受压裂缝，而一旦出现即预示混凝土受压柱进入破坏阶段，必须马上查明原因，及时进行加固处理。

② 温度裂缝

温度裂缝大多由于大气温度的变化，周围环境高温的影响和大体积混凝土施工时产生的大量水化热而造成。由于气温和湿度出现较大幅度的变化，引起材料热胀冷缩，使得钢筋混凝土结构中梁、板的某些部位出现温度裂缝。如钢筋混凝土梁、板结构，施工时养护不良，更易发生这类裂缝。温度裂缝多为表面裂缝，对建筑结构承载力一般不会带来大的影响。但对于厚度较薄的钢筋混凝土板来说，也可能会出现贯通裂缝，影响使用功能和受力，因此应区别情况，鉴别其危害性。为防止出现因温度变化带来的结构裂缝，一般通过合理设置伸缩缝来预防。

③ 收缩裂缝

混凝土在空气中硬结时体积减小的现象称为收缩。水泥水化作用过程引起混凝土体积的收缩称为凝缩，它占的比重最大，而且初期发展较快；后期主要是混凝土内自由水分蒸发而引起的干缩。

收缩裂缝有两种情况，一种是表面裂缝，它出现在混凝土表面，形成不规则的发丝裂缝，多发生在混凝土终凝前，而表面缺乏湿润的养护条件，如发现早，及时抹实加强养护，就可以避免。另一种裂缝是中间宽两头细，有时均匀分布在两根钢筋之间，并与钢筋平行，这种裂缝一般发生在终凝后，如果形成贯通的裂缝，则对结构的承载力和耐久性都会产生不利影响，甚至危及结构安全。加强对浇筑后混凝土的养护是避免产生收缩裂缝的有效方法。

④ 其他原因引起的裂缝

除上述原因产生的裂缝外，还可能因材质问题，如混凝土配合比中砂粒过细、水泥安定性不合格以及施工不当，如过早拆除支撑模板，混凝土浇筑方法不当，钢筋位置错误等；地基不均匀沉降引起的沉降裂缝；振动荷载产生的裂缝等。

综上所述，裂缝出现的原因是多方面的，因此房屋结构中的裂缝常常不是由单一原因引起的。虽然许多工程出现问题都跟裂缝有关，但不是所有的裂缝都危及结构的安全和正常使用。对影响结构安全和有碍正常使用的裂缝必须采取加固措施。而一般裂缝可视具体情况进行普通修补。

（2）钢筋混凝土结构房屋的查勘、检测

1）结构构件的外观和位移检查

房屋结构的外观特征能大致反映出它本身的使用状态。如构件由于多种原因承受不了过大荷载，在其混凝土表面出现裂缝或混凝土剥落；钢筋混凝土构件中的钢筋锈蚀，则沿钢筋方向的混凝土产生裂缝，严重的出现渗出的锈迹；柱子倾斜，会使它偏心受压以至失稳、崩塌等等。

① 测量结构构件的形状和外形尺寸

结构构件的形状和尺寸，直接关系到构件的刚度和承载能力。正确度量构件的形状和尺寸，为结构验算提供依据资料。

用钢尺量测构件长度，且分别量测两端和中部的截面尺寸，确定构件的宽度和厚度。构件尺寸的允许偏差，如设计上无特殊要求时，应符合《混凝土结构工程施工质量验收规范》的规定。对钢筋混凝土方形、矩形柱截面形状，可用方尺套方检查其形状。

② 量测结构构件表面蜂窝面积

蜂窝是指混凝土表面无水泥浆，露出石子深度大于 5mm，石子之间出现空隙，形成蜂窝状的孔洞。可用钢尺或百格网量取外露石子部分的蜂窝面积。构件主要受力部位不应有蜂窝。

③ 量测结构构件表面的孔洞和露筋缺陷

孔洞系指深度超过保护层厚度，但不超过构件截面尺寸 1/3 的缺陷。检查方法为凿去孔洞松动石子，用钢尺量取孔洞的面积及深度。构件主要受力部位不应有孔洞。

露筋是指钢筋没有被混凝土包裹而外露的缺陷。可用钢尺量取钢筋外露长度。纵向受力钢筋不应有露筋。

④ 量测混凝土表面裂缝

要详细调查清楚裂缝发生的部位、裂缝的走向、长度和宽度，可采用钢尺量测裂缝长度，用刻度放大镜、塞尺或裂缝宽度测定仪检测裂缝的宽度。按照《混凝土结构设计规范》的规定，一般钢筋混凝土结构构件的最大裂缝宽度限值为 0.3mm。

⑤ 量测结构构件的挠度和垂直度

主要承受弯矩和剪力的梁，除了检查裂缝等表面特征外，还应量测其挠度（弯曲变形）。可用挠度检测仪或钢丝拉线和钢尺量测梁侧面弯曲最大处的变形。

柱子、屋架、托架和大型墙板的垂直度通常用线锤、钢尺或经纬仪量测构件中轴线的偏斜程度。

上述变形应符合《混凝土结构工程施工质量验收规范》的规定。

2）钢筋混凝土结构中钢筋锈蚀程度的检验

混凝土中钢筋锈蚀会减少钢筋的截面，减弱钢筋和混凝土之间的粘结力，降低整个构件的承载力。对旧建筑物而言，检验混凝土中钢筋锈蚀程度是鉴定房屋构件质量的一项主要的检测项目。

检测混凝土中钢筋锈蚀程度的方法通常采用直接观察法和钢筋锈蚀仪检测法两种。

① 直接观察法是在构件表面凿去已剥裂的混凝土保护层，继续剔凿至暴露出钢筋，直接观察钢筋的锈蚀程度。锈蚀严重者应精确量取锈蚀层厚度和剩余有效截面。这种方法具有直接和直观的特点。

② 钢筋锈蚀检测仪一般是利用自然电位法原理测量混凝土中钢筋的电位及其变化规律，来判断钢筋的锈蚀程度。这种方法可对整个构件中的钢筋进行全面量测，但有时会受某种因素干扰，出现一定的误差。最好把自然电位法与直接观察法相结合，用直接观察法

验证自然电位法的检测结果，提高检测精度。

3）结构混凝土抗压强度检测

混凝土的抗压强度是其各种力学性能指标的综合反映，其相应的抗拉强度、轴心抗压强度、弹性模量和耐久性等都随其抗压强度的提高而增强。多年来，国内外科研人员对已有建筑物混凝土抗压强度测试方法进行了大量试验研究。方法虽多但各有优缺点和局限性。大致可分为：表面硬度法、微破损法、声学法、射线法、取芯法和综合法等。

① 表面硬度法　是以测定混凝土表面的硬度推断混凝土的抗压强度。包括锤击印痕法、表面拉脱法、射入法和回弹法。采用表面硬度法检测混凝土的抗压强度，混凝土表面和内部的质量应一致，对于表面受冻害、火灾以及表面被腐蚀的混凝土，不宜采用这类方法检测。其中最常用的是回弹仪法。检测时，保证回弹仪轴线与混凝土测试面始终垂直，用力均匀缓慢，扶正对准测试面。慢推进，快读数。

② 微破损法　只使构件表面稍有破损，但不影响构件的质量，以微小的破损推断构件混凝土的抗压强度。如在构件上用薄壁钻头钻成圆环，给小圆柱体芯样施加劈力，以圆柱劈裂力推断混凝土强度。还有如破损功法和拉拔法都属于微破损检测法。目前一种相对于表面硬度法、声学法精度更高的现场混凝土强度检测的方法就是拔出法。它是在混凝土中预埋或钻孔装入（一般称为后装拔出法）一个钢质锚固件，然后用拉拔装置拉拔，拉下一锥台形混凝土块。以抗拔力或拉拔强度作为混凝土质量的量度，利用拉拔强度与混凝土标准抗压强度的经验关系，来推算混凝土的抗压强度。整个测试系统由嵌装的锚固件、反力支承环或支承架、液压加荷装置三部分组成。后装拔出法检测混凝土强度是直接在混凝土结构上进行局部力学试验的检测方法。

③ 声学法　主要有共振法和超声脉冲法。通过量测构件固有的自振频率，以自振频率的高低推断混凝土的强度和质量称为共振法；以超声脉冲通过混凝土的速度快慢确定混凝土的抗压强度称为超声脉冲法。

④ 取芯法　取芯法是利用混凝土钻芯机，直接从所需检测的钢筋混凝土结构或构件上钻取混凝土芯样，按有关规范加工处理后，进行抗压试验，根据芯样的抗压强度推定结构混凝土立方体抗压强度的一种局部破损的检测方法，因直观、可靠、准确度高而广泛用于混凝土结构现场质量检测中。但钻芯法在实际应用中也存在一些问题，如取样部位不当时轻则削弱构件承载力，重则损伤主筋或钻断主筋。因此，取芯位置一般选择在基础、墙、柱上，尽量不要在梁上取芯。

目前国内外使用比较普遍、检测精度较高且有标准可供遵循的检测方法主要有回弹法、超声法、拉拔法、取芯法以及采用二种或以上方法检测的综合法。

4.2.3　钢筋混凝土结构的维修与加固

（1）钢筋混凝土结构的维修

1）混凝土结构缺陷的修补

① 表面抹水泥砂浆修补

对于数量不多，深度不大的小蜂窝、麻面、轻微露筋和缺棱掉角等混凝土表面缺陷，主要是保护钢筋和混凝土不受侵蚀和恢复外观。首先须用钢丝刷清理表面，将露筋处铁锈清除干净，并用自来水冲洗湿润混凝土表面，然后可使用 1∶2～1∶2.5 水泥砂浆修补，并注意洒水养护。

② 细石混凝土填补修理

对于蜂窝孔洞或露筋较深时，通常要经过鉴定，制定补强方案，经批准后方可处理。根据批准的补强方案，首先采取安全措施，如现浇钢筋混凝土柱的孔洞处理，在梁底用支撑支牢，然后将孔洞处不密实的混凝土和突出的石子颗粒凿掉，要剔成斜形，避免有死角，以便浇筑混凝土，将剔好的孔洞用清水冲洗，并充分湿润。为使新旧混凝土结合良好，填补前先涂水泥浆一道并立即填补细石混凝土。要求细石混凝土比原混凝土强度提高一级，且水灰比控制在 0.5 以内，为避免新旧混凝土间出现收缩裂缝，可掺入水泥用量万分之一的铝粉，采用小振捣棒分层仔细捣实。填补的细石混凝土表面要压光，新旧混凝土表面要一致、平整。填补的细石混凝土认真养护 7 天后方可交工。

③ 环氧砂浆或环氧混凝土修补

环氧砂浆（混凝土）是以环氧树脂为主剂，配以促进剂等一系列助剂，经混合固化后形成一种高强度、高粘结力的固结体。根据缺陷部分的修补需要也可采用环氧树脂配合剂进行局部修补。其特点是具有良好的施工和易性、粘接性、抗渗性、抗剥落性、抗冻融性、抗碳化性、抗裂性、钢筋阻锈性能并具有硬化快、强度高等性能。但价格较贵且工艺操作要求高，所以通常只在特别需要的情况下才使用。

环氧砂浆或环氧混凝土主要适用于混凝土结构的孔洞、蜂窝、破损、剥落、露筋等表面损伤部分的修复。

④ 压力灌浆法修补（补强）

对于不易清理的较深的蜂窝或裂缝，或由于清理敲打会加大蜂窝的尺寸，使结构遭到更大的削弱，可采用压浆补强法。首先要检查出混凝土蜂窝、孔洞及裂缝的范围，对较薄的构件，用小铁锤仔细敲击，听其声音；较厚的构件，可做灌水检查，或采用压力水做实验；对大体积混凝土可采用钻孔检查，然后将易于脱落的混凝土清除，用水或压缩空气冲洗缝隙，或用钢丝刷仔细刷洗，务必把粉尘石屑清扫干净，并保持湿润。施工时先埋好压浆管，用 1∶2 水泥砂浆固定并养护 3 天，每一灌浆处至少用两根管，一根管压浆，一根管排气（水），管径为 25mm。根据需要在水泥浆液中可掺入防水剂或掺入水泥重量1%～3%的水玻璃溶液作为促凝剂，用砂浆输送泵压浆，压力为 0.6～0.8MPa，最小为 0.4MPa。在第一次压浆初凝后，再用原埋入的管子进行第二次压浆。压浆完毕 2～3 天后割除管子，剩下的管孔以水泥砂浆填补。

⑤ 喷浆修补

喷浆修补是将水泥砂浆或混凝土经高压通过喷嘴喷射到修补部位。主要用于重要的混凝土结构物或大面积的混凝土表面缺陷和破损的修补。喷补法可以采用较小的水灰比，较多的水泥，从而获得较高的强度和密实度，喷射的砂浆层或混凝土层能与受喷面之间具有较高的粘结强度，耐久性好，且工艺简单、工效较高，但材料消耗较多，当喷浆层较薄或不均匀时，干缩率大，容易发生裂缝。

2）钢筋锈蚀的维修与预防

① 钢筋锈蚀的维修

当钢筋锈蚀尚不严重，混凝土表面仅有细小裂缝，或个别破损较小时，可对混凝土裂缝或破损处进行封闭或修补；当钢筋锈蚀比较严重，混凝土裂缝开展较宽，保护层脱落较多时，应对结构做认真检查，必要时应先采取临时加固措施，再凿除混凝土疏松部分，彻底清除钢筋上的铁锈和油污,并将需要做修补的旧混凝土表面凿毛处理,然后用比原混凝土强度高一级的细石混凝土修补;当钢筋锈蚀很严重,混凝土破碎范围较大时,在对锈蚀钢筋除锈并对锈蚀严重的钢筋补强后,可采用压力喷浆的方法修补。为提高钢筋抗锈蚀的能力,修补时,可根据需要对除锈后的钢筋表面进行防锈处理,也可采用环氧细石混凝土修补。

② 钢筋锈蚀的预防

A. 预防钢筋的锈蚀,要阻止腐蚀介质和水(汽)、氧等侵入混凝土内。因此,对修缮工程的拆、改部分要重视做好混凝土的浇筑、养护工作,保证其良好的密实性,这是预防钢筋锈蚀的重要措施之一。在有严重的侵蚀性介质的环境中,应适当加大混凝土保护层厚度。对既有的钢筋混凝土结构房屋,如混凝土质量不良和环境侵蚀性介质比较严重时,可在构件外表面涂抹绝缘层如沥青漆、过氯乙烯漆、环氧树脂涂料等,进行防护。

B. 对于室内有侵蚀性气体、粉尘等介质,或相对湿度较大时,则应采取加强通风的措施,如改变门窗布置,加设机械通风装置,以减弱对钢筋的腐蚀作用。

C. 浇筑钢筋混凝土结构时,应按施工规范严格控制氯盐用量,对禁止使用氯盐的结构,如预应力、薄壁、露天混凝土结构等,则绝对不使用,防止钢筋锈蚀。

D. 防止杂散电流的腐蚀。首先,应杜绝和尽量减少直流电流泄漏到钢筋混凝土结构中和地下土层中去,如改善载流设备的绝缘;其次,要提高混凝土结构物和钢筋的绝缘性能,必要时,可对结构采取阴极保护(将被保护金属作为阴极,施加外部电流进行阴极极化,或用电化序低的易蚀金属做牺牲阳极,以减少或防止金属腐蚀的方法)措施,将被保护的钢筋通以直流电进行极化,以消除或减少钢筋表面腐蚀电池作用。该方法主要用于保护大型或处于高土层电阻率土层中的金属结构,如城市管道、钢桩等。

E. 防止高强钢丝的应力腐蚀和脆性断裂。可在钢丝表面涂刷有机层(如环氧树脂等)和镀锌的措施,然后再浇筑混凝土。镀锌保护层较为可靠而不易损伤,并可用在保护薄壁结构的绑扎和焊接配筋网的高强粗钢筋上。

3) 钢筋混凝土裂缝的修补

① 表面抹水泥砂浆修补

表面抹水泥砂浆修补法是一种简单、常见的修补方法,它主要适用于修补裂缝宽度较细(宽度小于 0.3mm)、较浅且已稳定的裂缝。当表面裂缝不多时,先将裂缝附近的混凝土表面凿毛,用压缩空气或压力水吹去或冲净表面尘土和杂物并湿润后。可先涂刷水泥净浆,然后用 1:1～1:2 的水泥砂浆涂抹一道即可。

② 环氧树脂配合剂修补

对各种大小的稳定裂缝或不规则龟裂,可分情况用环氧树脂的各种配合剂进行修补。用于混凝土修补的环氧树脂配合剂有:环氧粘结剂、环氧胶泥、环氧砂浆、环氧浆液等。在涂刷环氧配合剂前,应先将修补部分的混凝土表面处理干净,去除油污,并在裂缝部位用丙酮或酒精擦洗,若用水清洗,一定要待混凝土表面干燥后,才能涂刷环氧配合剂。

对宽度 0.1mm 以下的发丝裂缝或不规则龟裂,可用环氧粘结剂涂抹封闭,防止渗水或潮气侵入。对宽 0.1～0.2mm 的裂缝可用环氧胶泥(如环氧水泥)修补。对 0.2mm 以上的裂缝用环氧胶泥、环氧砂浆修补。

在上述表面涂抹处理不能达到修补要求效果的情况下，也可在混凝土表面沿裂缝凿出"V"形或"U"形槽口，然后用树脂砂浆充填修补。

③ 压力灌浆法修补

用压力灌浆设备将化学浆液以一定的压力灌入裂缝。一般用于裂缝多且深入结构内部或结构有空隙的修补，以达到封闭裂缝、恢复并提高结构强度及耐久性和抗渗性能的目的。常用的化学浆液有：环氧树脂浆液、甲凝浆液、丙烯酰胺浆液等。甲凝的可灌性能好，可灌入 0.05mm 宽的缝隙中，但具有怕水、怕氧的缺点。环氧树脂浆液可用于大于 0.1mm 宽的裂缝中。

在建筑结构构件裂缝的修补中，目前采用环氧树脂化学浆液较普遍，修补效果满意。此外也可用水泥压浆法用于修补较大的裂缝（如大于 1.0mm 宽的裂缝）。

④ 表面喷浆修补

喷浆修补是在经过凿毛处理的裂缝表面，喷射一层密实且强度较高的水泥砂浆保护层来封闭裂缝的一种修补方法（具体如前所述）。

⑤ 表面粘贴修补

用胶粘剂把玻璃布、碳纤维或钢板等材料粘贴在裂缝部位的混凝土面上，达到封闭裂缝目的的一种修补方法。

（2）钢筋混凝土结构加固技术

对钢筋混凝土结构构件进行了前述的变形、裂缝等检测后，按《危险房屋鉴定标准》（CJ 13—86）鉴定结果成为危险构件时，应当对其进行加固，要由专业的鉴定设计部门进行加固设计，不可擅自进行。加固方法力求经济合理、简单可靠，使加固后的构件或结构恢复正常的承载能力和使用功能。

1）钢筋混凝土梁的加固

由于混凝土缺陷或钢筋锈蚀而使梁抗弯、抗剪强度减弱或刚度不足，可以采用增焊钢筋、碳纤维补强加固、加大梁高或梁宽、包套的加固方法，恢复梁的承载能力。对抗弯强度减弱不大的梁，一般只需去掉保护层，在纵向主筋下面焊上一定数量的附加钢筋，重做保护层即可。对抗弯或抗剪强度减弱幅度较大的梁，则需加大梁高、或梁高与梁宽同时加大，并相应地增加附加钢筋。对缺陷严重，质量差的梁，可采取三面或四面包套新的钢筋混凝土层进行加固，此时大部分或全部荷载由新的包套层来承担。除了用上述方法加固外，也可采用型钢套或预应力等方法加固。

2）钢筋混凝土板的加固

钢筋混凝土板的加固可采用增加板厚或增设支点，减小板跨的方法来加固。通过增加板厚，提高板的抗弯承载力和刚度；通过增设板跨支点，减少板跨，改变板的支撑方式，来减少板中的弯矩，提高板的承载力。具体有以下三种加固方式：

① 在整体现浇板上作分离式补强，即在原钢筋混凝土板上，另作一层钢筋混凝土板，这两层板是分离的或认为它们之间没有结合在一起，即有两层板分别承担外荷载，这样用以减少旧板的荷载，所以，新做的这层板也称为"卸荷板"。

这种补强方式主要适用于旧钢筋混凝土板，由于生产或生活的长期使用，板面上经常有大量油污等污物，已经渗入到混凝土中，其表面已无法清洗干净，也就无法保证新浇的混凝土与旧板混凝土可靠结合，因而只能采用分离式补强。

② 在整体现浇板上作整体式补强。原有的钢筋混凝土板面上比较干净，没有渗入油污等污渍，板面经过处理，再浇注一层新钢筋混凝土板，使新旧两层板合二为一，形成一个新的整体，其承载力大为提高。

这种补强方式适用于因使用要求，需要增加的使用荷载较大；或由于各种原因，如超标准荷载使用，造成刚度不足，挠度或裂缝过大，但尚未达到破坏阶段者。

③ 在整体现浇板下作整体式补强。在整体现浇板的下面，凿去板下部受力钢筋的部分保护层，焊上连接短钢筋，再将按设计要求新添钢筋焊在短钢筋上，然后在板下剔毛喷水充分湿润，喷射一层细石混凝土或水泥砂浆，使新旧钢筋混凝土结合成整体。

这种补强方式适用于板的下层受力钢筋保护层脱落，挠度与裂缝过大，钢筋腐蚀范围较大；根据使用要求，需要增加荷载；由于板面上有较高级的面层，不宜拆除或板上的使用活动不能停止的情况。

3）钢筋混凝土柱的加固

柱的加固常采用设置围套层或型钢加固的方法。

① 柱的围套加固。是在钢筋混凝土柱的三面或四面加设钢筋混凝土套层，套层内需设置纵向钢筋并固定，纵向钢筋的数量须经计算确定。

柱的四周加围套加固时，新旧钢筋结合要求严格，补强效果可靠，并可适用于原柱损坏严重的情况；如果加固套层只能在三面进行时，除保证新旧混凝土的良好结合外，还应将补加的箍筋焊接固定在原有的钢筋上。围套壁的新混凝土厚度不应小于 50mm，围套内箍筋的间距不得超过纵向钢筋直径的 10 倍，柱的上下端围套与楼板或基础联结处的 500mm 范围内，箍筋应加密，其间距为纵向钢筋的 5 倍。柱子可沿全高加固，也可在受力过大或受到局部损坏的部位进行局部加固，其加固截面单侧或双侧增厚一般不小于100mm，局部加固时围套层两端要伸过破坏区段不少于 500mm。

② 柱的型钢加固。钢筋混凝土柱的型钢加固是用型钢沿柱的四周套箍加固。这样可以提高构件的刚度和承载力，同时也可以防止裂缝的继续扩大。加固时采用等边或不等边角钢并用扁钢或小角钢作连接，焊成钢套箍紧密包围在钢筋混凝土柱外面，与钢筋混凝土柱共同工作。型钢加固的优点是加固施工快，构件截面增大不多，工作安全可靠，补强效果好。

4）碳纤维补强加固技术在钢筋混凝土结构补强修复中的应用

随着材料科学的不断发展，碳纤维增强复合材料因其独特的优越性，近年来，在国内混凝土结构修复补强工程中得到了越来越广泛的应用。碳纤维加固补强技术，是利用专用胶粘剂将抗拉强度极高的碳纤维布粘贴在混凝土构件表面，使混凝土与碳纤维布形成整体，共同工作，达到对结构构件补强加固及改善受力性能的目的。由于碳纤维布柔软、适用性好，对外形复杂的结构构件可迅速便捷的粘贴加固，可广泛应用于各种结构类型、各种外形构件的外部加固修复，是一种非常简单且优良的加固补强方法。

① 主要特点

A. 高抗拉强度、高弹性模量；

B. 耐腐蚀及耐久性能好；

C. 不增加结构自重；

D. 施工方便，不需任何夹具、模板，能适应各种结构外形的补强而不改变构件外形尺寸，可多层粘贴，并能有效地封闭混凝土的裂缝。

② 适用范围

适用于各种形式的钢筋混凝土结构或构件（梁、板、柱、墙等）的加固补强，并且加固后可保持构件原状，不影响表面装饰美观。

③ 碳纤维加固施工流程

混凝土基底修补、打磨处理→涂底层碳纤维胶粘剂→用碳纤维胶粘剂进行残缺修补→贴第一层碳纤维布→粘贴第二层碳纤维布→表面涂装→养护（养护期一般在 1～2 周内）→完工验收。

④ 影响碳纤维布加固混凝土结构承载力的因素：

主要包括：碳纤维材料本身的强度、弹性模量；混凝土的强度；碳纤维布与混凝土的粘结情况等。

⑤ 碳纤维加固应用

A. 钢筋混凝土梁、板的加固　钢筋混凝土梁、板同属于受弯构件，抗弯补强时，碳纤维布贴在构件的受拉一侧，即跨中的下部和连续板、连续梁、悬臂板、梁支座的上部，沿受力钢筋方向粘贴。由于碳纤维布弹性模量比钢筋稍大，受力时延伸率小于钢筋，故在结构受力时先行受力，随荷载逐渐增加达到两者变形协调时，两者共同受力并按一定比例分配内力。补强后碳纤维分担了原来钢筋承担的拉力，使钢筋应力大大降低，结构承载力得以提高。抗弯补强时，可以根据受力需要贴一层至多层（一般多用二层），如图 4-13a 所示。

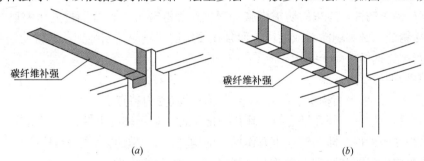

(a)　　　　　　　　　　　　　　(b)

图 4-13　碳纤维补强加固梁
(a) 抗弯加固；(b) 抗剪加固

梁和板相比要承受更大的剪力，特别是靠近梁的支座处或有次梁或较大集中荷载作用的部位，既要承受弯矩又要承受较大的剪力。抗剪补强时，一般在梁的两侧面竖向粘贴，或与梁底形成 U 形环包贴，相当于增加抗剪箍筋以分担原箍筋的剪力。根据计算确定碳纤维布粘贴的间距及宽度，如图 4-13b 所示。

B. 钢筋混凝土柱加固　是用碳纤维布缠绕混凝土柱体，使混凝土处于三向受力状态。由于碳纤维布具有很高的抗拉强度以及和混凝土良好的粘结性能，使得碳纤维布能有效约束混凝土，从而使其承载能力和延性得到较大提高，如图 4-14 所示。

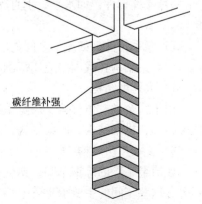

图 4-14　碳纤维补强加固柱

4.3 钢结构房屋的维修与养护

4.3.1 钢结构房屋的一般知识

（1）钢结构的一般特点

钢结构是一种受力性能良好的结构，它和其他材料的结构相比有如下特点：

1）强度高、塑性和韧性好 塑性好可在材料受力时产生较大的变形而不会破坏，特别是不会发生突然的脆性破坏。韧性好使结构耐冲击的能力强，能吸收较大的能量，特别适合抗动荷载，如地震力的作用，对抗震有利。

2）重量轻、制作简便，施工安装周期短 钢结构属预制装配施工方式，它易拆装，方便施工，连接方式可以是焊、铆及螺栓连接等多种。

3）设计计算理论完善 计算结果与实际工程误差小；由于钢材的塑性性能好而使结构具有较大的安全储备。

4）耐热性好，但防火性差 钢材耐热而不耐高温。随着温度的升高，强度就随之降低。当周围存在着辐射热，温度在150℃以上时，就应采取遮挡措施。一旦发生火灾，结构温度达到500℃以上时，就可能失去强度而瞬时崩溃。为了提高钢结构的耐火等级，通常均用防火涂层将其包裹起来。

5）钢材易于锈蚀，应采取防护措施 钢材在潮湿环境中，特别是处于有腐蚀介质的环境中容易锈蚀，必须刷涂料或镀锌，而且在使用期间还应定期维护。这就使钢结构经常性的维护费用比钢筋混凝土结构高。

（2）钢构件的受力特点

钢构件一般是指钢结构房屋的各个组成部分，其受力特点有：

1）轴心受拉构件：即在轴心拉力作用下的构件，如屋架的下弦杆、钢索等。

2）轴心受压构件：即在轴心压力作用下的构件，如屋架的上弦、钢柱等。

3）受弯构件：即在竖向荷载作用下产生弯曲变形的构件，如屋盖梁、板；楼盖梁、板；平台梁、板；单层工业厂房中的吊车梁等。

4）拉弯构件：是指同时承受轴心拉力和弯矩作用的复合受力构件。

5）压弯构件：是指同时承受压力和弯矩作用的组合受力构件。如偏心受压柱。

6）支撑构件：如水平、垂直支撑、交叉支撑等，它们在正常情况下往往是不受力的构件。

7）联系构件：如屋架之间的联系杆，桁架中的零杆等。

（3）钢结构在我国的应用范围

1）大跨度结构

用于大会堂、体育馆、展览馆、影剧院、飞机库、汽车库等。采用的结构体系主要有框架结构、拱架结构、网架结构、悬索结构和预应力钢结构。

2）工业厂房结构

如冶金工厂的炼钢车间、初轧车间等；重型机器厂的铸钢车间，水压机车间、锻压车间等。这些车间的主要承重骨架往往全部或部分采用钢结构。

3）（超）高层建筑

用于旅馆、饭店、公寓、办公楼等（超）高层建筑。

4）塔桅结构

用于电视塔、微波塔、高压输电线路塔，化工排气塔、大气监测塔、石油钻井塔，火箭发射塔以及无线电桅杆等。

5）可拆卸结构

用于装配式活动房屋、临时性展览馆等。

4.3.2 钢结构的缺陷与检查

(1) 钢结构的缺陷

① 钢材表面有砂眼、起鳞、刻痕、裂纹等；

② 钢构件中的连接件如铆钉、螺栓、焊缝等的强度不足等质量缺陷；

③ 钢材的生锈和腐蚀；

④ 钢结构经受了火灾或高温后承载力大幅下降。

(2) 钢结构房屋的检查

钢结构是由各种形式的构件通过某种方式连接，形成一个能承受一定荷载的受力整体，因此钢结构的检查应包括整体性检查、受力构件检查、连接部位检查、支撑系统的检查和钢材锈蚀的检查等。

1）整体性检查

检查钢结构整体是否处于正常工作状态，具体是通过检查钢结构或构件能否正常工作，连接部位是否牢靠，支撑系统能否保证结构的整体稳定，整体有无过大的倾斜或变形以及耐久性问题等方面来做出判断的。检测方法主要依靠人工和测量仪器等。

2）受力构件的检查

主要针对钢构件是否存在变形、弯曲、涂层裂缝、压损、孔蚀等现象进行检查。

3）连接部位的检查

① 焊缝外观检查：将焊缝上的污垢除净，凭肉眼或放大镜观看焊缝的外观质量，如焊缝咬边、表面波纹、飞溅等。对焊缝外观检查中可疑之处，可先采用无损检测仪器进行检测，认为有必要时可对焊缝进行钻孔检查，确认是否有气孔、夹渣、未焊透和裂纹等，可得出焊缝质量的最终结果。查后应注意将钻孔补焊。

② 对螺栓、铆钉的检查

一般用目测结合力矩扳手试扳进行，如发现螺栓松动，应予拧紧。铆钉检查中，若发现有松动、掉头、剪断或漏铆时均需及时更换补铆，其直径按等强度换算而定。

4）支撑的检查

首先检查支撑的布置方式是否正确，然后检查支撑是否出现裂缝、孔蚀和松动情况及支撑是否锚固可靠等。

5）对钢构件锈蚀的检查

① 检查钢构件经常处于干湿交替的部位，如天然地面附近，露天结构的各种狭缝以及其他可能积水潮湿部位，易受结露或水蒸气侵蚀的部位等。

② 检查钢构件涂漆部位的情况

A. 涂层表面是否呈现大面积失去光泽；

B. 涂层表面是否有粗糙、风化、开裂现象；

C. 漆膜是否有起泡，构件有轻微锈蚀现象；

以上这些现象均属锈蚀情况检查的重点。

4.3.3 钢结构房屋的修缮与加固

通过对钢结构房屋的检查，如发现钢结构或构件由于种种原因，出现强度或稳定性不足时，应及时采取措施进行加固。

（1）钢结构加固的思路

1）减小原结构的使用荷载是最简捷、有效的方法。如将原重荷载使用性质改为普通荷载或轻荷载。如将仓库、书库改为办公用房，将综合用途改为单一轻荷载用途等。

2）改变原结构的静力计算图形，以此来调整原结构构件中的应力，改善被加固构件内的受力情况。

3）加大原结构构件截面尺寸和连接强度，提高其承载力。

（2）具体加固方法

钢结构的修缮加固是一项专业性很强的工作，必须严格按照有资质的专业鉴定设计部门出具的加固图纸和方案进行。

1）做好加固前的准备工作

① 材料准备

A. 钢材：按设计要求准备所需各种型号、规格的钢材，并有出厂合格证和检验合格证。

B. 电焊条：按设计需要的型号、牌号、规格准备，并有出厂合格证和检验合格证，存放在干燥的室内。

C. 五金零件：按设计规定要求准备所需的五金零件，如高强度螺栓、铆钉、铸件等。

② 机具的准备

按照加固施工方案，对可能用到的各类机具如剪板机、电焊机、电钻等做好充足的准备，包括所需数量和为保障正常使用做好调试工作。

③ 作业条件的准备

A. 熟悉所要加固部位钢构件的形式、设计图纸、各部位尺寸，节点所用材料，掌握修缮设计说明及应修部位的重点难点情况。

B. 平整场地，搭设工作平台和卡具台等，经检查达到了技术、安全要求。

C. 搭设的脚手架、安全网及支护设施经检查合格。

D. 钢材存放场地已平整，用垫板垫起，并有防雨措施，以防变形和锈蚀。

2）钢结构加固方法

① 针对加固思路中改变原结构的静力计算图形的加固方法

A. 增加辅助支撑。将单跨梁变成多跨梁，这样可以大幅度降低梁的内力；或是将简支梁变成加劲梁，如图 4-15 所示。

以上做法适用于现场和使用条件允许的情况。

B. 加设辅助构件。钢梁承载力不足或挠度过大时，可在梁下加辅助构件如斜撑或在梁支座处上方设吊杆，这实际上也是改变了原结构的内力，使之能满足梁的承载力要求。如图 4-16 所示。

C. 支撑点性质的改变。将支撑点（支座）的受力性质改变，如原为铰支座改为固定

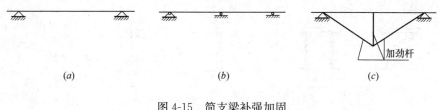

图 4-15　简支梁补强加固
(*a*) 原结构；(*b*) 多跨结构；(*c*) 加劲结构

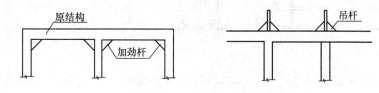

图 4-16　增加斜撑或吊杆

支座，增强了支座对构件的约束力，在一定程度上降低了构件中的内力；将原支撑距离减小（实际上是增加支座），例如桁架受压杆件由于长细比的影响，稳定性不够时，可将压杆增设再分式腹杆，从而减小压杆的长细比达到满足稳定性要求的目的，如图 4-17 所示。

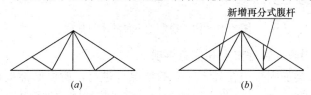

图 4-17　桁架加固补强
(*a*) 原结构；(*b*) 现结构

D. 改变结构外力形式。将原结构受集中荷载作用改为分散（减小）多个集中力作用，也可实现改变原结构内力分布，从而达到承载力要求，如图 4-18 所示。

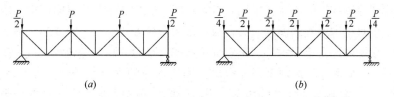

图 4-18　改变原结构受力
(*a*) 原结构受力简图；(*b*) 改变后受力简图

② 针对加固思路中加大原结构构件截面和连接强度的加固方法

此种方法最常用，因为它往往对原使用情况影响最小，具体加固方法如下：

A. 用型钢加大构件截面　根据实际情况可采用焊接、铆接或螺栓连接，如图 4-19 所示。

B. 用混凝土加固构件截面　该种方法多适用于柱子的加固，特别是当钢柱本身由于锈蚀、孔洞、裂缝等原因，承载力不能满足使用要求时，可以通过构件的中空位置灌注混凝土，这样可以加强受压构件的截面，如图 4-20 所示。

C. 用木材做临时加固　它仅适用于钢结构因稳定性不足而发生危险的情况下的临时性加固，如图 4-21 所示。

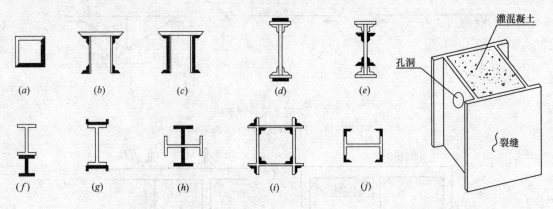

图 4-19 钢结构截面增大加固示意（涂黑部分为后增加截面）　　　图 4-20 混凝土加强柱截面

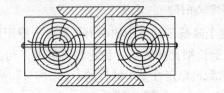 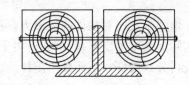

图 4-21 构件稳定性不足的木材加固

（3）钢结构加固施工管理要点和注意事项

1）钢构件的各类加固必须在其不受力的情况下进行，所以必然要用到各种支顶，如支撑杆件或千斤顶设备。而且这些支顶的拆除一定要待加固构件强度达到要求后才允许。

2）无论是原位修缮还是拆落修缮都要事先做好周密可靠的支护处理和应急预案。

3）钢结构修缮工作要由专业技术人员操作施工，并且严格按国家规定做到持证上岗。

4）钢构件的加固连接可用焊接、铆接或螺栓连接。具体采用哪种形式要视具体情况而定，但能采用"冷连接"的应尽量采用。"冷连接"方式即铆接或螺栓连接，因为焊接虽方便，但它易产生对结构不利的温度应力，故在采用焊接方式时，一定要尽量减少焊接长度并确定合理的焊接顺序，对重要构件、重点部位选派有经验的高级专业焊工进行操作作业。

5）高空焊接作业时，必须重视高空焊接连接作业的安全和施工质量。在保证高空作业安全情况下，一定要保证焊缝的质量，没有缺陷。操作人员必须要系安全带，电焊机具要绑牢在高空安全处。

4.3.4 钢结构房屋的养护与管理

钢结构的养护管理要抓好四方面的工作。

（1）抓好钢结构的防锈养护管理

锈蚀是钢结构的要害，为此要根据房屋的使用性质制定严格的检查周期、检查部位及处理办法的管理制度。

1）检查周期：分为总体和易腐蚀部位的检查，一般而言，总体检查周期不应高于三年，重点易损部位检查周期不应高于一年。

2）检查部位：指易遭受腐蚀气体、液体侵蚀和漆层容易剥落的部位；结构中的重要受力构件等。

3）处理办法：钢结构的表面主要靠油漆涂层进行保护。在涂刷油漆前应仔细清除原有的锈蚀和漆膜。表面的清洁工作可用清洗、喷砂、钢丝刷或砂纸打磨等方法进行。一般情况下，每四年要对全结构油漆一次，对于受损处要随时发现随时重油。对锈蚀严重的部分，若影响到结构构件的承载力时，应按鉴定设计要求进行更换加固。

（2）做好对焊缝的养护工作

焊缝应经常进行检查，焊缝发生开裂应查明原因，及时进行补焊。焊缝若有缺陷，应按下列方法处理。

① 间断焊和未满焊的陷槽，应予以焊满；

② 焊缝有裂纹、未焊透、夹渣和气孔，应除净重焊；

③ 焊缝尺寸不足及咬肉过多时，应进行补焊。

（3）仔细检查铆钉和螺栓的牢固情况

1）对被切断和松动的铆钉，应及时予以去除重铆。当铆钉切断损坏较多时，应报送原设计单位校核原结构的铆接设计。此外由于去除重铆工作是在荷载存在的情况下进行的，所以必须注意到铲除过多的铆钉会使其他铆钉受超载的问题，故一般情况下若未经计算，不允许同时更换超过总数10％的铆钉数。

2）对处于振动荷载作用下的钢结构不允许采用焊接处理。

3）螺栓连接在正常工作状态时，螺帽不应松动，并应完全压紧垫板。对于一些承受较大振动荷载而位置又特别重要的螺栓，应定期用放大镜检查螺栓上是否存在裂缝。对于松动而未损坏的螺栓应及时拧紧。

（4）做好对杆件、连接板等部件的养护

钢结构的杆件、连接板、腹板、翼板等部件，均不应有弯曲和明显的变形，因为弯曲和变形会产生附加应力。养护时，对于受力构件出现的弯曲、变形、裂缝、缺损等情况，应及时采用更换杆件、帮焊、补焊、补强及矫正的措施进行处理。对结构构件要进行经常的观测，发现有相对位移或变形时采取必要的安全措施。

4.4 房屋附属部分的维修与管理

房屋除了基本构造组成部分外，还有其他一些附属部分，主要有阳台、雨篷、通风道、垃圾道、楼梯、门厅、过道、台阶、散水、勒脚等。这些附属部分一般多是房屋的共用部位，而且对整个房屋的使用功能、美观、甚至安全都有重要作用，因此加强对这些附属部分的养护管理同样是十分重要的。

4.4.1 阳台、雨篷的维修与管理

（1）阳台的养护管理

阳台主要是为了给在楼房生活、工作的人们提供一个户外活动的空间，使人们在楼上也能接触到新鲜空气和阳光，有利于人们的身心健康。阳台的结构形式多为悬挑结构，对承受的荷载有严格限制，否则，会出现断裂、倾覆的危险。阳台对整个建筑物的美观也有很大影响，因此有必要加强对阳台的使用和养护管理。

1）对阳台要定期进行安全检查

检查每年至少一次。检查时应认真做好记录，对其完好程度及技术状况加以说明，发现不符合使用要求，有安全隐患、损坏的现象，要及时纠正和加固，检查的重点是：

① 实际使用情况是否符合设计要求，有无超载，如大量堆放重物如煤、建筑材料、书籍等，要严格禁止此类情况发生；另外阳台是否私自拆改，若对结构产生不利影响，也要及时纠正。

② 阳台板、梁是否有裂缝、空鼓；栏板、栏杆是否有损坏。

③ 非封闭阳台泄水孔是否畅通，阳台抹灰面是否有损坏、脱落的危险等。

2）经常向用户宣传正确使用阳台的知识和有关制度规定

不少城市都有对阳台安全使用、整洁美观要求的规定，应该以此为依据提高用户思想认识，健全管理规章，履行管理规约，并借助必要的行政手段来制止阳台的危险使用。

总之，阳台的养护管理是一件认真细致的重要工作，既需要物业管理人员做好管理服务工作，更需要广大业主的主动配合，只有全体业主都认识到它的重要性，按使用说明要求正确使用，才能保证阳台的安全可靠，从而延长阳台的使用寿命。

（2）雨篷的养护管理

雨篷是设置在建筑物出入口上方，用来遮挡雨雪，保护外门，同时对建筑物立面起到装饰的作用。雨篷的构造和结构形式与阳台基本一样，除了大型公共建筑大门处的门廊外，一般均采用悬挑结构。雨篷的作用是挡雨，它的设计承载能力大大低于阳台，因此要严禁在雨篷上面堆放物品。在居住建筑中有些住户在雨篷上堆杂物，放置空调室外机，甚至一些孩子在其上玩耍都是应禁止的。雨篷经常发生的问题是泄水孔被尘土、树叶、杂物等堵塞造成积水，进而引起墙身进水问题，因此要定期检查、及时清扫。雨篷的其他养护管理要求，同于阳台。

4.4.2 通风道及各种管道井的维修与管理

（1）通风道的养护管理

通风道的作用是换气通风，主要用于厨房、卫生间的通风，尤其是当厨房、卫生间是暗房时必须设置通风道，以利于厨卫间的通风换气。

通风道使用的材料种类很多，可采用砖砌风道等，但现在一般住宅建设中用的最普遍的是预制风道管。

通风道的构造一般为垂直设置，每个厨卫间设置通风孔和共用垂直通风道，垂直通风道一般直出屋顶，并加设风帽以防雨、防尘、防坠物。

通风道在使用和养护管理中，重点做好以下两方面的工作：

1）正确使用通风道，保证其正常使用功能

① 用火炉取暖的房屋，不允许将通风道当烟道使用，否则将影响其他用户的使用，并使浓烟灌入其他用户房间，损害他人利益，更严重的是易引发煤气中毒、火灾等严重事故。

② 不得随意将通风道封堵，使通风道失去作用。造成此种情况的原因，往往是个别用户未安装抽油烟机和换气扇，当别人家的油烟通过自家的通风道口时，感到了"串味"，为此将自家的通风道堵死。由于各家的通风道是一条共用的垂直通道。一家从中横堵后或不是有意识的横堵，就使其下面各家的通风道均不通了。为此可建议各用户均应安装抽油烟机和换气扇，避免"串味"问题。

③ 不允许在通风道上乱打硬凿，钉钉子给通风道造成损害。

④ 避免从楼顶往通风道扔砖石杂物，造成通风道堵塞破坏。

⑤ 厨房通风道挂满油腻时要及时清理，以免通风道失效，甚至发生火灾。

2）定期检查，发现问题及时清理和维修

① 定期逐层逐户对通风道使用情况及有无裂缝、破损、堵塞等情况进行检查，发现不正确使用通风道的行为要及时更正，发现损坏要认真记录，及时修复。

② 在楼顶通风道风帽处，测通风道的通风状况。当遇有通风道通风不畅时，可用钢丝悬挂大铅锤放入通风道，检查通风道的畅通情况，确定堵塞位置。

③ 通风道发现的小裂缝可用素水泥浆填补，较大的裂缝可用1：1水泥砂浆填补。严重损坏的在房屋维修安排上要尽快更换。

（2）各种管、线井的养护管理

随着高层建筑和大型公共建筑的大量出现，人们工作、生活需求的各种功能越来越多、设备设施越来越复杂，而实现这些功能的设备管、线也必然大量增加，暴露在外影响美观和房屋使用，而埋于墙体或楼板内对结构受力带来不利影响，更主要的是不便于维修。所以现代建筑中各类设备的管线往往分类集中起来，设置于相应的竖向管线井内。这些"井"往往是安装好各种管、线后，为保证安全采取隔楼层或层层封堵，其井壁较薄，位置多在楼梯间或走道等公共部位处。所以其养护工作主要应注意对管道井检查口（门）的保护，对安装固定件的保护，特别是搬运重物时候要小心，避免碰撞比较脆弱的管、线井壁造成破损，对发现的损坏要及时修补。对电力、通信、燃气、消防、上下水等不同性质的管线，要按照相应的专业管理规范要求进行管理，避免出现安全和影响正常使用的事故。

4.4.3 楼梯、门厅、过道的维修与管理

楼梯、门厅、过道等都是房屋中的公共交通通道，是房屋的重要组成部分，对房屋使用的便利、舒适、耐久、安全疏散起着重要的作用。这些部位必须坚固、耐久、安全，同时还要有良好的采光和通风条件，面积和宽度要符合使用和消防设计要求。为此在养护管理中要注意以下几方面：

（1）不允许占用公共通道堆放杂物、做饭、停放车辆等，以免通行受阻，在紧急情况下影响疏散，此外也容易损坏和污染公共通道。

（2）要及时维修公共通道中易损坏的门、窗、墙面、地面等部位，保持通道的正常使用功能。房屋的防火门应采取有效措施保持常闭状态。

（3）定期对楼梯的重点部位进行安全检查，这些重点部位是指：楼梯梁、楼梯段、平台梁、平台板及与他们的支撑相连的部位。检查应由专业技术人员进行，因为这些部位是楼梯的承重构件，安全与否至关重要。发现结构损坏要及时委托专业部门鉴定维修。

（4）对少数还在使用的木楼梯、木栏杆等构件，如发现腐朽，严重损坏，在维修时应尽可能用混凝土或钢结构替代，尚可使用的应及时维修加固。

（5）楼梯的栏杆、外廊的栏板，用混凝土做的，损坏可能有断裂、倾斜、变形等情况；用砖砌的，损坏可能有裂缝、松动、变形等情况；用金属做的，损坏可能有开焊的情况。前两种要及时加固或拆掉重做或重砌，后者要及时补焊，消除安全隐患。

（6）楼梯、门厅、过道等公共交通设施，要特别注意加强对用户的法制道德教育，提高用户思想意识，使广大用户明白：一旦发生意外，楼梯是人们逃生的通道，现实存在的各种侵占楼梯、通道的行为最终受害的是用户自己。

（7）物业服务企业必须建立健全有关内部和公众管理规章制度，加强维护管理，为了保证共用部位的正常使用，延长其使用寿命，也为了所有业主的生命安全，必须有一套有

效的管理措施。

4.4.4 台阶、散水、勒脚的维修与管理

台阶、散水的构造比较简单，维修技术也不复杂，往往容易忽略对它的养护管理，但它对整个房屋的正常使用及延长房屋使用寿命却有不容忽视的作用。散水损坏不能及时修复，地表水就会由此渗入房屋的地基基础，时间久了直接导致基础耐久性的下降，严重者会影响房屋的安全，如导致地基基础局部沉降过大、墙体变形、开裂，遇有软弱地基或湿陷性黄土等有可能危及房屋安全。为此要加强平时的养护管理，发现损坏现象及时修复。

（1）台阶、散水的维修与管理

1）台阶、散水常见的损坏现象

① 台阶、散水与外墙连接处开裂

为了避免产生不均匀沉降，台阶、散水与建筑物外墙间都留有沉降缝，在缝中用沥青砂浆嵌缝。但时间一长由于沉降不同及沥青老化，很多散水、台阶会与外墙脱离形成裂缝，造成渗水。

② 由于台阶、散水基底土体沉降，坍塌，或由于冻胀造成台阶、散水空鼓、倾斜、开裂。冻胀还会造成台阶入口处地面隆起，大门不能正常向外开启。

③ 台阶、散水多数为刚性材料建造，由于常年处在室外较恶劣的条件下，经受风吹、日晒、雨淋，高温和严寒的热胀冷缩交替作用下，极易出现损坏现象。

2）损坏现象产生的主要原因

① 设计、施工质量不好造成的损坏

A. 基层夯填不实或没有按操作规程要求分层夯实。

B. 混凝土、砂浆强度等级不够或施工时养护不良。

C. 散水没按规定长度设置变形缝。

② 日常使用、养护不当造成的损坏

A. 对台阶、散水重要性认识不足，失养失修。

B. 缺少对散水的保护，使用中随意损坏散水（如堆放重物、搞大型树木绿化等）。

3）损坏的维修

① 台阶、散水与外墙的沉降缝开裂，应及时用沥青砂浆或油膏填补嵌缝。

② 对台阶、散水下的空鼓应及时加固基底，填补空洞，通常可采用素混凝土或级配砂石捣固。

③ 对施工质量不良或热胀冷缩造成的台阶、散水开裂、抹灰脱落等，可根据裂损程度不同分别用素水泥浆灌缝，用比原抹灰砂浆强度等级高的水泥砂浆补抹脱落部分，严重损坏的应拆除按要求重新施工。

（2）勒脚的维修与管理

1）勒脚的损坏与维修

① 勒脚的损坏现象

勒脚的损坏一般为抹灰面层出现局部裂缝、整体开裂、局部粉质剥落、面层整体空鼓脱落、受撞或其他外力作用后损坏等。

② 勒脚的损坏原因

勒脚是房屋外墙靠近地面处的那部分墙体。由于其作用和位置的特殊性，物业服务企业应特别注意对它的保护。主要是因为，勒脚在房屋墙体结构中，承受的荷载最大，其上各层墙体的重量和相应的荷载都要由其承担；勒脚靠近地面，地面人员、车辆等的活动极易对勒脚产生碰撞；相对其他部位墙体勒脚更容易受到雨水淋湿、地表水的浸湿以及墙身防潮层失效受潮等，潮湿的墙体在北方冬季会产生冻害。这些因素都会直接或间接地对勒脚产生不利影响，降低勒脚部分墙体的耐久性，也是造成勒脚损坏的主要原因。

③ 勒脚损坏的维修

A. 勒脚因施工质量或雨水侵入产生的局部空鼓、裂缝的维修

抹灰面层或块料面层出现局部一般裂缝时可采取灌浆法进行维修，维修时先用压力水反复冲洗或用高压空气吹净裂缝内部，以保证杂质和灰尘不残留在裂缝内，待内表面干燥后向缝内灌入比原砂浆强度高一级别的砂浆，再用木槌轻轻敲打裂缝处，当无空鼓声音发出时轻压损坏处，确认原抹灰面层已与新灌入的稀释水泥砂浆粘接牢固后即可。

B. 勒脚采用一般抹灰、装饰抹灰层局部粉质剥落、局部整体空鼓脱落的修补

（A）基层和接槎处理

a. 砖墙面要剔除表面风化层，露出坚硬部分；混凝土或砌块墙面的表面要做粗糙（凿毛）处理，凸凹处要先剔平，再做粗糙处理。若脱落范围较大，为加强抹灰层与基层的结合，墙面基层最好隔一定间距做出锚固键槽。

b. 为使新旧抹灰层接槎牢固，新旧接槎处要铲成倒斜口，并用笤帚洒水润湿。

（B）抹底层灰

a. 抹底层灰之前基层要洒水润湿。洒水要适度，水分过多会使底灰不易干，并且粘接不易牢固，水分过少易引起补灰层开裂。

b. 抹底层灰应分层进行，一般不少于两层，并与原抹灰层厚度相同。一般先抹四周接槎处，后抹中间处，接槎处要填密压实。

c. 每层灰之间可间隔一定时间再抹下层灰，一般要待前一层抹灰层凝固后再抹下层灰。

（C）抹罩面灰

待底层灰用手按无手印时即可抹罩面灰。罩面灰尽量与原抹灰层用料相同，颜色一致，面层灰应与原抹灰面齐平，并在接槎处压光成一体。

C. 勒脚采用大理石、花岗石等块料镶贴的维修

大理石或花岗石等装饰面板粘贴固定用的钢筋或绑扎的钢丝锈蚀，或因外力碰撞等原因造成装饰面板材的开裂和脱落现象，一般可采取如下的方法进行修补：

（A）板材开裂未脱落且与基层连接尚牢固时，可用环氧树脂或502号胶粘接修补。粘接时要对粘接面清洗干燥后涂抹胶粘剂，并可稍加压力粘合后进行养护。

（B）板材与基层连接损坏有脱落倾向时，可采用"环氧树脂浆锚固螺栓法"进行加固，方法如下：

a. 按维修方案的要求进行定位放线，确定维修墙面钻孔位置，一般要求每块板材不少于4个孔，若有较大的裂纹应适当增加钻孔数量。钻孔时钻头要向下与水平面成15°倾角，目的是防止浆液外流，钻孔深度要求钻入基层不小于30mm。

b. 孔洞清灰后应立即用树脂枪把配制的环氧树脂浆灌满孔洞，然后置入锚固螺栓（锚固螺栓应做防锈处理，螺栓直径应小于孔径2~4mm）。

c. 锚固、封口。灌孔后 2~3d，即可进行螺栓锚固，然后用 108 胶白水泥浆掺颜料封板材洞口，使封口浆颜色与面板表面接近一致。

（C）勒脚镶贴的板材若出现较严重的破碎脱落损坏时，应拆除重贴，施工方法应按大理石、花岗石板材镶贴的施工工艺要求进行修补。

本 章 能 力 训 练

1. 房屋主体结构的维修养护能力训练

（1）任务描述

一天，××物业企业的保洁员报告称在做砖混结构房屋楼内卫生时，发现×号楼×门一层楼梯间的横墙出现了开裂情况。对此问题请回答：

① 该问题应由谁负责处理解决？

② 如何检查判定该裂缝的性质，即是否为结构裂缝或表面裂缝？

③ 分析说明判断裂缝性质的依据或裂缝产生的原因是什么？

④ 根据对裂缝性质判断结果为表面裂缝，你将如何处理或安排维修？

（2）学习目标

通过对上述问题的分析、处理过程的训练，使学生能够进一步熟知房屋维修管理工作的分工、程序，利用学过的专业知识分析解决日常物业管理过程中遇到房屋损坏现象的原因和解决方法。

（3）任务实施

① 可采取分组或课上同桌同学讨论，形成意见之后，可让若干名学生到讲台上介绍交流对该任务问题的回答。最后由指导教师进行总结归纳和点评。

② 根据具体维修情况，试填写表 4-1 房屋本体维修（小修）任务单

（4）参考资料

房屋本体维修（小修）任务单   表 4-1

地址（门牌号）					报修人		
保修时间		预约时间			联系电话		
维修内容							
完成情况				有偿/无偿（金额：元）			
完成时间			维修工签字				
验收时间			验收人签字				
领用（耗）材料							
序号	材料名称	数量	单位	序号	材料名称	数量	单位
1				4			
2				5			
3				6			
服务态度	满意/一般/不满意			业主/租户签字			
备注							

开单人：_____   负责人：_____

签发日期：   年   月   日

5　屋面防水工程的维修与养护

本章学习任务及目标

(1) 了解涂料防水屋面的施工方法
(2) 了解刚性防水屋面及维修
(3) 熟悉屋面防水的一般知识
(4) 熟悉卷材防水屋面损坏的维修方法
(5) 熟悉涂料防水屋面的维修方法
(6) 掌握卷材防水屋面的损坏现象及原因分析
(7) 掌握屋面的养护管理

5.1　屋面防水的一般知识

5.1.1　常用屋面防水材料及其特点

(1) 防水卷材

1) 沥青防水卷材

沥青防水卷材是目前国内外使用量最大的防水卷材，所以都十分重视沥青防水卷材的发展。我国生产的沥青防水卷材包括以纸胎油毡和玻纤胎油毡为主的氧化沥青防水卷材；以 SBS 改性沥青防水卷材和 APP 改性沥青防水卷材为典型代表的高聚物改性沥青防水卷材。

① 石油沥青纸胎油毡

石油沥青纸胎油毡系采用低软化点石油沥青浸渍原纸，然后用高软化点的石油沥青涂盖油纸的两面，再撒以隔离材料（如滑石粉或云母粉）所制成的一种纸胎防水卷材。

油毡的幅宽有 915mm 和 1000mm 两种规格；长度一般为 20m/卷；标号按胎体单位面积重量分为 200 号、350 号和 500 号三种；按性能质量分为优等品、一等品与合格品三个等级。目前，石油沥青纸胎油毡已逐渐退出历史舞台，被其他新型防水卷材所替代。

② 玻纤胎沥青防水卷材

玻纤胎沥青防水卷材是以玻璃布为胎体材料和以玻纤毡为胎体材料生产防水卷材的总称。目前大部分发达国家已淘汰了纸胎，在我国纸胎油毡也已逐步退出市场，而以玻璃布胎体和玻纤毡胎体为主。

玻璃布油毡的幅宽及长度规格与纸胎油毡完全一样，产品按物理性能分为一等品和合格品两个等级。其性能较纸胎油毡有了较大的改善，由于玻璃布油毡比纸胎油毡要柔软得多，易于在节点构造部位铺设，所以在采用纸胎油毡的防水工程或维修工程中，多采用玻璃布油毡作增强层或突出部位的防水层。当然玻璃布油毡也可单独用作防水层。

玻纤毡油毡的幅宽规格为 1000mm，由于厚度增大，长度规格为 10m/卷，质量按物理性能分为优等品、一等品、合格品三个等级。玻纤毡油毡与玻璃布油毡的特性差不多，只是玻纤毡的纵横向抗拉力比玻璃布油毡要均匀得多，用于屋面或地下防水的一些部位具有更大的适应性。

③ SBS 改性沥青防水卷材

SBS 改性沥青防水卷材属高聚物改性沥青防水卷材类，它是以玻纤毡，聚酯毡等高强材料为胎体，浸渍并涂布用 SBS 改性的沥青材料，并在两面撒以细砂或覆盖可熔性聚乙烯膜的防水卷材。

SBS 改性沥青防水卷材的幅面规格为 1000mm，长度规格为 10m/卷；以玻纤毡为胎体材料的防水卷材按 $10m^2$/卷的重量分为 25 号（$25kg/10m^2$，以下同）、35 号和 45 号三个标号；以聚酯毡为胎体的防水卷材则按 $10m^2$/卷的重量分为 25 号、35 号、45 号和 55 号四个标号；质量按其物理性能分为优等品、一等品、合格品三个等级。

SBS 改性沥青防水卷材的最大特点是耐低温性好，耐热度也比纸胎油毡有所提高，弹性和延伸率较好，纵横向强度的均匀性好，可热熔施工等。不仅可以在高热、低寒气候条件下使用，并可在一定程度上避免由于基层伸缩开裂对防水层造成的危害，使防水层的质量得到改善。因此，SBS 适用范围广泛。可用于重要的民用与工业建筑的屋面、卫生间及地下室防水。

④ APP 改性沥青防水卷材

APP 改性沥青防水卷材是将热塑性—APP 改性沥青后的塑性体沥青，浸渍并涂布在玻纤毡或聚酯毡胎体的两面，并撒以细砂或覆盖聚乙烯膜而成的一种改性沥青防水卷材。

APP 改性沥青防水卷材的幅宽规格为 1000mm、长度规格为 10m/卷；以玻纤毡为胎体材料的卷材按 $10m^2$/卷的标称重量分为 25 号，35 号和 45 号三个标号；以聚酯毡为胎体材料的卷材分为 35 号、45 号和 55 号三个标号；其质量等级分为优等品、一等品和合格品三级。

APP 改性沥青防水卷材最突出的特点是耐热度高，因此特别适用于高温或有强烈太阳辐射地区建筑的防水。

2）合成高分子防水卷材

合成高分子卷材为塑料及橡胶类高级防水卷材，无胎体亦称片材，该类防水卷材的特性是耐高低温性能好，尤其耐低温性方面，且耐腐蚀性、抗老化性好，从而可延长卷材的使用寿命。主要品种有三元乙丙橡胶、氯丁橡胶、丁基橡胶、氯磺化聚乙烯、聚异丁烯、聚氯乙烯、聚乙烯等，其中最有代表性的是三元乙丙橡胶防水卷材和聚氯乙烯塑料防水卷材。

① 三元乙丙橡胶防水卷材

三元乙丙橡胶防水卷材是以三元乙丙橡胶为主要原料，掺入适量丁基橡胶、硫化剂、促进剂、软化剂、增强剂和填充料等，经挤出或压延工艺而成的高弹性防水卷材。

三元乙丙橡胶防水卷材的厚度规格为 1.0mm、1.2mm、1.5mm、2.0mm；宽度规格为 1000mm 和 1200mm；长度规格为 20m/卷；质量等级分为一等品与合格品。

三元乙丙橡胶防水卷材主要用于高档工业与民用建筑的屋面单层外露防水及有保护层的防水，可以单层冷施工，改变了传统沥青油毡多层热粘施工方法。此种卷材质量可靠但价格较贵。与三元乙丙橡胶防水卷材配套使用的材料有基层处理剂、胶粘剂、着色剂、密封胶等。

② 聚氯乙烯（PVC）防水卷材

聚氯乙烯防水卷材是以聚氯乙烯树脂为主要原料，以红泥或经处理的黏土类矿物为填充剂，掺入适量增塑剂、改性剂、抗氧化剂和紫外线吸收剂等，以捏和、混炼、造粒，用挤出压片法或压延法制成的防水卷材。在我国聚氯乙烯防水卷材依其基料组成质量不同分为 P 型和 S 型。

A. P 型。该种防水卷材与国外同类产品性能接近，质量较好，它是以增塑 PVC 树脂为基料生产出的一种卷材。P 型聚氯乙烯防水卷材的厚度规格为 1.2mm、1.5mm、2.0mm；宽度规格为 1000mm、1200mm、1500mm；长度规格为 10m/卷、15m/卷、20m/卷，质量等级分为优等品、一等品、合格品三级。

B. S 型。该种防水卷材性能较为一般，它是以煤焦油与 PVC 树脂混溶料为基料生产出的一种卷材，其中掺有较多废旧塑料；S 型聚氯乙烯防水卷材其厚度规格为 1.8mm、2.0mm、2.5mm，质量等级分为一等品和合格品二级，S 型产品只能用于一般防水工程。

P 型聚氯乙烯防水卷材具有较高的抗拉强度和断裂伸长率，较好的耐低温性和热熔性且施工方便，使用寿命长，屋面材料可使用 20 年以上，地下可达 50 年之久，聚氯乙烯防水卷材的配套材料主要为胶粘剂。适用于做大型屋面板及空心楼板的防水层，翻修工程的屋面防水等。

（2）防水涂料

防水涂料是在常温下为液态，涂于基层表面能形成坚韧防水膜的材料。涂料防水屋面具有施工操作简便，无污染，冷操作，无接缝，能适应复杂基层，防水性能好，温度适应性强，容易修补等特点。主要适用于防水等级为Ⅱ级的屋面防水；也可作为Ⅰ级屋面二道防水设防中的一道防水层。按工程需要可做成单纯涂膜层或加胎体增强材料的涂膜层，如增加玻璃布、化纤毡、聚酯毡等胎体材料，与涂料形成一布二涂、二布三涂或多布多涂的做法。目前我国的有机防水涂料主要分为橡胶沥青类、合成橡胶类及合成树脂类等三大类。

1）橡胶沥青类防水涂料

橡胶沥青类防水涂料是以沥青和橡胶为主要成膜材料，其中橡胶是用来对沥青改性的。常用的橡胶有氯丁橡胶、SBS 橡胶及再生橡胶等。由于有橡胶对沥青改性，所以此类涂料的弹性、抗裂性、耐低温性、耐候性等均得到了改善。涂料品种有溶剂型和水乳型，由于溶剂型多用汽油、丁苯等有机物为溶剂，在使用、贮存和运输过程中易燃、易爆且污染环境，因此近年来多用水乳型橡胶沥青涂料。

① 水乳型氯丁橡胶沥青防水涂料

水乳型氯丁橡胶沥青防水涂料又名氯丁胶乳沥青防水涂料，兼具橡胶及沥青的优点，其成膜性能好，有足够的强度、低温柔性，能很好地适应基层变形，且耐腐蚀、耐老化，是一种低毒、安全、较为优质的中档防水涂料。适用于工业与民用建筑的屋面防水、旧屋面翻修、厨房及卫生间室内地面防水以及地下工程和有耐腐蚀要求的室内地坪防水。

该涂料的配套材料有玻璃纤维布及细砂、云母粉等表面保护材料。

② 水乳型 SBS 改性沥青防水涂料

水乳型 SBS 改性沥青防水涂料成膜后其延伸性、弹性及低温柔性均好、强度高，且无毒、无味、不燃、无污染，运输贮存安全，不易变质，一次涂膜厚度可达 2mm，快干、不起鼓，可在潮湿基层上施工。适用于各种屋面防水。它能与 SBS 改性沥青防水卷材及 APP 改性沥青防水卷材很好地结合，做此类卷材的底涂料。也可用于地下室、卫生间、贮水池等工程的防渗、防水。

2）聚氨酯防水涂料（属合成橡胶类）

聚氨酯防水涂料是以甲组分（聚氨酯预聚体）与乙组分（固化剂）按一定比例混合而成的双组分防水涂料，我国分为无焦油与焦油聚氨酯防水涂料两类。

无焦油聚氨酯防水涂料大多为彩色，具有橡胶状弹性，延伸性好，抗拉和抗撕裂强度高、耐油、耐磨、耐海水侵蚀，使用温度范围宽，涂膜反应速度易于调整，是较为理想的防水涂料，但价格较高。

焦油聚氨酯防水涂料为黑色，有较大臭味，耐久性不如无焦油聚氨酯防水涂料，性能有时也会出现波动，且焦油对人体有害，不能用于冷库内壁及饮水工程防水。尽管如此，由于性能优于改性沥青防水涂料，价格相对较低，因此这种涂料在我国得到了较快发展。

聚氨酯防水涂料适合于各种屋面及地下建筑、浴室、卫生间、水池等工程的防水。做屋面防水涂层时需加保护层。

（3）防水混凝土和防水砂浆

防水混凝土和防水砂浆是通过掺入少量外加剂或高分子聚合物材料，并通过调整水泥、砂、石以及水的配合比，减少混凝土孔隙率，改善微孔结构，增加密实性；或通过补偿收缩，提高混凝土抗裂能力的方法来达到防水、防渗的目的。除用于刚性防水屋面外，还用于地下工程的防水与防渗。

1）普通防水混凝土

普通混凝土的防水与防渗主要是依靠提高混凝土自身的密实性和降低孔隙率来达到，为实现这一目标，配制防水混凝土应掌握下列几项原则：降低水灰比（最大水灰比不应超过 0.60）；控制坍落度（不大于 5cm）；水泥用量和砂率要适当；控制石子最大粒径；加强混凝土的早期养护等。

2）外加剂防水混凝土

外加剂防水混凝土是依靠掺入有机或无机外加剂，以改善混凝土的和易性，并最终达到提高混凝土密实度和降低孔隙率的目的。按所掺外加剂的不同分为下面几种：

引气剂防水混凝土，引气剂是一种具有憎水作用的表面活性物质，经搅拌可在混凝土中产生大量闭孔结构的微小气泡，并通过气泡的阻隔作用将毛细管堵塞或使之变细，达到提高混凝土密实性的目的。目前常用的引气剂有松香酸钠和松香热聚物，以及烷基磺酸钠等。

减水剂防水混凝土，减水剂是通过提高混凝土的和易性达到减少拌合用水的目的，并同时伴有引气、缓凝及早强作用，使混凝土的孔隙结构和密实性得到明显改善。常用的减水剂有木质素类、多环芳香族磺酸盐类和糖蜜类等。

3）膨胀性防水混凝土

以膨胀剂加水泥或以膨胀水泥胶结料配制而成的防水混凝土称为膨胀性防水混凝土。其特点是通过解决混凝土的收缩开裂问题达到防水、防渗目的。

膨胀剂常用的品种有：U 型膨胀剂、复合膨胀剂、铝酸钙膨胀剂、明矾石膨胀剂等。

膨胀水泥目前有：明矾石膨胀水泥、石膏矾土膨胀水泥和低热微膨胀水泥等。

膨胀性防水混凝土的特点是通过膨胀时产生的压力抵消混凝土干缩时产生的拉力，从而避免混凝土开裂，改善混凝土的密实性，降低孔隙率，具有能愈合微小裂缝的作用。

4）防水砂浆

防水砂浆也称防水抹面，是20世纪70年代前我国广泛采用的一种防水防渗方法，随着我国新型防水材料和施工工艺的发展，普通防水砂浆在屋面尤其是地下工程防水中的应用已经越来越少。

5.1.2 屋面工程防水等级和设防要求

（1）防水等级和设防要求

我国国家标准《屋面工程技术规范》（GB 50345—2012）规定："屋面防水工程应根据建筑物的类别、重要程度、使用功能要求确定防水等级，并应按相应等级进行防水设防；对防水有特殊要求的建筑屋面，应进行专项防水设计"。规范将屋面防水划分为Ⅰ级和Ⅱ级，屋面防水等级和设防要求应符合表5-1的规定。

屋面防水等级和设防要求   表5-1

防水等级	建筑类别	设防要求
Ⅰ级	重要建筑和高层建筑	两道防水设防
Ⅱ级	一般建筑	一道防水设防

一种防水材料能够独立成为防水层的称之为一道，如采用多层沥青防水卷材的防水层（如三毡四油）称为一道。

（2）卷材及涂膜防水层

1）卷材、涂膜屋面防水等级和防水做法应符合表5-2的规定。

卷材、涂膜屋面防水等级和防水做法   表5-2

防水等级	防 水 做 法
Ⅰ级	卷材防水层和卷材防水层、卷材防水层和涂膜防水层、复合防水层
Ⅱ级	卷材防水层、涂膜防水层、复合防水层

注：在Ⅰ级屋面防水做法中，防水层仅作为单层卷材时，应符合有关单层防水卷材屋面技术的规定。

复合防水层是指由彼此相容的卷材和涂料组合而成的防水层。

2）每道卷材防水层最小厚度应符合表5-3的规定。

每道卷材防水层最小厚度（mm）   表5-3

防水等级	合成高分子防水卷材	高聚物改性沥青防水卷材		
		聚酯胎、玻纤胎聚乙烯胎	自粘聚酯胎	自粘无胎
Ⅰ级	1.2	3.0	2.0	1.5
Ⅱ级	1.5	4.0	3.0	2.0

3）每道涂膜防水层最小厚度应符合表5-4的规定。

每道涂膜防水层最小厚度（mm）   表 5-4

防水等级	合成高分子防水涂膜	聚合物水泥防水涂膜	高聚物改性沥青防水涂膜
Ⅰ级	1.5	1.5	2.0
Ⅱ级	2.0	2.0	3.0

4）复合防水层最小厚度应符合表 5-5 的规定。

复合防水层最小厚度（mm）   表 5-5

防水等级	合成高分子防水卷材＋合成高分子防水涂膜	自粘聚合物改性沥青防水卷材（无胎）＋合成高分子防水涂膜	高聚物改性沥青防水卷材＋高聚物改性沥青防水涂膜	聚乙烯丙纶卷材＋聚合物水泥防水胶结材料
Ⅰ级	1.2＋1.5	1.5＋1.5	3.0＋2.0	(0.7＋1.3)×2
Ⅱ级	1.0＋1.0	1.2＋1.0	3.0＋1.2	0.7＋1.3

5.2　卷材防水屋面的维修

5.2.1　卷材防水屋面的损坏现象及原因分析

（1）开裂

屋面油毡开裂，从现象上可分为有规则开裂和无规则开裂两种。有规则开裂最为严重，裂缝位置基本都在预制屋面板端缝位置，这是因为，屋面板在温差作用下的热胀冷缩和板在荷载作用下后期挠度所引起的翘曲变形；或地基不均匀沉降引起上部构件的变形等。在这些变形的综合作用下，板的位移变形集中作用在板的端部，其变形值一旦超过油毡的极限延伸值时，油毡就会被拉断而开裂。而无规则开裂没有固定位置，形状也无规律，一般是由于下部找平层开裂损坏引起，或由于保护层脱落、失效，未能及时维护，防水层暴露日久，造成油毡出现开裂。

预防油毡防水层开裂的方法，一种是采用延伸率较大的新型防水卷材，另一种是在卷材的铺法上采用构造措施，以适应屋面板的位移所引起的开裂，如"干铺毡条法"、"埋设毡卷法"或采用排气屋面等。

（2）鼓泡

鼓泡是卷材屋面常见的弊病之一，严重者大小鼓泡布满整个屋面，表面呈高低起伏，凹凸皱褶不平，老化后破裂，对屋面防水质量和寿命带来严重的后患。其原因是室内的水汽透过屋面结构渗入油毡防水层内，或在施工过程中保温层和找平层未充分干燥，屋面受太阳辐射，水汽蒸发受热膨胀，将油毡粘结薄弱处胀开形成气泡，甚至开裂，此种现象多在夏季发生。因此，油毡防水屋面的基层必须干燥或采用排气空铺油毡屋面（如第一层油毡采用点状或条状粘贴）。

（3）流淌

由于沥青胶受烈日曝晒而软化，致使油毡防水层沿屋面坡度向下滑移而失去应有的防水作用。流淌一般多发生在施工后最初一年的夏季，流淌后油毡出现折皱或在天沟处堆积成团，或因无天沟而从檐口垂挂下来，大大降低油毡使用寿命。预防流淌要从选材和施工操作入手，严格检查沥青胶的耐热度、标号，做好找平层，提高防水层与基层间的粘结力。

（4）老化

老化即油毡中油分大量挥发，使其强度下降、质地变脆而折断，降低油毡层的耐久性，造成防水层油毡丧失防水能力。预防措施为，严格选用沥青胶结材的标号，严格控制其熬制温度、时间和使用温度，禁止使用熬焦碳化了的沥青胶，保证绿豆砂保护层的施工质量，做好日常维护工作。

此外还有防水层剥离、脱缝、积水、损伤、脱落、腐烂，以及保护层拱起等损坏现象。屋面节点部位如檐口、天沟、女儿墙、屋脊、水落口、变形缝、阴阳角（转角）、伸出屋面管道等防水层泛水构造渗漏的现象等。

上述弊病在同一屋面上可能单独发生也可能几种损坏现象同时发生，对屋面防水能力造成很大的危害。

5.2.2 卷材防水屋面的维修方法

（1）裂缝修补

油毡防水层若因老化出裂缝应拆除重做，不宜修补或在原防水层上加补防水层。对于基层未开裂的无规则裂缝，宜沿裂缝铺贴宽度不应小于 250mm 卷材或铺设带有胎体增强材料的涂膜防水层。维修前，应将裂缝处面层浮灰和杂物清除干净，满粘满涂，贴实封严。有规则裂缝，宜在缝内嵌填密封材料，缝上单边点粘宽度不应小于 100mm 卷材隔离层，面层应用宽度大于 300mm 卷材铺贴覆盖，其与原防水层有效粘结宽度不应小于 100mm。嵌填密封材料前，应先清除缝内杂物及裂缝两侧面层浮灰，并喷、涂基层处理剂。

采用密封材料维修裂缝，应清除裂缝宽 50mm 范围卷材，沿缝剔成宽 20～40mm，深为宽度的 0.5～0.7 倍的缝槽，清理干净后喷、涂基层处理剂并设置背衬材料，缝内嵌填密封材料且超出缝两侧不应小于 30mm，高出屋面不应小于 3mm，表面应呈弧形。

采用防水涂料维修裂缝，应沿裂缝清理面层浮灰、杂物，铺设两层带有胎体增强材料的涂膜防水层，其宽度不应小于 300mm，宜在裂缝与防水层之间设置宽度为 100mm 隔离层，接缝处应用涂料多遍涂刷封严。

有规则横向裂缝的修补方法有：

1）盖缝条补缝

在裂缝处先嵌入防水油膏或浇灌热沥青，卷材盖缝条用沥青胶粘贴，周边压实刮平，如图 5-1 所示。用盖缝条补缝能适应屋面基层伸缩变形，避免防水层被拉裂，但盖缝条易被踩坏。

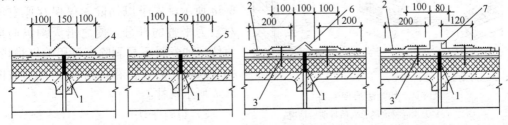

图 5-1 用盖缝条补缝

1—嵌油膏或灌热沥青；2—卷材盖边；3—钉子；4—三角形卷材盖缝条上做一油一砂；
5—圆弧形盖缝条上做一油一砂；6—三角形镀锌铁皮盖缝条；7—企口形镀锌铁皮盖缝条

2）用干铺卷材做延伸层

在裂缝处干铺一层 250～400mm 宽的卷材作延伸层，如图 5-2 所示。两侧 20mm 处用沥青胶粘贴

3）用防水油膏补缝

补缝用的油膏，目前采用的有沥青嵌缝油膏、聚氯乙烯胶泥、焦油麻丝等。用聚氯乙烯胶泥时，如图 5-3a 所示。应先切除裂缝两边宽各 50mm 的卷材和找平层，保证深为 30mm，然后清理基层，热灌胶泥至高出屋面 5mm 以上。用焦油麻丝嵌缝时，如图 5-3b 所示，先清理裂缝两边宽各 50mm 的绿豆沙保护层，再灌上油膏即可。油膏配合比（重量比）为焦油：麻丝：滑石粉＝100：15：60。

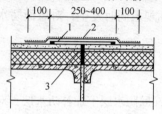

图 5-2　干铺卷材做延伸层

1—干铺一层油毡；2—一毡二油
一砂；3—嵌油膏或灌热沥青

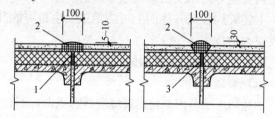

图 5-3　用胶泥或焦油麻丝补缝

1—裂缝；2—聚氯乙烯胶泥；3—焦油麻丝

（2）流淌修补

严重流淌的卷材防水层可考虑拆除重铺；轻微流淌如不发生渗漏，一般可不予治理；中等流淌可采用下列方法修补。

1）切割法

对于天沟卷材耸肩脱空等部位，如图 5-4a，b 所示，可先清除绿豆沙保护层，切开将脱空的卷材，刮除卷材底下积存的旧沥青胶，待内部冷凝水晒干或烘干后，将下部已脱开的卷材用沥青胶粘贴好，加铺一层卷材，再将上部卷材贴盖上，如图 5-4c，d 所示。

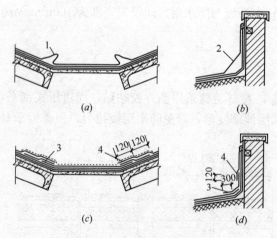

图 5-4　切割法治理流淌

（a）、（c）天沟卷材流淌耸肩治理前后情况；
（b）、（d）转角卷材流淌脱空治理前后情况
1—流淌卷材脱空耸肩在此切割；2—表层卷材脱空在此切割；
3—新加铺卷材；4—切割后重铺原有卷材

2）局部切除重铺

对于天沟处皱褶成团的卷材，如图 5-5a 所示，先予以切除，仅保存原有卷材较为平整的部分，使之沿天沟纵向成直线（如卷材不易剥除，可用喷灯烘烤，沥青胶软化后，将卷材剥离），然后按图 5-5b 所示修补。

3）钉钉子法

当施工后不久，发现卷材有下滑趋势时，为阻止其下滑，可在屋面卷材的上部离屋脊 300～500mm 范围内钉三排

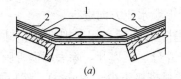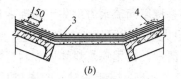

图 5-5 局部切除重铺法治理流淌

(a) 修理前；(b) 修理后

1—此处局部切开；2—虚线所示揭开 150；3—新铺天沟卷材；4—盖上原有卷材

50mm 长圆钉，钉子呈梅花状布置，钉眼上灌沥青胶，以防渗水及圆钉锈蚀，如图 5-6 所示。

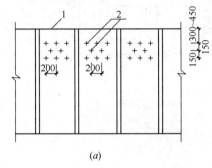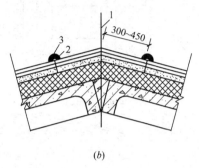

图 5-6 钉钉子法阻止卷材流淌

(a) 平面；(b) 断面大样

1—屋脊线；2—圆钉；3—玛琋脂

(3) 卷材起鼓修补

1) 直径 100mm 以下的鼓泡可采用抽气灌油法修补，先在鼓泡的两端用铁錾子錾眼，然后在孔眼中各插入一支兽用针管，其中一支抽出鼓泡内部的潮湿气体，另一支灌入纯 10 号建筑石油沥青稀液，边抽边灌，灌满后拔出针管，用力将卷材压平贴牢，用热沥青封闭针眼并压几块砖，几天后再将砖块移去即可。

2) 直径 100～300mm 的鼓泡可用对角十字开刀法修补，先按图 5-7a 所示铲除鼓泡处的绿豆砂保护层，用刀将鼓泡按对角十字形割开，放出鼓泡内气体，擦干水分，清除旧沥青胶，再用喷灯把卷材内部烘干或自然晒干，随后按图 5-7b 所示编号 1～3 的顺序把旧卷材分片重新粘贴好，再新贴一块方形卷材 4（其边长比开刀范围大 100mm），压入卷材 5 下，最后粘贴覆盖好卷材 5，四边搭接处用铁熨斗加压平整后，重做绿豆砂保护层。上述

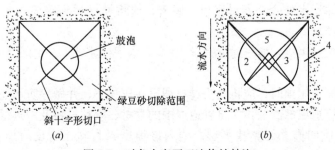

图 5-7 对角十字开刀法修补鼓泡

分片铺贴顺序是按屋面流水方向先下再左右后上顺水流方向进行。

3）直径更大的鼓泡可用割补法修补，如图5-8所示，用刀把鼓泡卷材割除，按上一做法进行基层清理，再用喷灯烘烤旧卷材槎口并分层剥离开，除去旧沥青胶后，依次粘贴好旧卷材1～3，上铺一层新卷材（四周与旧卷材搭接不少于50mm），然后贴上旧卷材4。再按此法依次粘贴旧卷材5～7，上面覆盖第二层新卷材，最后粘贴卷材8，周边熨平压实，重新做好绿豆砂保护层。

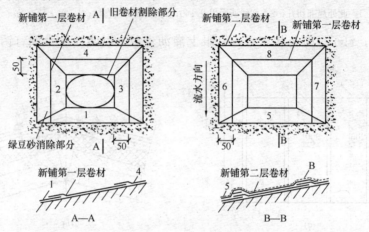

图 5-8　割补法修补鼓泡

（4）屋面节点部位的维修

屋面节点部位包括泛水、檐口、水落口、女儿墙、天沟、变形缝、阴阳角（转角）、和出屋顶的管道与屋面交接处的构造处理，这些部位往往是容易发生渗漏的地方。预防措施首先是严格按设计要求选材和施工，保证施工质量，其次是加强屋面的日常养护管理。

1）屋面节点部位维修的一般规定

①天沟、檐沟、泛水部位卷材开裂维修，应清除破损卷材及胶结材料，在裂缝内嵌填密封材料，缝上铺设卷材附加层或带有胎体增强材料的涂膜附加层，面层贴盖的卷材应封严。

②女儿墙、山墙等高出屋面结构与屋面基层的连接处卷材开裂，应将裂缝处清理干净，缝内嵌填密封材料，上面铺贴卷材或铺设带有胎体增强材料涂膜防水层并压入立面卷材下面，封严搭接缝。

③砖墙泛水处收头卷材张口、脱落，应清除原有胶粘材料及密封材料，重新贴实卷材，卷材收头压入凹槽内固定，上部覆盖一层卷材并将卷材收头压入凹槽内固定密封。

④混凝土墙体泛水处收头卷材张口、脱落，应将卷材收头端部裁齐，用压条钉压固定，密封材料封严。

压顶砂浆开裂、剥落，应剔除后铺设1:2.5水泥砂浆或C20细石混凝土，重做防水处理；

采用预制混凝土压顶时，应将收头卷材铺设在压顶下，并做好防水处理。

⑤伸出屋面管道根部渗漏，应将管道周围的卷材、胶粘材料及密封材料清除干净，管道与找平层间剔成凹槽并修整找平层。槽内嵌填密封材料，增设附加层，用面层卷材覆盖。

卷材收头应用金属箍箍紧或缠麻封固，并用密封材料或胶粘剂封严。

2）屋面节点部位的维修方法

①对泛水处卷材张口、脱落等，先清除旧沥青胶并整理干净，保持基层干燥，再重新钉上防腐木条，将油毡贴紧钉牢、再覆盖一层新卷材，收口处用油膏封严，如图 5-9a 所示。

②卷材压顶损坏，凿除开裂和剥落的压顶砂浆，重抹水泥砂浆并做好滴水线。最好换为预制钢筋混凝土压顶板，如图 5-9b 所示。

③泛水转角处开裂，可割开开裂处的卷材，旧卷材烘烤后分层剥离，清除沥青胶，按图 5-9c 所示的做法处理。

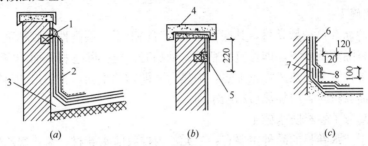

图 5-9 山墙、女儿墙泛水及压顶的修理

1—防水油膏封口；2—新铺一层卷材；3—抹成钝角；4—∏型压顶板；
5—新加卷材；6—原有卷材；7—干铺一层新卷材；8—新附加卷材

④雨水斗四周卷材裂缝严重时，应将该处的卷材剔除，检查雨水斗短管是否紧贴屋面板板面或铁水盘，若短管系浮搁在找平层上，应将该处找平层凿掉，清除后重新安装好短管，再按构造要求重铺三毡四油防水层或其他防水做法，做好雨水斗附近卷材的收口和包贴。

5.2.3 新型卷材防水屋面施工

（1）高聚物改性沥青卷材防水施工

使用较为普遍的高聚物改性沥青卷材是 APP 塑性体沥青防水卷材和 SBS 弹性体沥青防水卷材，其施工方法有冷粘法、热熔法和自粘法。找平层施工及要求同于传统卷材防水做法，基层处理剂的选择应与卷材的材料相容。高聚物改性沥青防水卷材，一般可选用橡胶或再生胶改性沥青的汽油溶液作基层处理剂。

1）冷粘法施工要点

①节点部位的增强处理。待基层处理剂干燥后，先将水落口、管根、泛水等易发生渗漏的薄弱部位，在其周围 200mm 范围内涂刷一道胶粘剂，涂刷厚度以 1mm 左右为宜，随即粘贴一层聚酯纤维无纺布，并在无纺布上再涂刷一道厚约 1mm 的胶粘剂。以此形成一层具有强塑性的整体增强层。

②铺贴卷材防水层。按屋面排水坡度从低至高顺序（为保证铺贴平齐应先弹出基准线），边涂刷胶粘剂边向前滚铺卷材，并及时用压辊用力进行压实。要求用毛刷涂胶时，均匀无遗漏，滚压时注意不要卷入空气或异物，粘结必须牢固。

③卷材的接缝和边缘处理。卷材纵横向搭接宽度为 80～100mm。接缝可用胶粘剂粘合，也可用喷灯热熔施工，边熔化边压实。平面与立面相交处的卷材铺贴，应自下向上压

缝铺贴，并使卷材紧贴阴角，不应有空鼓现象。

2）热熔法施工

SBS 或 APP 等改性沥青热熔型卷材在底面有一层软化点高的改性沥青热熔胶，胶面敷有防粘结、隔离用的聚乙烯膜。施工时用火焰喷枪将卷材底层热熔胶熔化即可铺贴。基层要求和基层处理剂的使用与冷粘法施工相同。喷灯（枪）加热基层及卷材时，距离应适中，一般距卷材 300～500mm 且与基层夹角 30°～45°，在幅宽内均匀加热，以卷材表面沥青熔融至黑色光亮为度，防止过分加热甚至烧穿卷材。

这种施工方法易使卷材与基层粘结牢固。在有雾、霜等气候变化时，只要烤干基层后仍可施工，但气温低于−10℃时不宜施工作业。

3）自粘法施工

高聚物改性沥青自粘型卷材，其底面在生产时涂上了一层高性能胶粘剂，表面敷有隔离纸，使用时将隔离纸剥下，即可直接粘贴。铺贴时，应排除卷材下面的空气，并辊压粘结牢固。搭接部位宜采用热风焊枪加热，加热后随即粘贴牢固，将溢出的自粘胶随即刮平封口。铺贴立面卷材时，应加热后粘贴牢固。

（2）合成高分子卷材防水施工

合成高分子防水卷材的品种主要有：三元乙丙橡胶防水卷材，氯化聚乙烯—橡胶共混防水卷材，氯化聚乙烯防水卷材和聚氯乙烯防水卷材等。施工方法多采用冷粘法铺贴，也有自粘法和热风焊接法铺贴。其施工方法与高聚物改性沥青防水卷材基本相同。但需注意冷粘法（即以铺贴卷材所用的胶粘剂为冷胶材料）施工时，不同的卷材和不同的粘结部位应使用不同的胶粘剂。也就是说不同品种卷材或卷材与基层，卷材与卷材搭接缝粘结，其使用的胶粘剂不一样，切勿混用、错用。

屋面防水层施工完毕，应按设计要求做好其上的保护层，为做好防水层的成品保护，施工人员应穿软底鞋；运输材料时必须在通道上铺设垫板、防护毡等。保护层的做法有：涂料保护层；绿豆砂保护层；细砂、云母粉或蛭石粉保护层；预制板块保护层；水泥砂浆抹面或整体现浇细石混凝土保护层；架空隔热保护层等。

5.3　涂料防水屋面的维修

5.3.1　涂料防水屋面的施工方法

（1）施工工艺流程

涂料防水施工的一般工艺流程是：基层表面修整、清理→喷涂基层处理剂→特殊部位附加增强处理→按设计要求涂布防水涂料及铺贴胎体增强材料→撒铺保护材料（或干燥后再做保护层）。

（2）施工一般规定

1）涂料施工环境气温宜为 5～35℃，遇雨天、雪天和五级风及以上时严禁施工。

2）涂料防水须由两层以上涂层组成，每层应刷 2～3 遍，两遍涂层相隔时间，应达到实干为准，其总厚度应达到设计要求。每道涂膜防水层最小厚度应符合表 5-4 的规定。

3）防水涂料施工时应先高跨后低跨，先远后近，先立面后平面。先涂布排水较集中的水落口、天沟、檐口等节点部位，再进行大面积涂布。涂层中夹铺增强材料时，宜边涂边铺胎体，涂层应厚薄均匀、表面平整，待前遍涂层干燥后，再涂刷后遍。涂膜防水层收头应用防水涂料多遍涂刷或用密封材料封严。涂料防水层完工后，须注意成品保护，不得上人踩踏、堆积杂物、打眼凿洞等。

4）涂膜防水屋面应设置保护层，保护层材料可采用细砂、云母粉、蛭石、水泥砂浆或块材等。采用水泥砂浆或块材时，应在涂膜与保护层之间设置隔离层。当用细砂、云母粉、蛭石时，应在最后一遍涂料涂刷后随即铺撒，并用扫帚清扫均匀、轻拍粘牢。

5.3.2 涂料防水屋面的一般损坏现象及维修方法

涂膜防水屋面常见损坏现象与卷材防水类似，主要有裂缝、起鼓、破损、剥离、过早老化等。

（1）裂缝

主要有规则裂缝和无规则两种。

1）有规则裂缝与前述的卷材防水屋面产生的原因相同，故不再赘述。该种裂缝尤以预制屋面板结构更为严重。

有规则裂缝的维修方法：可采用空铺卷材或利用嵌填密封材料的方法。空铺卷材主要是利用其较大延伸值相对基层变形起缓冲作用、防止新防水层继续开裂。其一般做法是，先清除裂缝部位的防水涂膜，裂缝剔凿扩宽后，清理干净裂缝处的浮灰杂物。然后用密封材料嵌填，干燥后，缝上空铺或单侧粘贴宽度为 200～300mm 的卷材隔离层。面层铺设带有胎体增强材料的涂膜防水层。其与原防水层的有效搭接宽度不小于 100mm，涂料涂刷要均匀、不得漏涂，且新旧防水层的搭接要严密。

2）无规则裂缝产生的原因，除因结构变形及在长期受力和温度变化作用发生热胀冷缩外，或因找平层薄厚不均匀、严重裂缝而引起的开裂。

无规则裂缝的维修方法：维修前，将裂缝部位面层上浮灰和杂物清除干净，再沿裂缝铺贴宽度不小于 250mm 卷材，或带有胎体增强材料的涂膜防水层，注意做到满沾、满涂贴实封严。

（2）起鼓

1）起鼓的原因分析

涂膜防水屋面起鼓现象也属常见损坏现象。防水层起鼓虽不致立即发生渗漏，但存在着渗漏的隐患，往往随着时间的延长，使防水层过度拉伸疲劳而加速老化，使表层脱落，往往还伴有裂纹造成渗漏。起鼓的原因主要是施工操作不当，如涂膜加筋增强层与基层粘结不实，中间裹有空气，但更主要的原因是由于找平层或保温层含水率过高施工时未干透而引起。对于立面部位防水层起鼓，其原因往往是与基层粘结不牢、出现空隙而造成。特别立面在背阴的位置，该部位的基层往往比大面干燥慢，含水率较高，当水分蒸发时，使立面防水层起鼓，且鼓泡会越来越大。

起鼓的预防：铺贴涂膜增强层时，宜采用刮挤手法，随挤压随将空气排出，使加筋层粘结更为严实。基层要做到干燥，其含水率不得超过《屋面工程技术规范》的规定要求。如果基层干燥确有困难，可采取构造措施做成排气屋面，或选用可在潮湿基层上施工的防水涂料。

2）起鼓的维修

起鼓的维修，对较小的鼓泡且数量不多时，可用注射器抽气，同时注入防水涂料的方法，把鼓起的防水层重新压贴，与基层粘结牢固，在鼓泡上铺设一层带有胎体增强材料的涂膜防水层，表面铺撒保护层材料；对较大的鼓泡，可采用十字开刀方法处理，即先把鼓泡部位的涂膜防水层剪开，将基层处理干净，鼓泡内水分晒干或烘干，然后用防水涂料把原防水层重新粘贴牢固，再加涂新的涂膜防水层，表面铺撒保护层。

（3）破损

1）破损的产生原因

防水层破损会直接造成屋面发生渗漏。破损的原因很多，多数是由施工及使用管理不善造成的。

①防水层施工时，由于基层清理不净，夹带砂粒或石子，造成防水层被硌破而损伤。

②防水层在使用过程中，由于维护管理不善，闲杂人员在上面活动，搬运杂物或掉落锐器，或维护人员在巡查时未严格按规定进行，如穿硬底鞋或高跟鞋等，都有可能损伤防水层。

2）破损的预防和维修

①涂膜防水层施工前、应认真清扫找平层，表面不得留有砂粒、石渣等杂物。如遇有五级以上大风时，应停业作业施工，防止脚手架或建筑物上被风刮下的灰砂而影响涂膜防水层施工质量。

②在涂膜防水层上砌筑架空板砖墩时，须待涂膜防水层达到实干后再进行，砖墩下应加垫一块略大于砖墩断面的卷材并均匀铺垫砂浆。

破损的维修，发现涂膜防水层有破损，应立即修补。其修补方法，首先将破损部位及其周围防水层表面上的浮砂杂物清理干净，如基层有缺陷，可将原防水层掀开。先处理基层，然后用防水涂料把原防水层粘贴覆盖，再铺贴比破损面积周边各大出 70～100mm 玻璃布，上面涂布防水涂料，表面再做好保护层。

（4）剥离

该缺陷是指涂膜防水层与基层之间粘结不牢形成剥离。当剥离面积不大的情况下，并不影响屋面的防水功能，但若剥离面积较大或位于坡面或立面部位，则形成防水隐患，甚至引起渗漏。

1）剥离原因及预防

①因涂膜防水层施工时环境气温较低或找平层表面存有灰尘、潮气，都会造成防水层粘结不牢而剥离脱开。所以，要严格控制找平层的施工质量，确保找平层具有足够强度，达到坚实、平整、干净、符合设计要求。

②在屋面与突出屋面立墙或其他管道的交接部位，由于材料收缩将防水层收紧，在交接部位与基层脱离；或因铺设涂膜增强材料时，为防止发生皱折而过分拉伸；或因施工时交角部位残留的灰尘清理不净，都会造成交接部位拉脱形成剥离。涂膜防水层施工前应对找平层清扫干净，达到技术要求。基层表面是否要求必须干燥，应根据选用防水涂料的品种要求决定。

2）剥离的维修

根据屋面防水层出现剥离的面积大小，采用不同的维修方法。如屋面防水层大部分粘结牢固，只是在个别部位出现面积较小的剥离现象，根据实际情况，可采取经常观察暂时不修的处理办法，也可采取局部维修方法，做法是将剥离的涂膜防水层掀开，处理好基层后再用防水涂料把掀开的涂膜防水层铺贴严实，最后在掀开部位的上面加做涂膜防水层，表面铺撒保护层即可。如剥离面积很大，采用维修已没有意义，可采取全部铲除重做。

（5）过早老化

1）过早老化的原因

由于防水涂料选择不当、质地低劣、技术性能不合格，甚至采用了假劣产品而引起涂膜防水层剥落、露胎、腐烂、发脆，直至完全丧失防水功能。另外，由于施工管理不严、现场配料不准，也会造成局部过早老化。

2）过早老化的维修

维修方法，如果确认为小面积、局部过早老化。可将老化部位的涂膜防水层清除干净，修整或重做找平层，再做带胎体增强材料的涂膜防水层，其周边新旧防水层搭接宽度不小于100mm，外露边缘应用防水涂料多遍涂刷封严。如果是大面积过早老化，已失去防水功能，就需要全部铲除重做。

5.4 刚性防水屋面的维修

与卷材及涂料防水屋面相比，刚性防水屋面所用材料价格便宜，耐久性好，维修简便。但刚性防水层自重大，抗变形能力差，对地基不均匀沉降、温度变化、结构震动等因素敏感，而易出现裂缝。因此不适于设有松散材料保温层以及受较大震动或冲击的建筑屋面，《屋面工程技术规范》（GB 50345—2012）中，已删除了刚性防水屋面的做法，鉴于房屋维修工作更多的是对既有房屋的修缮，所以，对刚性防水屋面的内容仍作了简要介绍。

5.4.1 刚性防水屋面的一般要求

（1）材料要求

水泥宜采用普通硅酸盐水泥或硅酸盐水泥，不得使用火山灰质水泥，水泥强度等级不宜低于42.5。防水层细石混凝土和砂浆中，粗骨料的最大粒径不宜大于15mm，含泥量不大于1%；细骨料应采用中砂或粗砂，含泥量不大于2%；水灰比不应大于0.55，每立方米混凝土水泥最小用量不小于330kg，灰砂比1:2～2.5，砂率宜为35%～40%。

（2）基层要求

刚性防水屋面的结构层宜为整体现浇的钢筋混凝土屋面板。当屋面结构采用装配式钢筋混凝土板时，应用强度等级不小于C20的细石混凝土灌缝，灌缝用细石混凝土宜掺膨胀剂。当屋面板板缝宽度大于40mm或上窄下宽时，板缝内需设置构造钢筋，板端缝应进行密封处理。

（3）隔离层做法

为防止由于基层变形过大引起刚性防水层开裂，在基层与防水层之间宜设置一层低强度等级的砂浆、卷材、塑膜等材料，起到隔离作用，使基层与防水层之间变形互不受约束。

干铺卷材隔离层做法：在水泥砂浆找平层上干铺一层卷材，卷材的接缝均应粘牢。也可在找平层上直接铺一层塑料薄膜。

黏土砂浆或白灰砂浆隔离层做法：该种做法隔离作用较好，黏土砂浆配合比为石灰膏：砂：黏土＝1:2.4:3.6；白灰砂浆配合比为白灰膏：砂＝1:4。施工前应将基层清扫干净，洒水润湿，铺抹厚度 10～20mm，要求隔离层表面平整、压实、抹光，待砂浆基本干燥后即可作防水层。

（4）分格缝设置

为防止大面积的刚性防水层因温差、混凝土收缩等原因而造成裂缝，应设置分隔缝。其位置应设在结构变形敏感的部位，如屋面板的支承端、屋面转折处、防水层与突出屋面结构的交接处等，分隔缝的纵横间距控制在 3～5m。分隔缝宽度 20mm 左右，缝内可用弹性材料泡沫塑料或沥青麻丝填底，再用油膏嵌缝。

5.4.2 刚性防水屋面的施工

（1）普通细石混凝土防水层施工

混凝土浇筑应按先远后近、先高后低的原则进行，一个分格缝间的混凝土必须一次浇筑完毕，不得留施工缝。钢筋网片宜置于混凝土的中层偏上，使上面有 15mm 保护层。混凝土应采用机械搅拌且搅拌时间不少于 2min，混凝土运输和浇筑过程中应防止离析，混凝土浇筑后，先用平板振捣器振实，再用滚筒滚压至表面平整、泛浆，然后用铁抹子压实抹平，并确保防水层的厚度和坡度满足设计要求。抹压时严禁在表面洒水、加水泥浆或撒干水泥。混凝土收水初凝后，应进行二次表面压光。混凝土浇筑 12～24h 后应进行养护，且养护时间不应少于 14d。养护可采用淋水、覆砂、锯末、草帘或塑料膜等方法，养护初期屋面不得上人。

（2）补偿收缩混凝土防水层施工

补偿收缩混凝土防水层是在细石混凝土中掺入膨胀剂拌制而成，硬化后的混凝土产生微膨胀，以补偿普通混凝土的收缩，同时能够填充堵塞混凝土的毛细孔隙，切断水的渗透通路。在配筋情况下，由于钢筋限制其膨胀，而使混凝土产生自应力，起到致密混凝土的作用。补偿收缩混凝土防水施工要求与普通细石混凝土防水基本相同，目前应用较多的是在混凝土中掺入适量 U 型膨胀剂制作的防水混凝土，称为 UEA 补偿收缩混凝土，它具有抗裂和抗渗双重功能。拌制混凝土时，应严格按配合比准确称量，搅拌投料时膨胀剂应与水泥同时加入。混凝土连续搅拌时间不应少于 3min。

5.4.3 混凝土刚性防水屋面的损坏与维修

（1）刚性防水层开裂的维修

1）开裂现象

混凝土刚性防水屋面开裂一般分为结构裂缝、温度裂缝和施工裂缝三种。结构裂缝通常发生在屋面板支承处和侧缝位置，裂缝宽度较大，并穿过防水层而上下贯通，通常是由地基不均匀沉降和结构变形引起；温度裂缝一般较有规则，且分布比较均匀，一般是由于分格缝未按设计要求设置或设置不合理，也可能是施工处理不当而引起开裂；施工裂缝是一些不规则的、长度不等的断续裂缝，这往往是由于细石混凝土配合比不当，浇筑混凝土时振捣不实，抹平压光不好，以及早期干燥脱水，养护不当等原因造成。

2）维修方法

①刚性屋面防水层发生裂缝后，首先应查明原因，如属于结构和温度裂缝，应在裂缝位置处将混凝土凿开，形成分格缝（宽度以 15～30mm，深度以 20～25mm 为宜），然后按分格缝构造处理规定嵌填防水油膏，以防止渗漏水。

②防水层表面若出现一般裂缝时，首先应将板面有裂缝的地方剔出缝槽，并将表面松

动的石子、砂浆、浮灰等清理干净，然后涂刷冷底子油一道，待干燥后再嵌填防水油膏，上面用防水卷材铺贴。防水卷材可用玻璃布、细麻布等，胶粘剂可用防水涂料或稀释油膏。

③屋面防水层出现大面积龟裂，轻度的可以满涂水乳型橡胶沥青涂料、聚氨酯防水涂料等，严重的只有将整块防水层清除重做。

（2）刚性防水屋面细部节点构造处渗漏

1）混凝土刚性屋面防水层易发生渗漏的部位

混凝土刚性屋面防水层容易发生渗漏的部位主要有山墙或女儿墙、檐口、屋面板板缝、烟筒或管道穿过防水层处。

2）维修方法

①屋面泛水的维修。屋面与女儿墙或其他突出屋面的墙体交接处的泛水，由于嵌缝油膏老化失效，或油膏与墙体脱开，可将旧油膏铲除，按油膏嵌缝的施工规程要求重做嵌缝。

②檐口渗漏的维修。可用卷材或防水涂料夹铺增强材料，用贴盖法修补，若裂缝开展较宽，可采用油膏嵌缝和贴盖结合的方法。

③女儿墙裂缝渗漏的维修。如女儿墙年久失修、严重风化、酥裂很多，应拆除重做。一般情况，铲除墙体裂缝处的粉刷层，清理干净浇水湿透，用防水砂浆，深嵌砖缝，再按要求抹好粉刷层。

5.5 屋面的养护管理

屋面在房屋中的作用主要是围护、防水、保温（隔热）、承重等，其中防水层是屋面工程的核心。因此防水层的养护就成为屋面维修养护的中心内容。尤其是目前随着我国建筑技术水平的提高，城市化进程的加快，土地资源的紧缺和人们对房屋使用功能要求的改善，使得屋面又增加了一些新的功能，如采光、种植、上人活动，以及太阳能利用等。同时屋面受到自然界大气温度变化、风雨侵蚀、冲刷、阳光辐射等不利影响，都会加速防水层的老化或造成其损坏，直接影响到房屋的正常使用。所以物业服务企业做好屋面的养护管理，确保屋面处于完好状态，充分体现管养为主的原则。良好的维护保养还可延长屋面的使用寿命，减少维修费用支出及对业主正常生活的影响。

5.5.1 定期检查、发现问题及时处理

（1）物业服务企业应建立定期检查制度和屋面维护管理制度

一般情况下对屋面每季度应进行不少于一次例行全面检查。重点是每年开春解冻后、雨季前、第一次大雨后、入冬结冻前等关键时期，着重对屋面防水状况进行细致的检查，避免即将到来的雨季或下雪融雪出现渗漏雨水，给业主带来损失。

（2）检查工作应由专业技术人员进行

每次检查前应按不同类型屋面拟定详细检查内容，突出重点部位，检查结果要按每栋屋面分别记载存档。检查内容包括：

1）屋面防水层是否有裂缝皱折、表面龟裂、老化腐烂、空鼓等现象，屋面排水坡度是否存在倒泛水，而出现存水现象。

2）屋面泛水部位的防水层收头是否有脱落、开裂或压条是否有老化、腐烂现象，泛水高度是否满足要求。

3）女儿墙上混凝土压顶部位是否有龟裂、缺损、冻坏等现象，变形缝铁皮压顶是否已变形或不密贴、有裂缝、生锈、腐烂，以及滴水是否完好，收头是否完整等。

4）水落口处是否有破损现象，铁件是否生锈，落水斗出口处是否有封堵、杂物堆积、排水不畅等现象。

5）其他出屋面的通风道、烟道、管道等处的防水卷材是否有开口、开边，固定件松弛等现象。

6）防水保护层是否有开裂、碱蚀变质；是否有冻坏破损、杂草繁生、积灰等现象；整体式保护层中分格缝位置处或块料间嵌缝材料是否有剥离开裂、老化变质等现象。

（3）出现损坏及时维修，防止出现渗漏现象

屋面防水损坏检查特别是渗漏的检查是一项技术性很强的工作，如确定实际漏水点处往往比较困难，因为顶层室内漏水处不一定就是屋面漏水损坏处。所以查找时首先要在室内查看渗漏的痕迹，并标记渗漏的部位、范围，然后再到屋面相应部位进行细致的观察、分析、排查、判断，查找渗漏可疑之处，最后找出渗漏原因和渗漏点。

检查中发现的问题，应立即研究、分析原因，做出对屋面防水功能损害程度的判断，对小范围、局部的属小修范围的开裂、起翘等问题，采取相应措施及时维修，以免损坏继续发展造成更严重的渗漏。当防水层出现大面积的老化或严重损坏，需要动用专项维修资金时，应提早做出计划安排，避免影响业主的正常使用，防止出现渗漏造成的损失。

5.5.2　保证屋面清洁，利于雨水顺畅排除

每年春季开冻后和冬季前，在对屋面进行检查的同时，进行一次彻底清扫，清除屋面，尤其是落水口、天沟、泛水等处的积灰、杂草及其他垃圾杂物，使雨水管排水保持通畅。清扫时动作要轻，避免损伤防水层及其他防水部位，并不得用带有尖利、锋刃的工具进行清扫工作。对非上人屋面，清扫人员要穿平跟软底鞋。

平时按制度规定做好定期清扫，一般非上人屋面每季度清扫不少于1次，防止堆积垃圾、杂物及杂草的生长；当遇有局部积水或大量积雪时，及时清除；秋季要防止大量枯枝、落叶堆积。上人屋面要做好日常清扫工作，在使用与清扫时，应注意保护排水构造设施（如水落口）的完好不受损坏。

5.5.3　加强屋面维护和使用管理，遵守管理规约

（1）加强屋面上人检查口管理

非上人屋面上人检查口或爬梯应设有明显标识，非工作人员禁止随意上屋面活动，检查口情况应经常检查，防止随意上人对屋面造成损坏，杜绝出现后果严重的意外事件。

（2）加强法律意识的宣传教育，合法使用屋面

屋面为房屋共用部位属该幢楼业主共同所有，未经二分之一以上业主同意并签订协议，任何单位和个人不得私自在屋面上架设广告牌，建造临时建筑物，架设或安装设施或其他构筑物。若必须架设广告牌等构筑物，除业主同意外还须经有资质的鉴定加固设计部门做出鉴定，并按规定办理其他相关审批手续（如需报经市容、规划等有关部门）后方可进行。实施过程必须保证不影响屋面排水和防水层的完好并进行有效保护。如有破坏，要及时修复。

（3）加强上人屋面使用管理

对上人屋面在屋面的使用中，要杜绝出现不合理超载或可能破坏屋面的违规性使用。在使用中应有专人管理，应注意避免严重污染、腐蚀等情况的发生。以免对屋面产生破坏或形成其他隐患。

（4）加强宣传，遵守管理规约

物业服务企业和业主或使用人都应严格遵守管理规约，自觉维护房屋屋面的正常功能。物业服务企业和业主委员会应加大对管理规约内容的宣传，使业主或使用人能够做到以公共利益为重，互相监督，防止出现在屋面上随意堆放杂物、养殖动物、种植花草、搭建建筑物或构筑物及其他违规行为。

本 章 能 力 训 练

1. 屋面检查工作的重点内容和检查工作安排训练

（1）任务描述

①对物业服务企业来讲，在房屋共用部位的维修管理工作中，屋面的检查工作包括日常检查、定期检查和季节性检查等方式。假设现在为应对即将到来的雨季，物业企业要做好雨季前的季节性检查，屋面的检查工作是其中的一个重要方面，请你结合第 2 章查勘房屋的具体情况和本章内容的学习拟定雨季前屋面检查工作的重点内容、部位、要求和工作部署安排。

②上述检查中发现的问题如何处理？

③说明屋面日常养护工作的内容有哪些？

（2）学习目标

通过对屋面检查工作的重点内容和检查工作安排的能力训练，达到使同学能够基本熟悉对屋面季节性检查的内容、重点、方法、要求和工作的计划安排；对检查过程中发现的问题如何解决有清楚的认识。

（3）任务实施

1）以小组为单位，按上述任务要求分别制定屋面季节性检查实施方案；

2）在有条件和保证安全的前提下，应尽量采取带领学生到屋面实地检查的方式，直观的进行实际训练，同时验证和修正之前拟定的实施方案的全面性、适用性和针对性。

（4）注意事项

若进行屋面实际检查，实训前教师必须要集中进行安全教育。

1）统一行动，听从指挥；

2）非上人屋面，必须穿平跟软底鞋，避免对屋面造成损伤；

3）在屋面上杜绝互相追逐打逗，随意跳跃、攀爬，擅自离队活动等现象。

6 房屋装饰装修工程的维修与养护

本章学习任务及目标

(1) 了解地面的维修与养护方法
(2) 了解顶棚的维修与养护方法
(3) 熟悉门窗的维修与养护方法
(4) 熟悉外墙及楼地面渗漏的维修方法
(5) 掌握墙面装修的维修与养护方法

6.1 墙面装修的维修与养护

墙面装修是房屋使用中十分重要的内容之一。它可以起到美化建筑环境、提高艺术效果；保护墙体、延长墙体的使用寿命；还可以起到改善和提高墙体的使用功能。

按照墙面所处的部位不同，墙面装修分为外墙装修和内墙装修。按照施工方式和使用材料不同，常见的墙面装修可分为抹灰类、贴面类、涂料类、裱糊类和镶钉类五类。

6.1.1 外墙饰面的维修与养护

房屋的外墙面装修由于受到自然界风、雨、雪的侵蚀，太阳辐射、温度变化（高温、冰冻）和大气中腐蚀气体特别是城镇工业、生活排放的各种有害气体等因素的综合作用，会造成饰面的损坏，墙体耐久性下降，甚至造成承重墙体的强度不足而发生安全事故。外墙饰面常用做法包括抹灰类、涂料类和镶钉类等。

(1) 抹灰类墙面

1) 抹灰类墙面的一般做法

抹灰外墙面做法一般有：普通抹灰、装饰抹灰、聚合物水泥砂浆装饰抹灰等。

①普通抹灰

普通抹灰分为底层灰、面层灰，等级较高的抹灰分为底层，一层或多层中层和面层。厚度一般为 20～25mm。抹灰有石灰砂浆、水泥砂浆、混合砂浆等。

②装饰抹灰

装饰抹灰一般包括拉毛、甩毛、扒拉石、假面砖、水刷石、干粘石、斩假石和彩色灰等做法。

A. 拉毛包括用棕刷操作的小拉毛和用铁抹子操作的大拉毛两种。在外墙还有拉出大拉毛后再用铁抹子压平毛尖的做法。

B. 甩毛是用竹丝刷等工具将罩面灰浆甩在墙面上的一种饰面做法。也有先在基层上刷水泥色浆，再甩上不同颜色的罩面灰浆，并用抹子轻轻压平成两种颜色的套色做法。

C. 扒拉石与扒拉灰做法基本相同，扒拉灰作法是在底层或其他基层上抹1∶1水泥砂浆，然后用露钉尖的木块作为工具（钉耙子）挠去水泥浆皮，形成扒拉灰饰面。扒拉石只是把1：1水泥砂浆变为1：1水泥石碴浆（小八厘或米粒石），其他做法相同。

D. 假面砖是用掺氧化铁黄、氧化铁红等颜料的水泥砂浆，抹3~4mm的面层，待其稍有强度时，用铁梳子顺着靠尺板由上而下划纹，最后按面砖宽度用铁钩子沿靠尺板横向划沟，其深度3~4mm，露出底层砂浆即可。

③聚合物水泥砂浆装饰抹灰

聚合物水泥砂浆是指在普通水泥砂浆中掺入聚乙烯醇缩甲醛胶（108胶）或聚醋酸乙烯乳液（106胶）等，来提高饰面层与其他层面的粘结强度，减少或防止饰面层开裂、粉化、脱落等现象。其施工方法有四种，分为喷涂，滚涂，弹涂和刷涂。

A. 喷涂是用小型空气压缩机、喷斗和喷枪将砂浆喷涂于墙体表面，形成装饰层；

B. 滚涂是将砂浆抹在墙体表面，用专用滚子滚出花纹，再喷罩面层形成装饰层；

C. 弹涂是用弹涂器分几遍将不同色彩的聚合物水泥浆弹在已粉刷的涂层上，形成不同大小的花点，最后再喷一遍罩面层；

D. 刷涂是以白水泥为主，掺入适量的聚合物，再用水稀释成具有合适操作稠度的聚合物水泥浆涂刷于墙体表面形成饰面层。它一般用于檐口、腰线、窗套、凸阳台等墙面的局部装饰。

2）外墙抹灰常见的几种损坏现象

①灰皮脱落：灰皮大部或部分从基体上脱落，有的分层从墙面剥落；

②空鼓：抹灰层与基体脱离，有的抹灰层与抹灰层局部脱离；

③裂缝：灰皮局部裂缝，有的灰皮与基体同时裂缝；

④墙面污染：下雨尿檐或使用不当乱涂乱画脏污墙面。

3）抹灰墙面损坏的原因

抹灰墙面损坏的原因主要来自三方面：

①施工质量方面的影响

A. 抹灰时基层清理不干净，浇水不够，没有充分润湿；各层抹灰间隔时间不当、压得不实等；

B. 灰浆配合比不准、搅拌不匀、胶结材料过期、砂子含泥量过多，小石子没洗净等；

C. 抹灰养护得不好，夏天浇水不到，冬天抹灰后受冻等；

D. 补抹的灰皮与原有抹灰边缘压得不实，造成新旧连接处裂缝或脱落。

②自然方面的影响

A. 由于地基发生不均匀沉陷或地震影响，结构变形，墙体和抹灰面同时裂缝；

B. 由于温度变化使得抹灰与基层变形不一致，引起胀缩，灰面裂缝。

③人为因素的影响

A. 墙面缺乏经常性的维护保养，积灰常年不清洗造成饰面发生物理、化学变化导致变色、污染等；

B. 外墙面上固定的一些预埋铁件（如雨水管卡子等）没有上漆或失效，造成锈蚀污染抹灰面等。

4）抹灰工程缺陷的检查

①直观法

用眼观直接检查抹灰层有无脱落、裂缝，抹灰面是否凸出、酥碱、污染等情况；

②敲击法

用检查抹灰工程质量的小锤，敲击抹灰面，从发出的声音判断抹灰是否空鼓，如发出鼓声，则说明抹灰面有空鼓情况，检查时要记下损坏的部位和范围，以便采取措施及时维修。

5）墙面抹灰工程的修补

①抹灰工程维修施工准备

A. 材料准备

主要包括水泥，中砂，石灰膏，108胶等材料，要求质量是经过检验合格的产品；

B. 机具准备

专指抹灰施工所用的各类工具，如抹子，托灰板，压子，阴、阳角抹子，软、硬毛刷等；

C. 作业条件准备

（A）外墙抹灰维修，在施工程序上属最后一道工序，它应在墙面的其他各类维修完成后，且经验收合格后才开始。其他维修是指：门窗开关不灵的维修；门窗框与墙面缝隙的堵封；屋面防水发生渗漏的维修；墙身碱蚀、鼓闪维修；外墙的雨水管、栏杆、预埋件等缺损的维修；穿墙管道的维修与堵缝；墙上脚手眼的封堵等。

（B）对外墙基层表面的凹凸已做好了填补或剔凿的工作。

（C）已做了经有关部门技术人员评定认可的抹灰样板。

②墙面灰皮脱落的维修

A. 大面积脱落

墙面留下的灰皮不多，为了便于施工和维修后的效果，应将剩余的部分全铲除重做。要首先处理基体，再根据原抹灰的种类，按规定的工程做法完成重新抹灰的施工。

B. 局部脱落

首先检查脱落部分四周的灰皮，有空鼓的应铲除，并处理好接槎处，基层要清理干净，浇水润透后，按抹灰种类和工程做法补抹。特别注意接槎处要抹严密并压实，尽量使新旧抹灰一致。

③墙面空鼓的维修

A. 大面积空鼓

当墙面出现大面积空鼓情况时，应全部铲除，处理好基层，用与原抹灰相同的材料，按抹灰工程的做法完成重抹施工。

B. 局部空鼓

对面积较小，且未出现明显凸起和裂缝的空鼓，可注意继续观察，暂不处理；面积较大且空鼓凸出抹灰面时，就应对空鼓部分铲除修补。

④裂缝的修补

裂缝有灰皮裂缝和灰皮与基体同时裂缝两种。

A. 灰皮裂缝

灰皮裂缝指的是墙体本身未开裂，只是抹灰出现裂缝。一般将裂缝加宽到20mm以上，清除缝中杂质，浇水润湿，再按抹灰做法补缝。具体可采用丙烯酸乳漆掺石膏和滑石粉，刮披腻子，用砂纸打磨平，然后刷两遍乳胶浆，补抹的灰要与原有的灰结合严密、平整。

B. 抹灰面与基体都开裂的情况

对于此种情况，首先查明裂缝原因再修补灰皮。如果是结构裂缝，应先维修墙体或墙体裂缝已经稳定后再修补墙面抹灰。修补时应加宽裂缝，先修补基体裂缝，后修补抹灰面裂缝。补抹的灰要与原有的灰面尽量一致。

6) 外墙面抹灰维修施工管理要点

主要抓好以下三个环节：

①抓好施工前的各项准备工作的落实，这是顺利完成维修施工的前提。

②抓好维修施工中对工艺要求的管理，特别是分层抹灰的工艺要求，新旧抹灰交接处的处理。因为这些细节是保证维修施工质量的关键。

③抓好对抹灰工程的养护管理。抹灰工程施工需要在一定的温、湿度环境下的养护才能保证抹灰质量的达标，稍一忽视极易造成前功尽弃的结果。

7) 抹灰墙面的养护管理

①定期检查，每季度最少检查一次。检查灰皮的脱落情况，对窗台、腰线、勒脚等处的抹灰应注意收头部位，发现裂缝、空鼓、破损要及时修补，以防雨水浸入继续扩大损坏范围。

②不要在抹灰墙面上乱钉、乱凿、乱画、乱贴和乱刻。

③外墙面上安有铁件必须刷防锈漆以防铁件锈蚀遇水污损灰面。

④平屋顶修理屋面油毡层时，外檐应注意保护，以避免屋檐抹灰被沥青或墙体胶结料污染。

(2) 石碴类墙面

石碴类饰面是以水泥为胶结材料，以石碴为骨料的水泥石碴浆抹于墙体基层表面，然后用水洗、斧剁、水磨等手段除去表面水泥浆皮。露出以石碴颜色、质感为主的饰面做法。一般也属于抹灰类墙面。

1) 石碴类墙面做法

石碴类墙面典型做法主要有剁斧石和水刷石等。

①剁斧石（斩假石）饰面

它是在1∶3水泥砂浆底灰上，刮抹一道素水泥浆，随即抹1∶1.25水泥石碴浆。石碴为米粒石（粒径2mm）内掺30%粒径0.15～1mm的石屑。抹完罩面层后，采取防晒措施养护一段时间，以水泥石碴浆强度还不大，容易剁得动而石碴又不易掉的程度为宜，用剁斧将石碴表面水泥浆皮剁去而形成的一种仿石材质感的饰面。施工时注意下面几点：

A. 斩剁前，应在不明显的地方试剁，以斩剁石子不脱落时，再正式开剁。

B. 注意对施工人员的安全交底，防止石子崩伤人。

②水刷石

水刷石的底层、中层做法和剁斧石法相同。面层水泥石碴浆的配比是依石碴粒径的大小而定，其体积比：当水泥为1时，用大八厘石碴（粒径8mm）为1；中八厘石碴（粒径为6mm）为1.25；小八厘石碴（粒径为4mm）为1.5。抹完石碴浆面层后，当水泥浆开始凝结（用手指按略有印，但按不下去）时，用软毛刷子蘸水刷一遍，然后用手压泵压水冲刷面层至石子露出。施工时注意下面几点：

A. 注意修补效果与维修方案的一致。

B. 喷水刷石时，应及时将流至其下部的水泥浆痕清刷干净，防止对其原有面层的污染。

C. 注意抓好新旧接槎处的平整严实和颜色一致的整体维修效果。

除水刷石做法外，还有一种类似做法称为"干粘石"，但效果不如水刷石。

2）石碴类饰面常见的缺陷和损坏现象

①污染、挂灰现象严重，石碴的质感和颜色被灰尘所遮盖；

②石碴颗粒松动掉落。

3）石碴类饰面损坏的原因

①石碴类外饰面的特点是表面粗糙，因此极易挂灰，特别是北方风沙较大地区；

②施工中材料配合比不准，水泥强度不足，如使用过期水泥等；

③施工操作程序把握不当，关键部位的施工经验不足，如把握剁斧时石碴浆强度的时机；用手压泵压水冲刷的时机掌握不好等；

④平时的检查养护缺失，使用不当也会造成墙面污损。

4）石碴类饰面损坏的修补

①石碴类饰面维修施工准备

施工准备的重点是，按维修方案和材料配合比先做出样板，并经专业部门鉴定合格认可，其次就是备足、备全所需使用的材料。再有就是施工工具，如单刃斧、多刃斧、细砂轮、分格条、手压泵、米厘条等。

②对饰面挂灰现象严重，石碴的质感和颜色被灰尘所遮盖的情况，应定期或视积灰程度及时用压力水清洗墙面。

低矮处的饰面松动脱落可根据实际情况及时修补，主要采用掺有提高粘结力的外加剂水泥浆进行加固。

（3）涂料类外墙面

外墙用涂料要求具有较强的耐水性、耐污染性、耐候性及耐冻融性，与基层粘结力强。其品种较多，常用的有 104 外墙涂料、彩砂类涂料、苯—丙乳液涂料、乙丙乳液厚涂料等。

1）涂料类饰面损坏现象

①起皮、浆膜开裂、有片状的卷皮；

②透底：部分表面涂料没盖住底层颜色；

③腻子翻皮、裂纹，刮在基体上的腻子出现翘裂甚至脱落；

④砂眼、流坠、溅沫等问题。

2）涂料类饰面损坏原因

①起皮、开裂、卷皮的主要原因是基层没清理干净，浆液中胶性过大，浆膜过厚；

②透底的原因主要是涂料品质的原因，如采用一些低品质的涂料，导致涂料遮盖力不够而透底；也可能是施工的原因，如涂刷不均匀，涂料未搅拌，或随意加水导致涂料过稀；

③腻子翻皮、裂纹，主要是基底没清理好，腻子过厚、刮得不实；

④砂眼、流坠、溅沫的原因主要来自两方面，一是涂料自身质量问题即含有杂质、浓

度不够；二是施工准备没做到位，基层处理不到位。

3）涂料类饰面损坏的修补施工

①涂料类及油漆类外墙修补施工准备

A. 材料准备

按设计要求选用有出厂合格证和性能说明的涂料，以及合格的其他辅材，如腻子、胶粘剂等。

B. 机具准备

分人工或机械两类，前者有铜丝刷，料桶，软毛刷，铲刀，刮刀等，后者有空气压缩机，喷斗，喷嘴，电动搅拌器等。

C. 作业条件准备

a. 墙面基层已剔凿处理干净，凹坑处已分层补抹平整，并清刷干净；

b. 穿墙管道、雨水管卡等已安装完毕，脚手眼及其他洞口等已用水泥砂浆堵抹好；

c. 已按设计要求做了涂料粉刷样板，并得到有关技术部门鉴定认可。

②涂料类及油漆类外墙修补施工

A. 对于起皮、浆膜开裂或腻子翻皮、开裂，应将起皮部分铲除，基层清理干净，补抹腻子重刷。

B. 对于砂眼、流坠、溅沫要局部铲除重刷。

C. 对于涂料透底现象，应均匀补刷合格的涂料。

以上修补施工时注意涂料饰面新旧接槎应尽量做到颜色一致，避免接槎明显。

③修理施工管理要点

A. 涂料在室外施工时要严格按照产品说明书规定进行。一般外墙涂料施工时，施工保养温度要高于5℃，环境湿度低于85%，以保证成膜良好。低温将引起涂料的漆膜粉化开裂等问题，环境湿度大使漆膜长时间不干，并最终导致成膜不良。

另外，外墙面施工还应注意，在涂刷涂料前12小时不能被雨水淋，以保证基层干燥；涂刷后，采取保护措施防止由于24小时内下雨而造成漆膜被雨水冲坏。因此，外墙涂料维修施工尽量避开雨季或风沙大的季节。

B. 外墙有机涂料一般属易燃、有毒（程度不同）材料，做好其存储、使用管理工作也是很重要的。为此应有合适的库房，严格的存取制度及周密的防火、防中毒措施。

C. 对施工人员要注意抓好业务培训，不断提高涂刷操作水平，从而达到质量目标。

4）涂料类饰面的养护

①做好滴水、排水设备和设施的日常养护，避免雨水从整体外墙面下流造成饰面污染。

②注意加强经常性的检查，发现破损部位及时修复。

③不要在墙面上乱贴乱画，因为一旦清理时很容易损伤饰面涂料。

（4）镶面类饰面

镶面类饰面（贴面类）是利用各种天然石板或人造板、块通过绑挂或直接粘贴于基层表面上的装修做法，它具有耐久性强、防水、易于清洗、装饰效果好等优点。外墙常用耐候性较好的材料，如：面砖、瓷砖、陶瓷锦砖、花岗石板等。

1）镶面类饰面常见的几种损坏现象

①饰面材料局部脱落；

②饰面板与结合层粘结牢固，但结合层与基体脱离；

③饰面板与结合层、结合层与基体均粘结牢固但饰面板出现裂缝。

2）损坏原因

①针对损坏现象一的原因，主要是饰面材料（瓷砖或釉面砖等）使用前没浸泡透；饰面材料的底面不干净，贴得不实；贴面材料勾缝不严进水，造成冬天发生冻胀而脱落。

②针对损坏现象二的原因，主要是施工质量问题，没按操作要求做好分层抹灰；基层没有清理干净或过于光滑没有凿毛；基层没有充分洒水湿润等。

③针对现象三的原因，主要是墙身与饰面材料强度及温度收缩变形不一致所致。

3）镶面类饰面损坏的维修

①镶面类墙面维修施工准备

A. 材料准备

a. 按维修设计要求备足所需水泥、砂子、108胶、乳液等。

b. 选用符合设计要求的各类饰面材料，如瓷砖、陶瓷锦砖、水磨石板、花岗石板等的准备。

c. 镶贴天然或人造板饰面所用的连接材料如铜丝、镀锌铁丝及修饰、养护饰面所用材料如草酸、上光蜡等。

B. 机具准备

主要有瓷砖切割机，金刚砂轮锯，台式砂轮，橡皮锤，木杠，靠尺板，方尺，水平尺，软、硬刷，棉纱，硬木拍板等。

C. 作业条件准备

a. 修补部位的墙面基层已处理完毕（含剔除原破损部位，与完好部位的接搓也已处理好，补修部位已浇水润湿）；

b. 各类修补用的饰面材料已按维修方案确定的规格、品种、颜色、质量要求挑选、分类，并分别堆放、苫盖好；

c. 已按设计图纸做出了修补样板，并经有关部门技术人员鉴定认可；

d. 对于石材类饰面，已按设计方案在基层表面绑扎或焊接了钢筋网（骨架），并与结构预埋件或固定件绑扎或焊接牢固；

e. 已按设计图纸和饰面板、块材规格尺寸在补修墙面上弹好了饰面位置线。

②镶面类墙面维修施工

A. 对于局部脱落的块材，可用环氧树脂或建筑胶粘剂粘结，再把接缝勾严；

B. 对于结合层与基体脱离的情况可将基底清理干净浇水润湿，按工程做法补修好。对有空鼓但与周围面层连接牢固的情况，可用环氧树脂灌浆方法加固；

C. 对由于温度和收缩原因产生的饰面裂缝，可先用环氧树脂修补基体裂缝，然后用环氧腻子修补饰面裂缝，注意腻子的颜色尽量和饰面颜色相同。

③镶面类饰面维修施工管理要点

A. 在选用维修饰面材料时，一定要注意与原有饰面在规格、颜色上的一致性，且勾缝材料颜色也是如此；

B. 在镶贴施工中，要注意提醒工人随时清洁已镶贴上的饰面，以免灰浆流淌污染其

他部位;

C. 镶贴天然或人造板材时，无论是采用传统的安装方法还是干挂法，都应保证石材安装的坚固和耐久，避免出现脱落的现象发生。

D. 对成品的保护要细心，在搭、拆脚手架时尤其要小心。

4）镶面类饰面的日常养护

①可采用观察法和小锤轻击法定期对此类饰面进行检查（每年至少要全面检查一次）；

②对于损坏部位要及时进行修补，以免浸水冬季受冻损坏；

③重点检查勒脚、窗台、腰线、女儿墙等突出部分的饰面稳固情况，通常这些部位易发生脱落、裂缝等情况；

④在饰面上打洞、钉钉、安装设施应由专业人员操作；

⑤对天然或人造板材注意不要把有色液体粘染上，从而造成饰面污染。釉面砖怕强酸、强碱，擦洗前应将洗涤剂稀释再用；

⑥外饰面上如有铁件要刷防锈油漆，以防锈水流到饰面上造成污染。

（5）幕墙墙面

建筑幕墙是由面板与支承结构体系（支承装置与支承系统）组成的，可相对主体结构有一定位移能力或自身有一定变形能力，不承担主体结构所受作用的建筑外围护墙。这类外墙面是 20 世纪 80 年代以来在我国公共建筑上采用的一种装饰性外墙面。其常用种类有玻璃幕墙、石材幕墙、金属板幕墙等，其中用玻璃幕墙的为多，此种外墙均属预制装配式。对幕墙的要求包括抗风压变形、水密性、气密性、抗震性、保温性、隔声、防雷、防火、环保、节能等。应严格保证施工质量，杜绝出现脱落等各类严重损坏事故。

1）幕墙常见的损坏现象

①支座节点安装质量问题；

②局部幕墙饰面破损、脱落；

③防水密封材料或施工质量欠佳造成封闭不严、漏风、漏雨。

2）损坏原因

①预埋件安装位置偏差过大；节点安装未考虑三维方向微调位置；支座焊接质量差，无防腐处理；支座节点松动等，导致幕墙留下安全隐患，影响节点受力和幕墙的安全使用性能。

②玻璃幕墙饰面固定质量不好，板块没有采用浮动连接，大风、地震、地基不均匀沉降等引起结构变形过大，而使幕墙材料受到严重挤压，导致幕墙整体破碎。

③漏雨现象除了施工中防水密封材料的施工质量没达标外，材料自身质量标准达不到（如耐老化、耐温度、湿度变化的能力及塑性性能欠佳）要求，也是填缝材料过早失效的原因。

3）损坏的维修

高空和面积较大的幕墙维修工作应委托有资质的专业公司去完成。

①表面修补：局部损伤或划伤可用修补漆修补，如茶色修补漆及白色修补漆。

②胶条及注胶脱落或损坏应及时更换或修补。目前国内使用的大多数是国产硅酮胶和进口硅酮胶，而且必须通过国家指定检测单位作过相容性试验后方可使用。修补时需将损坏处清理干净，并要大于 2/3 长度。

③玻璃损坏，应及时更换。连接件松动及时拧紧，对腐蚀严重的连接件、五金要及时更换。

4）幕墙的定期检查和日常养护

①定期检查

幕墙交付使用后，业主应根据《幕墙使用维护说明书》的相关要求及时制定幕墙的维修、保养计划与制度。一般要求在幕墙工程竣工验收后一年时，应对幕墙工程进行一次全面的检查，此后每3～5年应检查一次。检查主要采取表面检查和内部检查相结合的方法。外观目测表面是否有损坏现象；检查玻璃是否损坏；连接件是否有腐蚀和松动；五金件是否有功能性障碍；胶条是否脱落、龟裂，涂胶是否有缺陷等。检查项目应包括：

A. 幕墙整体有无明显变形、错位、松动，如有，则应对该部位对应的隐蔽结构进行进一步检查；幕墙的主要承力构件、连接构件和连接螺栓等是否损坏、连接是否可靠、有无锈蚀等；

B. 玻璃面板有无松动和损坏；密封胶有无脱胶、开裂、起泡，密封胶条有无脱落、雨水渗漏、老化等损坏现象；

C. 幕墙可开启部分是否启闭灵活，五金附件是否有功能障碍或损坏，安装螺栓或螺钉是否松动和失效；

D. 幕墙排水系统是否通畅。

②幕墙日常养护

A. 应根据幕墙的积灰脏污程度，确定清洗幕墙的次数和周期，每年至少清洗一次，清洗时注意不要用酸碱性过强的溶剂以免损坏固定玻璃的密封胶；

B. 幕墙的日常管理，如可开启窗的开启、关闭要定人定责，抓好落实；

C. 雨天或4级以上风力的天气情况下不宜使用开启窗；6级以上风力时，应全部关闭开启窗；

D. 应保持幕墙排水系统的畅通，发现堵塞及时疏通；

E. 应保持幕墙表面整洁，避免锐器及腐蚀性气体和液体与幕墙表面接触；

F. 如发现密封胶脱落或破损，应及时修补或更换。幕墙构件或附件的螺栓、螺钉松动或锈蚀时，应及时拧紧或更换；

G. 当发现玻璃出现裂纹时，要及时采取临时加固措施，并应立即安排更换，以免发生重大伤人事故；

H. 当遇台风、地震、火灾等自然灾害时，灾后要对玻璃幕墙进行全面检查。

I. 幕墙外表面的检查、清洗、保养与维修作业中，凡属高空作业者，应符合现行行业标准《建筑施工高处作业安全技术规范》（JGJ 80）的有关规定。

（6）清水墙面

清水墙面是指墙面不作附着于墙面的面层的墙面（墙面抹灰的墙叫混水墙），其表面就是块材本身的原色。此时砌筑的墙面灰缝一定要整齐，并作勾缝处理。勾缝一般用1∶1水泥砂浆，常用于外墙面。

由于清水砖墙是不做任何装饰的墙面，所以工艺要求较高，清水砌筑砖墙，首先对砖的要求较高，砖的大小要均匀，棱角要分明，色泽要有质感。其次，砌筑工艺十分讲究，灰缝要一致，阴阳角要锯砖磨边，接槎要严密和美感，门窗洞口要用拱、花等等工艺。

目前工程中清水混凝土墙也很普遍，清水混凝土墙对模板和混凝土的要求非常高，拆模后的墙体表面必须保证光滑平整、色泽一致，不允许有剔凿、修补、打磨等现象。

1）清水墙面的主要损坏现象

①墙面人为污染，如乱贴乱画、乱刻乱钉等；

②墙面受潮碱蚀；

③勾缝材料脱落、老化；

④磨损或受到损坏。

2）清水墙面损坏的原因

①对此类外墙面平时缺乏养护，有相当多情况属"野蛮使用"，如乱拆乱改、乱贴乱画等；

②磨损严重，年久失养、失修，特别是突出部位、转角部位等经常受到机械碰撞，损伤较重；

③使用环境较为恶劣。经常处于受湿、受潮条件下；或勒脚防潮层失效；有腐蚀性气体、液体的侵蚀等。

3）清水墙面维修施工

①清水墙维修施工准备

A. 材料准备

应准备强度不低于 32.5 级的普通水泥或矿渣水泥，洁净的中砂、细砂和石灰膏或磨细的粉煤灰以及与原砖墙面颜色、规格相同的砖。

B. 机具准备

主要有开缝瓦刀、扁子、硬木锤、抿子、长短溜子、钢丝刷、钢錾子和锤子等。

C. 作业条件准备

a. 墙上的预留孔洞、预埋件和落水管卡子等已处理好；

b. 门窗框与墙体间的缝隙，已用混合砂浆或其他材料堵抹严实平整；

c. 修理施工用脚手架及护栏已搭设好。

②清水墙面维修施工

A. 可进行墙面整体的清洗、粉刷（可用墙面增强剂粉刷，再勾缝，仍保持清水墙面的原来颜色）。

B. 清水墙面勾缝有脱落损坏现象时，应及时用溜子勾缝，饱满严实。

C. 对轻度碱蚀墙面可局部抹水泥砂浆进行维修，面积较大时可整体考虑将清水墙面改为混水墙，可避免墙面碱蚀进一步发展。

D. 对较严重的碱蚀可按照前述第 4 章的"剔碱或掏碱换砖"的方法进行加固维修。

③清水墙饰面维修工作管理要点

清水墙上的砖缝具有双重功能：一是美化装饰功能；二是保护功能。尤其后者是通过其密实性起到了挡风、挡雨保护墙体的功能。如果一旦勾缝不严或遗漏，就会造成墙体进水，导致保温、隔热功能下降及墙体受潮、碱蚀的危害，降低了墙体的耐久性。所以施工管理重点是不丢缝，特别注意检查窗套与墙交接处，墙上腰线与墙交接的上下边处，因为这些部位极易漏勾。

4）清水墙面的养护

①杜绝墙面的"野蛮使用"，定期清洗；

②对无碱蚀墙面才能采用清洗剂进行清洁，清洁时宜采用中性清洗剂；

③注意保持墙面干燥，避免腐蚀性液体的侵蚀。

6.1.2 内墙饰面的维修与养护

内墙处在温度变化范围小、不受风、雨侵蚀的良好环境中，故它的损坏多由于施工和使用不当原因而致。

（1）抹灰墙面

内墙抹灰分普通抹灰、中级抹灰和高级抹灰三种。抹灰层分为底层、中层和面层，面层的做法有纸筋灰罩面、麻刀灰罩面、石灰膏罩面及石膏罩面。其中后者就是近年来在商品住宅内墙饰面中广为采用的一种，它基本上是在水泥砂浆面层上刮两遍石膏腻子形成的石膏罩面。

1）抹灰类墙面损坏的主要现象

①空鼓；

②裂缝；

③脱落。

2）产生损坏的主要原因

损坏原因基本同于外墙抹灰饰面，只是在人为因素中多了使用不当、保护不当的原因。

3）维修方法

基本同于外墙损坏的维修方法。但应注意由于是内墙抹灰，所以必须选用绿色环保、无毒、无味的饰面材料。

4）抹灰内墙的养护

①过墙的热力管道一定要有防热胀冷缩的铁皮套管，以防管子附近的灰皮破裂；

②搬抬重物、家具时要注意保护墙面，以防撞坏；

③发现空鼓、裂缝要及时修补；

④在墙上打洞应由专业人员操作，并及时修补处理；

⑤做好向业主或使用人的宣传教育工作，不乱涂乱贴，提高业主自觉爱护墙面的意识。

（2）裱糊类墙面

裱糊类墙面是将各种装饰性壁纸、墙布等卷材用胶粘剂裱糊在墙面上而成的一种饰面。一般用于内墙饰面。常用的壁纸有 PVC 塑料壁纸、纺织物面壁纸等；墙布有玻璃纤维墙布、锦缎等。壁纸是裱糊类中使用最广的一种。

1）裱糊类墙面所需材料

①各类裱糊物：如壁纸、壁布等；

②胶粘剂：如胶、纤维素浆糊等；

③腻子：如石膏腻子等。

2）裱糊类墙面常见的损坏现象

①起泡，长霉菌，污染；

②壁纸卷边，脱落；

③壁纸起锈斑，变色。

3）裱糊类墙面损坏的原因

①对于第一种现象，原因主要是环境潮湿，涂胶有遗漏、气泡未赶出，浆糊陈旧等；

②对于第二种现象，产生的原因主要是壁纸浸泡不充分，粘贴不正确，浆糊陈旧过稀；

③对于第三种现象，产生的主要原因是墙面有钢钉等铁件未处理或清除，或阳光长期直接照射所致。

4）裱糊类墙面损坏的维修施工

①裱糊类墙面维修施工准备

A. 材料准备

按维修方案确定的内容和要求，备好有出厂合格证的相应壁纸、壁布等裱糊面料。并将合格的粘结材料（各类专用胶粘剂）一并备好。

B. 工具准备

主要有腻子板、铲刀、排笔、线坠、多用刀、油刷、棕刷、胶辊、砂纸、棉纱、注射器等。

C. 作业条件准备

a. 上层楼地面经检查不漏水；

b. 墙面已充分干燥，表面无潮湿痕迹；

c. 待修补的墙面上水暖，电器设备等均已安装，铁件油漆完毕；

d. 房间顶棚的维修已完毕，门窗油漆工程已完毕。

②裱糊类墙面维修施工

A. 针对第一种损坏，修补时将起泡处用刀裁成十字形切口，放出气体，将纸背面抹上胶粘剂后贴好压实，将多余胶液擦净。塑料壁纸长霉，污染可用肥皂水轻轻擦去。

B. 针对第二种损坏，应先将基层及壁纸背面清理擦洗干净，然后壁纸背面抹上胶粘剂，用轧辊滚压贴实；

C. 针对第三种损坏，应先处理壁纸下铁件，如刷上防腐油漆，待漆膜干燥后再修补壁纸，平时尽量采用窗帘等物遮挡阳光，避免阳光长期直接照射壁纸。

③维修施工管理要点

A. 抓好维修工程质量的管理。具体就是按裱糊类墙面的质量验收标准验收。

B. 注意施工中的防火。严禁在施工现场抽烟，动用明火。

C. 禁止在窗台、暖气和洗脸盆等设备上搭设脚手板而损坏室内设备。

D. 抓好对裱糊完墙壁的保养工作。如夏天施工要避免水分蒸发过快，要适当关闭门窗（保持适当通风）。另外，要注意成品保护，防止划碰和污染发生。

5）裱糊类墙面的养护

①对壁纸应定期检查，发现翘边、起泡应及时修理。平时要经常掸除上边的浮土灰尘。塑料壁纸可用淡肥皂水或清水轻轻擦洗；

②壁纸上不要钉钉子，更不要在壁纸上乱涂乱画；

③搬抬家具物品时注意保护壁纸不受磕碰；

④下雨天注意关好室内门窗，平时多开窗通风，防止室内潮湿影响壁纸；

⑤壁纸怕火烤，不防水壁纸怕水，应注意防火防水，以延长壁纸使用寿命。

（3）镶钉类墙面

镶钉饰面是将各种天然或人造薄板镶钉在墙面上的装饰做法，由骨架和面板两部分组成。镶钉饰面常用于内墙面，用它代替抹灰，既减少了湿作业，又能增强装饰效果。

1）镶钉类墙面常用材料

①镶钉面板

常用的有胶合板、塑料板、纤维板、钙塑板、刨花板、木丝板、石膏板等。

②固结材料与胶粘剂

镶钉与钢木骨架安装的材料有圆钉、扁钉、木螺钉、水泥钉、射钉、金属胀锚螺栓、自攻螺钉等。胶粘剂有聚氯乙烯胶粘剂（601）、聚醋酸乙烯胶粘剂、XX401橡胶胶粘剂等。

③轻钢龙骨和木龙骨

木龙骨多用红白松，墙主龙骨一般为 40mm×80mm 断面；轻钢龙骨有沿顶龙骨、沿地龙骨、竖向龙骨、横撑龙骨，配件有支撑卡、卡托、角托、连接件、固定件，护墙和压条等。大面积使用时应选用轻钢龙骨。

2）镶钉类墙面损坏现象

①镶钉面板翘边、开裂、破损、老化；

②龙骨糟朽或腐蚀生锈；

③镶钉面板被磕碰、板面污染等。

3）损坏的原因

①安装质量欠佳，表现在安装不牢固、松动，造成板边有变形翘曲的现象；龙骨与饰面尺寸、角度配合不适，使板内受到不应有的应力作用，造成板翘曲、开裂；

②使用中维护保养不足，缺少经常性的清洁，这是板面受污染及磕碰的主要原因；

③板与板之间的缝隙过小，造成板温度应力过大而受损。

4）损坏的维修方法

①对于翘边、裂缝和破损现象要先查明原因后，再维修或更换新板；

②污染的板面用淡肥皂水仔细擦洗干净；

③由于潮气造成的板或龙骨糟朽，要在解决潮湿源，做好防潮的基础上更换维修。

5）镶钉类墙面的养护

①建立定期检查制度，发现问题及时解决；

②保持室内通风良好，特别是潮湿的房间更要经常通风，面板上要设通风通气口；

③油漆的镶钉面板应定期刷油以保护板面；

④搬抬家具、重物不要碰撞镶钉面板，不要人为在面板上乱写乱画；

⑤保持饰面板清洁，应经常注意擦洗。

（4）墙面细木工程

细木工程是指室内门、窗洞口的贴脸板、窗帘盒、窗台板、挂镜线等。

1）对细木制品的质量要求

①细木制品的树种，材质等级，含水率和防腐处理必须符合设计要求和规定；

②细木制品与基体必须镶钉牢固；

③细木制品尺寸正确，表面平直光滑，棱角方正，线条直顺，不露钉帽，无戗槎、刨痕、毛刺、锤印等缺陷；

④安装位置正确，割角整齐，交圈、接缝严密，与墙面紧贴，出墙尺寸一致；

⑤细木制品安装允许偏差不得超出国家规定的允许范围。

2）细木装修的养护

①定期检查；

②注意检查窗帘盒、挂镜线的牢固情况，如活动或缺少螺钉，应及时紧固或修理；

③窗台下边有暖气的木窗台应有防潮措施，以防翘曲变形，木窗台上放花盆等易渗水的物品应有防水器皿，以免窗台板受潮翘曲、腐朽；

④细木制品应定期刷保护性油漆；

⑤注意墙上细木制品的防磕碰。

（5）花饰墙面

花饰工程是将预制好的花饰构件，安装镶贴在建筑物的室内外墙面上，以增加建筑艺术效果。花饰制品的材质有水泥砂浆、水刷石、剁斧石、石膏、塑料、金属等。按形状大小及重量划分，有轻型花饰和重型花饰。

1）花饰安装方法

花饰的安装有粘贴法、木螺钉固定法、螺栓固定法、砌筑法及焊接法等，它们分别适用于大小、重量、材质不同的花饰安装。

①粘贴法

适用于小型水泥砂浆、水刷石、剁斧石花饰的安装。一般是先清理好基体，然后确定位置，再将基层浇水润湿，后抹水泥浆或聚合物水泥砂浆（花饰背面也抹），与基体粘结，用支撑将花饰临时固定，待砂浆达到一定强度后拆除支撑，修补缝隙即可。

②木螺钉固定法

适用于形体、重量稍大些的上述花饰。一般用木螺钉穿过花饰预留孔对准墙上预埋的木砖拧紧，不要用力过猛以免拧坏花饰，安装后用1∶1水泥砂浆将孔眼封堵。

③螺栓固定法

适用于大型花饰安装。操作基本同于木螺钉法，只是墙上预埋的不是木砖而是螺栓，紧固后也要堵孔。

④砌筑法

适用于水泥制品的花饰安装。砌筑前应先定位放线，砌筑中要砂浆饱满灰缝横平竖直，花饰构件要与墙有可靠的拉结。

⑤焊接法

适用于金属花饰的安装，一般要核对好尺寸，支好临时支撑再焊接。焊牢后撤除支撑进行勾缝。

2）花饰工程的质量要求

①花饰的品种规格，图案必须符合设计要求；

②花饰安装必须牢固，无裂缝、翘曲和缺棱掉角等缺陷；

③花饰表面及花饰基层要洁净、接缝严密吻合；

④花饰安装偏差允许值符合国家质量验收标准。

3）花饰工程的养护

①定期检查；

②注意检查空鼓、螺钉和螺栓的紧固情况，有松动的要及时拧紧，缺少螺母应补齐；

③检查花饰的稳固情况，砌筑的花饰有凸出平面的应及时修整或拆砌；

④对花饰污染严重的要定期清洗，裂缝掉角的应及时修补。

6.2　地面的维修与养护

建筑物的楼地面按构造形式或材料构成可分为整体式楼地面（如水泥砂浆、水磨石）；板块式楼地面（如大理石、花岗石、预制水磨石、釉面砖、水泥花阶砖、陶瓷锦砖等）；木地板（如空铺式、实铺式等）等多种。

6.2.1　整体式楼地面的维修

（1）水泥砂浆楼地面

1）常见损坏现象

①起砂：表面现象为光洁度差，颜色发白不结实，表面有松散的水泥灰，清扫不净，吸水性大，卫生条件差。随着走动增多，砂粒逐渐松动，直至成片水泥硬壳剥落。

②空鼓：多发生在面层与基层之间，空鼓处用小锤敲击有空鼓声，受力极易开裂，严重时大片剥落。

③裂缝：水泥砂浆地面的开裂是一种常见现象，裂缝的形状有规则的也有不规则的，缝隙有宽有窄。

2）损坏的原因

①起砂的原因主要是：水泥强度等级不足，造成砂浆强度较低，砂子与水泥胶结性差；水泥砂浆搅拌不均匀，局部砂子过多水泥偏少；砂子过细或含泥量过大；水灰比过大；压光遍数和力度不够，压光时间没掌握好和养护不当；冬季施工未采取保温措施，砂浆受冻，解冻后出现粉化；"野蛮使用"（拖拉重物、用锐器冲击地面等）也是重要原因。

②空鼓的主要原因是：基层清理不净，有残留粉尘、泥土及污垢等，使面层和基层不能紧密粘结；施工的基层面不够湿润或表面积水过多；施工时未做到素水泥浆随涂刷随做面层砂浆，使得面层与基层粘结不实；另外用户自行改造，地面复原不好等也会造成空鼓。

③裂缝产生的原因主要有三方面：首先，普通混凝土受弯构件（楼板即是典型的受弯构件）带裂缝工作是正常的，所以导致其上相应位置的面层产生微细开裂也是常见的；第二，预制楼板间的侧缝与其上的抹灰层很难实现变形一致，所以也极易产生裂缝；第三，施工操作、养护、材料配比等不严格造成砂浆收缩过大也是产生裂缝的主要原因，由于使用不当，如在地面上重敲、用利器磕碰等也会造成裂缝现象。

3）损坏的维修

上述几种损坏有时会同时出现，均会程度不同的影响房屋楼地面的美观和正常使用，甚至还会发生积水渗漏等问题，因此要及时维修。

①水泥砂浆地面维修施工准备

A. 材料准备

a. 所用水泥应与原地面所用水泥品种、颜色一致，要有出厂合格证并经试验达到不低于 32.5 级，出厂日期不超三个月；

b. 砂子宜选中砂，其含泥量不得超过 5%，不含有机质且要经筛后使用。

B. 工具准备

主要有抹子、压子、木刮杠、靠尺板、錾子、钢丝刷、锤子、笤帚等。

C. 工作条件准备

a. 上层楼地面已完成维修工作且达到不渗漏要求，如拟修地面内的预埋管线、地漏等已安装、检查、维修完毕，且地漏管道畅通，周围缝隙严密、平整；

b. 已在墙上弹好水平基准线，作为地面控制水平标高的依据；

c. 拟修地面的基层清理及损坏部位的剔凿清理工作均已完毕。

②起砂的维修

用钢丝刷将起砂部位的面层清刷干净，用水润湿后抹 108 胶水泥浆（108 胶:水泥:中砂＝1:5:2.5）厚度 3~4mm 为宜。抹好压光待砂浆终凝以后，覆盖草袋或塑料膜洒水养护不少于 7 天。

③空鼓的维修

对局部空鼓范围较小，且位于不常使用的部位时，可暂时不予修理；对局部空鼓、开裂明显的情况，修补时应将损坏部位的灰皮剔净，并将四周凿进结合良好处 30~50mm，且剔成坡槎，用水冲洗干净，补抹 1:2.5 水泥砂浆，当厚度超过 15mm 时，应分层铺抹，即留出 3~4mm 深度，待第一层砂浆终凝有一定强度后，再抹 3~4mm108 胶水泥砂浆面层，并用铁抹子压光，随后进行的养护同于起砂维修的养护要求；若大面积空鼓开裂时应全部铲除整个面层，并将基层凿毛，按水泥砂浆楼地面的施工要求重做。

④开裂的维修

A. 当裂缝细小且无发展时可不进行维修（如细小的收缩裂缝）；

B. 当裂缝少而宽时，可将裂缝向两边加宽剔凿（每边 10~15mm），且形成坡槎，然后用补抹空鼓的方法，分层施工并进行同于空鼓修补的养护；

C. 对于预制板板缝部位出现的面层裂缝，可先将预制板板缝凿开，适当凿毛并清理干净，在板缝内先刷纯水泥素浆，然后浇灌细石混凝土，面层抹水泥砂浆压平压光。

⑤维修施工管理要点

A. 杜绝"野蛮"施工，如清理地面的砂浆、灰片、杂物时，应装袋从楼梯或电梯运出，杜绝从窗口、阳台向外抛扔；

B. 抓好施工中的安全和养护管理，安全管理是指在剔凿水泥地面时，应要求施工工人戴防护眼镜，以防崩伤。养护管理要做到洒水养护及对门框的保护，防止小车运料时对门框的撞击。

（2）现浇水磨石楼地面

1）水磨石地面的缺陷和损坏现象

①石粒显露不均匀，地面裂缝，分格块四角空鼓；

②分格条掀起或显露不清晰、表面不平整；

③表面光亮度差和有较多细洞。

2）损坏产生的原因

①石子拌和不均匀，基层处理不干净；

②分格条镶嵌不牢或不平整，磨石深度不均匀；

③磨光过程中的二次补浆未采用擦浆法而采用刷浆法；

④材料配合比不良，水泥强度等级偏低；

⑤使用中缺乏打蜡保养，在地面拖拉重物或敲击地面造成地面损伤。

3）损坏的维修

此种地面维修比较麻烦，造成损坏的主要原因是施工质量不好，如需维修时，应严格按水磨石地面施工工艺要求去做。

首先，用合金钢錾子，精心剔凿损坏部位的水磨石地面，有分格条的地面以分格条块为准，并保护好原有分格条；没有分格条的地面，应用大槎子规整，水平方向顺直，垂直方向宜为小坡槎。还要检查原有找平层，如有松散、空鼓、开裂等现象时，应将其剔除掉。按补抹工艺要求抹好损坏部分的基层、垫层，同时应特别注意接槎处需要涂刷水泥浆，使接槎严密，平整。最后按原有水磨石地面的颜色，配制新磨石地面面层样板，经检查评定合格后，再刷水泥浆，按样板抹水泥石碴面层。新抹的水泥石碴面层应比原有面层高出 2～3mm，并仔细处理好新旧接槎，再按新的水磨石地面工艺要求进行水磨、打蜡等。

做水磨地面的修补施工时要注意磨石机的漏电保护，施工人员应穿绝缘靴，戴绝缘手套。磨石机应设罩板，防止浆水四溅污染墙面，并及时清理门窗框和墙面上的灰浆。

6.2.2　板块楼地面的维修

板块楼地面是利用各种天然或人造的预制块材或板材，通过铺贴形成面层的楼地面。该种楼地面易清洁、经久耐用、花色品种繁多、装饰效果好，但工效低，价格高，属中高档楼地面装修。常用的板块材料有缸砖、瓷砖、陶瓷锦砖、水泥砖以及预制水磨石板、大理石板、花岗石板等。

（1）板块楼地面损坏现象

1）板块面料与基层空鼓。

2）相邻两板块高低不平整或拼缝不匀、错缝。

3）铺贴的板块出现裂缝或拱起。

（2）损坏的原因

1）出现空鼓的主要原因是基层清理不干净，水泥砂浆摊铺不均匀；大理石、花岗石、预制水磨石板铺贴时结合层砂浆过薄或砂浆不饱满以及水灰比过大等；釉面砖、水泥花阶砖铺贴前没有浸水湿润；陶瓷锦砖铺前没用毛刷蘸水刷去表面尘土；塑料地板未做除蜡处理，涂胶不匀或有涂漏之处。

2）出现高低不平的主要原因是由于板块本身不平，质量欠佳；铺贴操作不当；过早上人行走踩踏或物品重压所造成。

3）错缝（或拼缝不匀）产生的原因主要是板块材料尺寸、规格不一；施工时未严格按挂线标准对缝。

（3）板块楼地面的维修

板块出现上述损坏会影响地面的美观和正常使用。空鼓还造成板块受力不均而断裂。所以要及时进行维修。

1）板块楼地面维修施工准备

①施工材料准备

A. 按维修设计要求备好地面饰面板材（瓷砖、陶瓷锦砖、缸砖、大理石板等）。其中品种、规格、尺寸、颜色，要符合设计要求。（如最初铺装地面时，考虑了日后维修需补铺而预留了饰面板材，此时可优先拿来进行修补）。

B. 备好修补饰面板块所需的水泥、砂子，其中水泥应不低于 32.5 级的普通水泥或矿渣水泥及 32.5 级白水泥等，一定要有出厂合格证或试验合格证才能使用，砂子选中砂为宜，含泥量小于 5%，并需过筛后才能使用。

②施工机具准备

主要机具有无齿锯、锤子、錾子、木槌、抹子、木杠、水平尺、方尺、硬木拍板等。

③作业条件准备

A. 屋面或上层楼地面、顶棚、立墙抹灰、墙裙等维修工作已完工。

B. 室内门框、水暖立管、地面预埋件、管道等已安装好，水池、大便器、小便器（池）、脸盆等已安装好且缝隙已堵抹平整并经检查合格。

C. 地面超出标高的混凝土、砌体、钢筋等已处理完；墙面已弹好水平控制线。

D. 地漏、管道、孔洞口已临时堵好，有预埋电线的要在施工前切断电源。

E. 需要提前在水中浸泡的地面饰材（如瓷砖等）要在施工前一天浸泡。

2）板块楼地面的维修

铲下或凿下损坏的板块饰面和粘结层，对基层重新处理后，再用原来的胶结材料重新将面料铺贴好。

对损坏的板块面料更换重贴，应严格根据不同面料不同施工操作的要求进行施工。特别注意更换新面料时，其质量、规格、颜色、图案应与原面料一致（最好在当初施工时能保留一部分板块以备维修之用）。

3）维修施工管理要点

主要是做好保护管理工作。具体有在剔凿地面时检查工人的防护装备，主要是要带防护眼镜，以防崩眼。另一方面是施工的小型手推车（送料用），进出门时避免碰撞门扇、门框，对门造成损坏，因此要对门、框做好防护工作，再有就是在补修施工后要注意对成品的保护。

6.2.3 木地板的维修

木地板按构造形式分有实铺式和空铺式两种；按材料分有实木地板和复合式木地板。

（1）木地板的损坏现象

1）地板连接处企口碎裂，板与板的缝隙增大；

2）板面磨损严重，板厚减薄，节疤外露；

3）油脂挥发造成节疤脱落，木筋外露；

4）木地板挠度过大、翘曲，有些板条松动、断裂；

5）地板腐朽。

（2）木地板损坏原因

1）年久失养失修严重；

2）"野蛮使用"过度；

　　3）严重受潮；白蚁蛀蚀。

　　（3）木地板的维修

　　木地板有架空式和实铺式。其中实铺式又分粘贴和复合木地板两类。复合木地板是采用现代科学技术制作的既方便施工，又方便养护、修理的一种应用广泛的木地板形式。它的维修简便。在此主要介绍实木地板的维修。

　　1）木地板维修施工准备

　　①材料准备

　　A. 按查勘设计要求准备好符合含水率要求的木材。其中毛地板材含水率不大于15％；面层板材含水率不大于12％；木龙骨含水率不大于20％。

　　B. 根据需要备足可能用到的金属配件，如扒锯、钉子等及胶粘剂、木材防腐剂。

　　C. 根据需要准备符合查勘设计要求的石油沥青或焦油沥青。

　　D. 修补后面层要用到的调和漆、清漆及上光蜡等。

　　②机具准备

　　主要机具有手电钻、手电刨、锯、斧子、凿子、榔头、方尺、水平尺、木槌等。

　　③作业条件准备

　　A. 先熟悉设计图纸或维修方案，并核对现场实际情况。

　　B. 按查勘设计要求（维修方案）及现场实际情况准备好各种构配件、垫木、木龙骨（木格栅）等，并将靠墙、入墙部分涂刷好防腐剂。

　　C. 备好将置入墙内的预埋木砖等，使维修施工能顺利进行。

　　2）架空式木地面的维修

　　架空式木地面是由木龙骨（木格栅）和木地板两部分组成，该种作法一般是老式建筑或舞台采用的构造形式。维修内容可分两部分：木格栅的维修和木地板的维修。

　　①木格栅的维修

　　A. 木格栅是支撑木地板的"梁"，而它自身又支撑于地垄墙上，其端头深入墙中，由于墙可能受潮会导致这部分格栅腐烂或白蚁蛀蚀，维修时应先将木格栅临时支撑好，锯去损坏部分，用两块铁夹板（也可选木夹板）夹接加固。进墙部分应涂防腐剂。若格栅端头未腐烂，只是开裂，可加铁箍固定或绑扎而不必锯掉。

　　B. 若木格栅间距过大，引起木地面挠曲过大。此种情况可在两平行格栅间加一根格栅，以增加楼板的刚度，达到消除过大变形的目的。

　　C. 格栅材质欠佳，如节疤多，特别有的处在受拉区，在长期受力作用下有可能会产生大的挠曲变形甚至断裂，此时应采用拆换或穿附格栅的做法，或在其薄弱处采用附加夹板的手段加强其抗弯能力。

　　②木地板的维修

　　木地板在使用过程中发生局部开裂、翘曲时，一般的开裂可以用补披腻子，然后涂刷地板漆的方法修补；翘曲一般用钉子钉牢即可，如翘曲或开裂严重时，则应更换新的木板条，如地板受潮腐烂，则应将受潮腐烂的地板调换。

　　3）实铺式木地板的维修

　　对用沥青或其他胶粘剂粘接的木地板出现损坏时，可以把松动和损坏的木地板条取下，清除松动板条上及基层的沥青胶，损坏的地板应更换，然后重新用胶粘剂将板条粘接好。铺贴板条时须用力与邻近的木板条挤压严密，并及时用胶皮刮子刮掉挤出的多余胶液，补好后重新将地面铲平、刨光、涂刷地板漆和打蜡。

4）木地面维修施工管理要点

①抓好防火安全工作

A. 作业现场远离火源且严禁明火和吸烟，并备足消防器材。

B. 手电钻、电刨、电锯要安装漏电保护器，操作工人要佩带绝缘防护用品。

C. 当班作业完毕，要将木屑、刨花等易燃杂物清运干净。

②做好施工现场的支护和监管工作

木地面的维修可能涉及梁、格栅的拆换（架空式木地面），需有可靠的支、护措施才能施工。

6.2.4 楼地面的养护

做好楼地面的养护工作，对于保持房屋的使用功能，延长房屋的使用寿命和保护房屋的美观都有重要意义。在日常养护工作中要做好下面几点：

（1）建立健全技术档案，做好技术检查工作

通过对房屋楼地面进行的各种检查（日常检查、重点部位检查、定期检查等），可以及时发现房屋楼地面的病害状态、病害原因，及时进行养护和维修，防止病害进一步发展，保证楼地面的使用功能。将各种检查资料连同设计、施工资料及使用情况资料及时归档，可以为今后维修养护工作提供重要依据。

（2）保持上、下水管道不漏不堵

上、下水道的渗漏对地面的损害极大，应定期由专人检查，发现渗漏问题及时维修。

（3）保证室内通风良好，避免室内地面受潮

室内地面受潮，特别是首层地面受潮对各类地面的危害都很大，必须做好室内通风，特别是首层的通风工作。

（4）正确使用，注意保护楼地面

不要在楼地面敲击、拖拉重物及尖锐物体，这是造成地面开裂和破损的主要原因之一。

（5）做好楼地面养护工作，保持楼地面清洁

做好楼地面养护工作，保持楼地面清洁不仅可以防止地面损坏，延长使用寿命，更主要的是可以保持地面良好的使用功能和美观，有益人们的身心健康。

（6）做好白蚁的防治工作

主要是针对木地面。要在地板下喷洒或涂刷防白蚁的药剂，对裂缝要及时修补，以防止白蚁进入繁殖。

6.3 顶棚的维修与养护

顶棚又称天花板，是楼板层和屋顶下面的装修层。有直接式顶棚和悬吊式顶棚。直接式顶棚是指在钢筋混凝土楼（屋面）板下直接喷刷涂料、抹灰或粘贴饰面材料而形成的一种顶棚，它施工简单、造价低，应用广泛。悬吊式顶棚简称吊顶，是指顶棚的装修表面与楼（屋面）板之间留有一定的空间，可以将设备管线和结构隐藏起来，也可通过顶棚的高

度变化，形成一定的立体感，增强装饰效果。它一般由吊筋、龙骨（骨架）、面板三部分组成。

6.3.1 直接式顶棚的维修与养护

以抹灰顶棚为例，抹灰顶棚被广泛应用于民用建筑中，它的施工方法基本同于墙面的普通抹灰，有些损坏现象也很类似。

（1）抹灰顶棚的损坏现象

1）抹灰层的空鼓；

2）抹灰层的开裂和脱落。

（2）产生损坏的原因

1）预制楼板的板缝灌得不严密，由于楼板与抹灰层变形不一致或振动，造成沿板缝开裂；

2）预制楼板板底不平，抹灰时薄厚不均，形成抹灰层收缩裂缝；

3）现浇钢筋混凝土楼板，施工时下表面的脱膜剂、油污及浮在上面的灰尘没有清理干净，造成抹灰层空鼓或脱落；

4）楼板下表面过于光滑，抹灰前没有凿毛或甩毛，以及缺乏充分的湿润，使抹灰层粘结力减小，造成抹灰层空鼓或脱落。

（3）抹灰顶棚的维修

1）抹灰顶棚维修施工准备

①材料准备

根据维修方案要求，准备纸筋灰或麻刀灰或腻子膏，不低于32.5级的普通水泥且经过检验合格，经过筛的中砂等。

②机具准备

主要有抹子、靠尺板、方尺、水平尺、锤子、錾子、钢丝刷等。

③作业条件准备

A. 屋面顶板或上层楼地面已完工，经检验不漏。

B. 已切断了电源，摘掉了灯具，拆除了旧的明装电线，新布的电线已埋设好。

C. 穿过顶板的立管（套管）、孔洞口处已用1∶3水泥砂浆分层补填平整。

D. 板面突出的混凝土、灰浆等已剔凿平整，清刷干净。

2）抹灰顶棚的维修

①先将待修补的地方彻底清除干净，对光滑的表面要凿毛。

②抹底灰前，应先将基层洒水润湿，刮一层厚度为1～2mm的素水泥浆，刮时要从墙角开始，在垂直于板缝方向来回刮压，将水泥浆挤入混凝土的毛细孔中，随刮水泥素浆随抹底层灰，用水泥∶石灰∶砂子=1∶3∶9～10的混合砂浆抹找平层，厚度在10mm左右，并用木抹子搓平压实。

③待找平层达到六七成干时罩面，罩面根据要求可用纸筋灰或麻刀灰或腻子膏。

④待抹灰层干燥后，按要求涂刷大白浆或涂料等饰面。

3）抹灰顶棚维修施工管理要点

①要保证施工用脚手架搭设的质量，脚手架高超过3.5m则必须由专业架子工来搭设；若用高凳施工，则需把其"腿"绑扎牢，且腿底要有防滑胶垫。

②当作业处紧邻着大窗时，应先关严窗扇再施工。

③地面、地漏、灯头甩线等应提前妥善保护，防止堵塞、污染或影响施工工作。

（4）抹灰顶棚的养护

1）对穿越楼板的热力管道，为避免热胀冷缩对管线附近的顶棚产生破坏必须安装比管道直径稍大的套管，套管高出地面 30mm 左右，套管四周用 C20 干硬性细石混凝土填实。

2）防止地面渗漏影响抹灰顶棚的稳固和美观。

3）在顶棚内预埋或明装电线等物要由专业人员操作。

4）抹灰顶棚怕潮湿，应注意加强室内通风。

6.3.2 吊顶的维修和养护

如前所述，吊顶一般是由吊筋、龙骨（骨架）、面板三部分组成。常见的龙骨有轻钢龙骨、铝合金龙骨和木龙骨。常见的罩面板有各类石膏板、矿棉板（岩棉板）、吸声板、玻璃纤维板、胶合板、钙塑板、塑胶板、加气水泥板、各种金属饰面板等。

（1）吊顶的损坏现象

1）龙骨变形、吊顶不平、倾斜或局部有波浪。

2）罩面板挠曲变形、缺棱掉角、受潮、变色。

3）纸面石膏板吊顶，经过一段时间后，石膏板接缝出现裂缝。

（2）损坏现象产生的原因

1）龙骨设计不准确，吊杆、龙骨间距过大、顶棚荷载过大，或吊杆与结构连接、锚固不牢，这些原因会使整个顶棚龙骨变形，导致罩面变形破坏。

2）罩面板多数怕受潮，当上部结构渗漏就会引发罩面板挠曲变形，质量欠佳的罩面板材稍受外力即会产生裂、断。同时外界环境的变化，如温度、湿度的变化，对多种类型的罩面板都有一定的影响，使之产生一定的物理、化学变化。

3）纸面石膏吊顶板缝开裂，往往是因为板缝节点构造不合理、石膏板质量差、胀缩变形、嵌缝腻子质量差、施工措施不当所造成。

（3）吊顶损坏的维修

1）吊顶维修施工准备

①施工材料准备

A. 备好轻钢龙骨或铝合金龙骨（包括主龙骨、中龙骨、边龙骨），这些龙骨的品种、型号、规格要符合设计要求并配套使用，且有出厂合格证；

B. 备好轻钢连接件，如快固吊件、吊挂件吊环、主次龙骨连接件、吊筋等，其品种、型号、规格应符合设计要求且有出厂合格证；

C. 备好所用的轻型饰面板，如纸面石膏板、岩棉装饰板、压花石膏板、矿棉吸声板等，并应有产品出厂合格证。其品种、型号、规格、符合查勘设计要求。

D. 备全所需钢丝吊筋、膨胀螺钉、自攻螺钉、乳液、面衬布条、石膏粉、滑石粉等。

②施工机具准备

主要有冲击钻、电钻、射钉枪、型材切割机、螺钉旋具、多用刀、木靠尺等。

③施工作业条件准备

A. 屋面防水及上层楼地面维修工程已完工，并经检验合格。

B. 顶棚内的通风、消防管道、音响照明线路等已安装完毕，并经检验合格。

C. 拆除或新吊顶棚施工前，要切断顶棚及室内电源，并要做好安全、技术处理。

D. 吊顶维修施工前，墙面维修的底子灰要抹完，与吊顶同一平面的装饰（如窗帘盒等）要安装完毕。

2）吊顶损坏的维修

①对上部楼板渗水原因造成的顶棚损坏，要先维修好楼面防水层，再维修损坏部分。

②对损坏的块状罩面板可采用逐块更换的办法。

③龙骨下垂要认真检查吊杆的连接，对受力偏大的吊杆要增多吊点，分散荷载。

④对顶棚内的各类设备要认真检查，看渗水是否发生在这类设备上（如消防喷淋系统等），若是，则应先修理其渗漏后，再修补破损的吊顶。

3）吊顶维修施工管理要点

①吊筋、吊杆及纵横龙骨连接牢固可靠是施工管理的重点，其检验的方法是开、关门窗时，顶棚不得有抖动现象。

②顶棚维修的最后环节是安装饰面板，在安装前应对顶棚内的管线设备进行试风、试水、试气等检验程序，合格后，再安装饰面板。

③施工时所有电动工具要有漏电保护，施工照明应使用低压安全灯；使用电、气焊等明火作业时，应清除周围及焊渣溅落区的可燃物，并设专人监督。

④进入施工现场应戴安全帽，高空作业时应系安全带，严禁一手拿材料，另一手操作或攀扶上下。电、气焊工应持证上岗，并配备防护用具。

⑤施工时高处作业所用工具应放入工具袋内，地面作业工具应随时放入工具箱，严禁将铁钉含在口内。

⑥施工空间应尽量封闭，以防止噪声污染、扰民。

（4）吊顶的养护

1）对吊顶应定期检查，着重检查龙骨有无变形、下垂情况，有问题及时维修。

2）检查罩面板是否有翘边、裂缝、破损等现象，发现后弄清原因及时修补或更换。

3）检查吊顶内的空调、消防、电力、通信等设备是否漏水、漏电，检查时要注意对吊顶的保护。

4）保持室内通风良好，避免吊顶受潮。

6.4　门窗的维修与养护

门窗是房屋中使用频率最高的构件之一，在不同的使用要求下门窗应具有保温、隔热、隔声、防渗风、防渗漏水的能力。它常年受外界自然环境和使用环境变化的影响，需养护维修的频率也最高。其中，不同材料制造的门窗，损坏原因及维修养护各有其特点，本节将针对各类常用门窗分别阐述。

6.4.1　木门窗的维修

（1）木门窗的损坏形式及损坏原因

1）门窗扇倾斜、下垂、四角不成直角

表现为门扇一角接触地面，或窗框和窗扇的接口不吻合，造成开关不灵，其原因为：

①制作时榫眼不正，装榫不严。

②门、窗框受压，使得门、窗扇也受压变形，门窗开关不灵。

③使用中利用窗扇吊挂重物，造成榫头松动、下垂变形。

2）弯曲或翘曲变形

表现为平面内的纵向弯曲，有时是门、窗框弯曲，有时是门、窗扇的四边弯曲，使门窗变形开关不灵；平面外的变形，是门窗扇纵向和横向同时弯曲，而形成翘曲，关上门窗，四周仍有很大缝隙，而且宽窄不匀，使得插销、门锁变位，不好使用。造成的原因有：

①木材断面尺寸太小，承受不了经常开关的扭力，日久变形；

②制作门窗时，木材潮湿，发生干缩变形；

③安装门、窗时，框与墙接触部位包括与墙连接的木砖未做防潮、防腐处理（如涂热沥青），而造成木框在靠墙里一侧受潮变形；

④受墙体变形影响，造成门窗口的翘曲变形；

⑤使用中受潮湿影响，湿胀干缩，榫头槽朽，节点松动等引起变形。

3）缝隙过大

缝隙在此指两类：一是框与墙间的缝隙；二是扇与框间的缝隙。缝隙过大将影响正常使用，如保温、隔热、隔声能力下降，及易进风雨，故必须给予重视。造成缝隙过大的原因有：

①制作时质量不合要求，留缝过大；

②安装时木材刨去太多造成强度（刚度）不足引起变形；

③框、扇木料不干或受潮，引起干缩变形。

4）门窗走扇

所谓门窗走扇表现为门窗没有外力推动时，会自动转动而不能停止在任意位置上。造成走扇的原因有：

①门窗框不垂直，门窗扇也就处于不垂直状态，在自重作用下发生转动。

②安装合页（铰链）用的木螺钉顶帽大，或顶帽没有完全拧入合页，两面合页上的螺钉帽相碰。

③门窗扇变形，使框与扇不合槽，经常碰撞。

5）门窗材料腐朽劈裂

门窗木料易发生腐朽的部位是框、扇接近地面或窗台的部分，以及框与墙接触部分和棱边的榫头。造成的原因有：

①地面或窗台潮湿，下雨淋湿或擦洗地面时洒水过多，经常溅到门的下部；

②室内通风不良，空气潮湿；

③由于门窗油漆损坏脱落，玻璃腻子不牢固有裂缝，水分浸湿木材；

④制作时木材不干，在干缩变化中木材纤维之间发生脱离而引起开裂；

⑤门窗框在安装时，与墙接触部位未按规定做好防潮、防腐，造成木框的腐蚀。

（2）木门窗的维修

1）木门窗维修的准备工作

①材料准备

要预先准备好含水率合格，符合规定要求品种、规格的木材，且锯成断面为 45～60mm 的方木备用；门芯板要用到的胶合板、纤维板按需备好；五金零件（如钉子、木螺丝、风钩、插销、固定铁三角等），以及窗纱、胶粘剂等备足。

②工具准备

主要是木工常用的全套工具及电锯、电刨等。

③作业条件准备

首先搭设必需的木工作业棚或工作台等；再有就是熟悉对门窗维修的工艺要求及维修方案；另外对需拆落的门窗已在其合页（铰链）处注油除锈。

2）木门窗的维修

①门窗扇倾斜、下垂的维修

这是一种最常见的问题，它往往是榫齿松动所致。修理时，先将下垂一侧抬高，使其恢复平直，再在门窗扇的四角榫槽的上下口处楔入涂胶的硬木楔，挤紧即可。若下垂严重，则可先将门窗扇卸下找平方正，再在榫槽内加楔、挤紧。为提高门窗的刚度可用铁三角紧固好重新安装即可。

②门窗翘曲的矫正

A. 使用门窗矫正器进行矫正。矫正时先卸下门窗扇，将矫正器搭在门窗扇的对角上，通过拧紧矫正器的螺栓，对翘曲的门窗施加压力，对门窗扇进行矫正。矫正后门窗扇对肩的冒头与边框连接处可能会出现浅裂缝，应用硬木楔沾胶楔入缝内挤紧，再卸下矫正器。

B. 用手工矫正，对于翘曲不太严重的门窗扇，卸下后，平放在工作台或平整的硬地面上，用力将翘高的两对角压平，此时另两对肩处会出现裂缝，用硬木楔沾胶楔入缝内挤紧。

③门窗扇走扇自开的修理

A. 门窗上下合页安装不垂直，或是门窗框的立边不垂直是造成此种情况的原因之一。修理时可将门窗框扶直，如倾斜不大，而框的扶直较麻烦时，可将上、下合页分别向外或向内调整一些，总之，保证使门窗扇的立边处于垂直状态，即可解决此问题。

B. 引起走扇的另一原因往往是合页上的木螺钉帽不平引起的。修理的方法是：更换合适的木螺钉，使合页紧密相贴即可解决。

④接边、接榫的修理

对于门窗边框的局部糟朽、损坏，可以采取接边、接榫等拼接修补的方法进行修理。修理时把门窗扇卸下来并小心拆卸掉玻璃，把需要修补的边框锯去糟朽，损坏部分，按原形状和尺寸（去掉部分）做好接补的木料，用胶拼贴上，并用去掉钉帽的钢钉钉入接补的连接处，最后刨平与原边框一致，再把整扇门窗拼装好，然后把修补部分披腻子粉饰好即可继续使用。若框也有此糟朽，亦可用此法进行修补。

⑤抽换窗扇棱条的做法

窗棂糟朽，损坏，可不拆窗扇而只换坏了的棱条。方法是：先将糟朽棱条锯掉拿走，把原榫眼清理干净或在附近重新打眼，按原样配好新棱条，并将其一端两侧锯下长度约为整条棱条的四分之一，锯下的榫皮保留，将新棱条一端（锯下榫皮的一端）先插入立框的榫眼内，并将插入部分多一些，待另一端也已在扇框内时再倒退入另一个榫眼内，两端榫眼加木楔钉牢后，再用保留好的榫皮镶贴到原位，刮腻子、油漆后便修复如新。

3) 木门窗维修施工管理要点

①按施工过程的先后顺序抓好"三严"管理

A. 施工前严格检查材料质量、规格是否合格（如木材含水率、材质、五金零件出厂合格证等）。

B. 施工过程中严格执行工艺标准（不能简化，像钉窗纱一定要先钉纱再钉压纱条，不能只钉纱条不钉纱；再如不刨平，不上腻子就刷漆等）。

C. 要严格检验维修后的质量，在每个损坏构件或每扇门窗维修完成后都要进行质量检查。

②抓好对木门窗维修施工现场的防火管理

A. 随时注意现场的清理，必须做到活完脚下清。

B. 对用电器具、设备、线路要符合防火安全的规定要求。

C. 在现场备足各种灭火材料、器具。

③抓好文明施工管理

门窗维修施工属经常性的小修工程，与用户近距离接触，要做好双方的沟通工作，互相配合，最大限度地降低对业主或使用人生活的干扰。

6.4.2 钢门窗的维修

（1）钢门窗的损坏形式及产生的原因

1) 损坏形式。

①翘曲变形。

②开关不灵、关闭不严。

③锈蚀，零部件不能正常使用。

④零部件松动、脱落、断裂损坏。

2) 产生损坏的原因

①门窗制作时，冷轧钢材和热轧钢材混用，两种型材热胀冷缩不一致，导致使用过程中发生较大变形或翘曲。

②零部件强度不够，无法紧固或发生变形，造成钢门窗无法正常使用或耐久性不强。

③安装不牢固，框与墙壁结合不够坚实，边框松动，框与墙壁间产生缝隙。

④配件丢失、修补不及时，螺钉拧紧深度不够，造成松动、脱落。

⑤未定期进行油漆防护，或油漆时除锈不彻底，产生锈蚀。

（2）钢门窗的维修

1) 钢门窗维修的准备工作

①材料准备

A. 钢材准备：按设计要求对所修门窗的型号、材质、规格等准备好具有出厂合格证的相应型钢、空腹门窗专用型钢、扁钢等；

B. 电焊条准备：按设计的型号、钢号、牌号、规格，准备好具有出厂合格证或检验合格证的电焊条；

C. 五金零件准备：按维修方案确定的需更换五金零件的规格、数量准备好所需的各种五金零件（如合页（铰链）、拉手、挺钩、插销、螺钉、铆钉等）。

②机具准备

机具准备主要是操作平台、卡具台、砂轮锯、手电钻及小型电焊机等。

③作业条件准备

A. 要熟悉损坏部位情况、维修方案和钢门窗的应修项目情况；

B. 做好维修外檐窗的脚手架、护栏等设施的搭设工作；

C. 对维修所用材料的存放场地要有防雨防潮的措施。

2）钢门窗的维修

①对门窗松动、翘曲，应将锚固铁脚的墙体凿开，将铁脚取出矫正，损坏松动的应焊接牢固，并将框矫正好后，用木楔固定，墙洞清理干净洒水润湿后用高强度水泥砂浆或细石混凝土把铁脚重新锚固，并填实墙洞，待砂浆或混凝土强度达到要求后，撤去木楔，再把框与墙壁间的缝隙填实修补好。

②对于钢门窗自身制作缺陷或人为损坏程度较轻的情况，可以拆扇卸下玻璃后进行矫正或修补，涂刷油漆保护层后重新装扇。当损坏程度较严重时，应拆下有缺陷的门窗扇，更换新扇。

③当零配件或五金件不合格或不配套时，应予以更换。

④对钢门窗的锈蚀，应视其情况进行修理。锈蚀不太严重时，先进行彻底除锈，然后涂刷防锈漆，再重新刷涂面层油漆；若锈蚀严重时，应进行局部或整体更换。配件活动部分（如铰链等）应定期上油，螺钉部分亦应定期除锈上油。

⑤对于螺钉拧入深度不够而造成窗扇关闭不严的应将螺钉退下，用丝锥将原孔重新套钻一次，把螺钉孔清理干净，然后再拧上螺钉，或采用自攻螺丝拧紧，钉帽不得突出表面，保证钢窗关闭严实。

3）钢门窗维修施工管理要点

①抓好门窗连接部位的维修施工工艺。如钢门窗框与门窗口的连接。因为可能由于连接不平顺造成框不正、变形或缝隙过大，对此应在维修中采用拆框重修的做法，重点要抓好墙内木砖（或燕尾铁）的更换，并注意做好防腐处理，对重新油漆工作要按工艺要求仔细完成。

②在施工中要做好安全工作。修理安装外檐窗或换配玻璃时，应系好安全带，戴好安全帽；电焊作业应远离易燃物；电焊机移动时，必须拉闸切断电源。

6.4.3 铝合金门窗的维修

（1）铝合金门窗的损坏形式及产生原因

1）铝合金门窗在安装前受到挤压或碰撞，引起变形，在施工时没有找正而急于固定，或在塞侧灰时没有进行分层塞灰，造成铝合金门窗不方正、开关不严、不灵活，形成施工安装缺陷。

2）安装或使用过程中，铝制品表面受到酸碱等化学物质的侵蚀，或表面受到污染，脏污痕迹无法清除，造成门窗影响外观的缺陷。

3）铝合金门窗的紧固部件松动、脱落；推拉窗滑轨轴承损坏。

4）门窗的密封材料（密封胶条、密封胶）安装不牢或老化、脱落。

5）由于使用不当和养护不良，造成门窗的过度磨损和变形过大影响造成启闭不灵，缝隙过大等。

（2）铝合金门窗的修理

1）维修准备工作

①材料准备

A. 按查勘设计要求选择有出厂合格证的维修所需型号、规格的铝合金门窗用型材。

B. 按查勘统计确定的五金零件数量，备足诸如螺钉、膨胀螺栓、自攻螺钉、射钉、拉铆钉、合页（铰链）、铝合金拉手、扳手、明暗锁、尼龙密封条、橡胶密封条、玻璃压条、地弹簧等。

②机具准备

所需机具主要有无齿锯、砂轮、手电钻、射钉枪、拉铆枪、电螺钉旋具、台虎钳、木槌、锉等。

③作业条件准备

A. 熟悉查勘设计所选用的铝合金型材的型号，熟悉维修方案，核对实际损坏情况。

B. 按照维修方案，搭设好工作台和卡具台，并接通电源。

C. 做好维修外窗所需的脚手架搭设工作及相应的护栏保护设施。

D. 存放铝型材及五金零件的房间或场地垫高平整好，要做到能防潮、防变形、防盗。

2）铝合金门窗的修理

①对于门窗框扇的变形，严重时应拆下进行矫正或更换。

②对于表面的污浊应及时擦拭干净，安装时，应将铝合金门窗框进行包裹，避免施工过程中的污染。对于受到腐蚀性物质侵蚀的，应视腐蚀的严重程度进行修补或更换。一般腐蚀较轻时，应用砂布仔细进行打磨，然后再修补，对于腐蚀严重而产生孔蚀时要拆除更换。

③若是由于密封材料的老化、裂缝或磨损而造成部分出槽或脱落，应更换有损伤的密封材料，另外，若是由于密封材料的剥离造成的漏缝，应在剥离部位涂上胶粘剂后再铺贴好密封条。

④对于配件、螺钉等的松动要及时拧紧，脱落、丢失要及时进行更换装配。

3）铝合金门窗维修施工管理要点

①抓好对材料、半成品、配件、五金件的到货验收环节工作，做到上述产品均有出厂合格证。

②抓好修复后的竣工验收，保证各维修部位正常使用功能，外观质量达到维修设计要求。

③注意维修过程中及竣工时的成品保护，防止在搬运材料、工具或安拆脚手架时碰坏修复好的成品，另外要特别注意防止对铝合金门窗的污染。

6.4.4 塑料（塑钢）门窗的维修

塑料门窗即采用 U-PVC 塑料型材制作而成的门窗。塑料门窗具有抗风、防水、保温等良好特性。

组合窗及连窗门的拼樘料（如门窗中竖框、中横框或拼樘料等主要受力杆件中的增强型钢），应采用与其内腔紧密吻合的增强型钢作为内衬。型钢两端应比拼樘料长出 10～15mm。外窗的拼樘料截面尺寸及型钢形状、壁厚，应能使组合窗承受该地区的瞬时最大风压值。

塑钢是钢和塑料两种材料的混合体，它集钢的强度好，塑料的耐腐蚀性好、保温隔热性能好及外观质感好于一身的优势被广泛使用。这类门窗外面的塑料多数是分段粘固在钢胎上，粘结质量欠佳是维修检查的重点之一。此类门窗多与铝合金门窗开启方式相同，即使用推拉式很普遍，而推拉式门窗最大的问题往往是滑道不严密、透气渗漏，因此密封条要注意经常检查，发现脱落或损坏及时更换。该类门窗防止污染也很重要，特别是酸、碱、油的污染，因为污染会加速塑料的老化，降低门窗的使用寿命。

6.4.5 门窗的养护管理

做好门窗的日常养护工作，可以延长使用年限，保证使用功能和保持美观，为此应做好以下几个方面工作。

（1）加强日常检修工作，保证使用功能

门窗在使用中开关频繁，常会发生开关不灵，缝隙过大，小五金配件丢失或损坏等问题。这些看似小问题如果不及时进行修理，会使损坏进一步扩大而影响美观、使用。因此对于业主或使用人报修的门窗损坏项目要及时安排检查和修理，同时物业服务企业也要主动定期对门窗进行检查，及时安排维修项目和维修计划，做到及时维修。

（2）做好防潮和防寒工作

保证门窗的正常工作状态，夏季不进水，冬季不进冷风，保持室内干燥，防止潮湿，对延长门窗的使用年限关系极大。因此对于门窗缝隙、关闭不严和玻璃损坏等都要及时进行修理和维护，以防进水、进风，对门窗材料造成腐蚀，影响正常使用。

（3）定期进行油漆

门窗油漆不只是为了美观，更重要的是保护门窗不受潮湿和雨水的侵蚀，防止腐蚀。当门窗漆皮局部脱落时应及时进行补油，补油尽量与原漆保持一致，以免影响美观。当门窗油漆达到老化期限时，应进行全部重新油漆。一般木门窗5~7年油漆一次，钢门窗8~10年油饰一次，对于使用环境恶劣时应缩短油饰期限。

（4）对铝合金门窗应避免外力的破坏、碰撞，禁止带有腐蚀性的化学物质与其接触、污染。

（5）物业管理人员要对用户做好保护门窗方法的宣传工作，使用户自觉地正确使用和保养门窗。

6.5 外墙及楼地面渗漏的维修与养护

6.5.1 外墙渗漏水的维修

（1）外墙渗漏水的现象及原因分析

1）外墙渗漏水的现象

随着我国新型墙体材料如：混凝土空心砖块、黏土空心砖、加气混凝土砌块等的开发应用，以及各地高层建筑，多功能、多样化的建筑群体的迅猛发展，也带来了近年来房屋外墙渗漏日趋严重的现象，在多台风、暴雨的南方城镇，多层及高层建筑外墙渗漏尤为突出。由于风压与高度的平方成正比，高层建筑物的迎风面要承受较大的风压，而背风面又会形成负压和气流漩涡，因此，雨水可在风力作用下侵入墙体，外墙面如有裂缝、孔、洞等缺陷，雨水即会由此渗入到内墙面，造成墙面渗水现象。

2）外墙渗漏水的原因分析

外墙不同部位的渗漏原因是多种多样的，必须对外墙类型、饰面材料、种类以及设计构造、施工等各方面进行综合分析才能确定渗漏水原因，从根本上采取适宜的修缮方法解决渗漏问题。

①墙体接缝不严造成的渗漏

建筑外墙结构形式及所用的材料各异，其接缝类型及性质也各不相同。如普通黏土砖，混凝土砌块等块体材料砌筑的墙面，每块砖或砌块之间存在的缝隙；墙体与窗框及门框间的缝隙，特别是现在较流行的飘窗；框架结构中墙体与梁及柱间的缝隙；钢筋混凝土墙体施工缝等。这些接缝的构造设计、施工质量不仅影响建筑物的围护功能，也直接影响到墙体防水功能的效果。其中任何环节的闪失都会造成房屋外墙体渗漏现象。

②女儿墙裂缝等造成的渗漏

A. 女儿墙开裂一般呈现水平线状，开裂的原因主要是由于屋面板、顶层圈梁和女儿墙体在外界温度影响下，产生相互间不协调的热胀冷缩变形而引起的。女儿墙裂缝既损伤外观立面效果，又引起渗漏，影响房屋的耐久性，而且维修施工比较麻烦，是建筑工程中较为常见和突出的质量通病之一。

B. 砖砌女儿墙高度超过 0.5m 时，按设计规定，每隔一定距离需增设构造矮柱。实际施工中，当女儿墙高度超过 0.5m 时，却未按规定采取构造矮柱，造成女儿墙整体性和变形能力不足而出现开裂现象。

C. 女儿墙体砌筑质量差，把女儿墙看作简单的附属围护结构，当砌体强度达不到设计要求，在外界温度影响下极易产生裂缝。

D. 女儿墙位于建筑物顶部，且暴露在室外，冬季易受冰冻，夏季太阳暴晒，水泥砂浆压顶爆裂，雨水浸入墙体，渗入到室内。不仅如此，该现象还会使女儿墙外抹灰或饰面砖出现空鼓开裂，严重的会造成抹灰层或饰面砖较大面积的脱落损坏情况，如不及时维修或采取有效措施，往往给楼下过往的行人和停放的车辆等物品造成伤害事故，这种情况已屡见不鲜，应该引起物业服务企业管理人员的重视。

③外墙外保温层损坏造成的渗漏

目前在高层钢筋混凝土剪力墙等结构中，通常采用外墙外保温的做法，它具有保护主体结构、延长建筑物寿命、改善墙体潮湿情况、增加房屋有效使用面积、节约能源和减轻房屋重量等优点，但目前也存在保温系统外立面的裂缝、空鼓等问题，影响美观甚至导致保温层脱落、开裂、渗水及墙体饰面涂料的龟裂等质量问题，降低了建筑物使用寿命。特别是由于面层的开裂损坏产生的渗漏问题更为突出，解决外保温系统的裂缝渗漏问题已成为业内共同关注的重点。

（2）外墙渗漏水的维修

1）镶面类外墙饰面开裂或局部脱落渗漏水的维修

①可用工具对饰面层的缝隙进行处理，根据开裂情况有的缝隙需要扩缝处理深入至基层，将裂缝清理干净。先用防渗漏剂喷涂已处理好的缝隙，防渗漏剂能渗入缝隙基层产生结晶阻止水分子进入；再用防水密封材料填塞缝隙，形成第二道阻水防线；最后再加做一层防水保护层。形成三层防水材料治理外墙漏水。

②对面砖损坏部位的修复。对爆皮但未脱落的面砖表面清理后可用防渗漏剂喷涂；对

开裂面砖，可用防水密封材料填塞裂缝，裂缝过小时，用防渗漏剂喷涂，最后再用与饰面颜色一致或接近的防水材料把应修复的部位涂刷一遍；对面砖已经脱落的地方应先将基层凿除干净，按原面砖的样式和镶贴要求程序粘贴，为达到更好的粘贴效果，可采用聚合物砂浆粘贴面砖。

2）外墙体裂缝渗水处理方法

①沿墙体表面裂缝凿除饰面层（到达墙面），宽度沿裂缝两侧各约 200～300mm 宽，并清理裂缝。

②对裂缝采用快硬水泥进行封缝处理，视裂缝宽度按约每 400mm 左右间距预埋一个灌浆咀，硬化后用小型压力灌浆机灌注聚合物水泥浆或其他化学浆液进行堵漏处理。

③墙体裂缝处理经检查合格后，表面批抹 10mm 厚金属网聚合物水泥砂浆作防水层，并按原饰面层做法恢复原状。

3）外墙外保温渗漏的维修

首先应认真检查裂缝产生的部位，正确鉴别裂缝的性质及种类并分析产生的原因，然后针对不同种类的裂缝，采取相应的维修措施。

①对于保温板空鼓渗水部位的维修

将裂缝、空鼓部位的原保温板清理去除掉，然后在清理好的基层上滚涂界面剂一道，待干透后将裁好的尺寸相当的聚苯板粘贴到基层上，必要时加设锚固栓钉固定，再用具有良好柔韧性的抹面砂浆（中夹网格布）将该部位修复平整。

②对由于基层结构开裂渗水的维修

需要进行结构加固处理的裂缝，应将保温层沿裂缝处各向两边延伸 200～500mm 截掉，深度直至混凝土或砌体基层，清理去除杂质，使裂缝处完全暴露，然后按照有关部门对裂缝加固的要求进行加固处理，经验收合格后，用与原做法相应的材料将保温层修复完好。

③抹面砂浆层龟裂的处理方法

对于裂纹较多的外墙面，应先认真检查墙面裂缝，找出缝宽大于 0.3mm 缝深 1mm以上的裂纹。将上述裂缝进行局部修补，具体方法是将裂缝清理干净，沿缝滚涂或批刮抗裂防水胶，中间压入超薄抗裂加强布，注意抗裂防水胶必须完全覆盖加强布，且表面要保持平整光滑。待补缝处干燥后，修补处滚涂一二遍与原墙面一致的涂料层。

6.5.2 卫生间渗漏的维修

（1）卫生间渗漏现象及常见渗漏部位

1）卫生间的特点

目前在我国住宅设计中，卫生间往往集厕所、浴室功能为一体，其面积小，管道多，用水量大且频繁集中，空间虽小，阴阳角多，管道周围缝隙多，工种复杂，交叉施工，且施工难度较大，容易互相干扰，是最容易出现渗漏的部位，卫生间渗漏是目前住宅建设中返修量最大的质量通病之一，而且一旦出现渗漏，如不能及时修复解决，很容易造成上下楼邻里之间的矛盾纠纷。

2）卫生间出现渗漏的原因

造成卫生间渗漏的原因可从设计、施工、使用管理等几方面分析。

①设计方面原因

多数住宅的卫生间地面，缺乏有效的防水处理，有的只设计了刚性防水，而没有采用柔性防水处理。同时，设计不周或忽视了预留孔洞的位置和大小，造成现场施工过程中在楼板上后凿孔洞，加之凿出的孔洞形状不规则，尺寸大小难以符合安装要求，给渗漏留下了隐患。另外，选择防水材料时没有考虑到卫生间的特点，仍然按传统的材料做法使用卷材，PVC油膏防水，由于卷材接缝多，零碎，防水层整体性差，接缝部位难以处理严密而漏水。

②施工方面原因

在管道、地漏，便器等节点部位，施工时未采用密封材料嵌缝，或者未采用与防水材料相适应的施工工艺。甚至没有选择正规的专业防水施工队伍进行施工。质量得不到保证。

③使用管理方面原因

有的业主或使用人在装修房屋时，私自拆改卫生间内的卫浴设备、管道，甚至自行更改卫生间的位置，因楼面结构防水能力差，加之日常管理不严，维修不及时，造成渗漏现象。

3）卫生间常见的渗漏部位

卫生间常见渗漏部位有：楼地面、墙面、穿墙管根、墙与地面相交部位、卫生间洁具与地面以及管道渗漏等。

其渗漏途径主要是卫生间的污水通过地面、墙面缝隙或顺着管道、穿墙管根渗漏。使墙体、顶棚潮湿变色发霉、粉化甚至剥落，严重影响房屋的正常使用功能和使用人的身心健康。

（2）卫生间地面防水渗漏维修

1）裂缝维修

①对宽度大于 2mm 的裂缝，应沿裂缝局部清除面层和防水层，沿裂缝剔凿宽度和深度均不小于 10mm 的沟槽，清除浮灰、杂物、沟槽内嵌填密封材料，铺设带胎体增强材料涂膜防水层，并与原防水层搭接封严，经蓄水检查无渗漏再修复面层。

②对宽度小于 2mm 的裂缝，可沿裂缝剔除 40mm 宽面层，暴露裂缝部位，清除裂缝处浮灰、杂物，铺设涂膜防水层，经蓄水检查无渗漏，再修复面层。

③对宽度小于 0.5mm 的裂缝，也可不铲除地面面层，清理裂缝表面后，沿裂缝走向涂刷两遍宽度不小于 100mm 的无色或浅色合成高分子涂膜防水层。

2）倒泛水与积水的维修

地面倒泛水或地漏安装过高造成地面积水时，应凿除相应部位的面层，修复防水层，再铺设面层并重新安装地漏，要求地面向地漏处排水坡度不小于 2%。地漏接口和翻口外沿嵌填密封材料时应注意堵严。

3）穿管渗漏的维修

①穿过楼地面管道的根部积水渗漏，应沿管根部剔凿出宽度和深度均不小于 10mm 的沟槽，清理浮灰、杂物后，槽内嵌填密封材料，并在管道与地面交接部位涂刷管道高度及地面水平宽度不小于 100mm、厚度不小于 1mm 无色或浅色合成高分子防水涂料。

②管道与楼地面间裂缝小于 1mm，应将裂缝部位清理干净，绕管道及管道根部地面涂刷两遍合成高分子防水涂料，其涂刷管道高度及地面水平宽度均不应小于 100mm，涂膜厚度不应小于 1.5mm。

③因穿过楼地面的套管损坏而引起的渗漏水，应更换套管，对所设套管要封口，并高

出楼地面 20mm 以上，套管根部应密封严实。

4）楼地面与墙面交接部位渗漏的维修

①楼地面与墙面交接处裂缝渗漏，应将裂缝部位清理干净，涂刷带胎体增强防水材料的涂膜防水层，其厚度不应小于 1.5mm，平面及立面涂刷范围均应大于 100mm。

②楼地面与墙面交接部位酥松等损坏，应凿除酥松损坏部位，清理干净后，用 1：2 水泥砂浆修补基层，涂刷带胎体增强材料的涂膜防水层，其厚度不应小于 1.5mm，平面及立面涂刷范围应大于 100mm。新旧防水层搭接宽度不应小于 50～80mm；压槎顺序要按流水方向形成顺槎，封严贴实。

5）楼地面防水层翻修

①采用聚合物水泥砂浆翻修时，应将面层及原防水层全部凿除，清理干净后，在有裂缝处及节点等部位用聚合物水泥砂浆进行防水处理。聚合物水泥砂浆防水层经检验合格后方可做面层。

②采用防水涂膜翻修时，面层清理后，基层应牢固、坚实、平整、干燥。平面与立面相交及转角部位均应做成圆角或弧形。卫生洁具、设备、管道应安装牢固，处理好预埋件的防腐、防锈、防水和各节点及接口处的密封。铺设防水层时，四周墙面涂刷高度不小于 100mm。在做两层以上涂层施工时，涂层间相隔时间应以上一道涂层达到实干为宜。

淋浴间防水高度不应小于 1800mm，浴盆部位防水高度不小于 800～1000mm；蹲坑部位防水高度不小于 400～500mm。

卫生间防水层施工完成后，需经 24 小时蓄水检查，以不渗漏为合格。

本 章 能 力 训 练

1. 房屋外墙（特别是女儿墙）局部空鼓开裂的维修管理训练

（1）任务描述

某物业服务企业承接了一多层砖混结构住宅小区物业管理项目，工程部维修技术人员在日常检查中发现，紧靠小区道路一侧的房屋山墙顶部女儿墙位置，出现了面积较大的抹灰层空鼓开裂情况。请问：你作为该物业的项目经理或工程部主管，对此情况如何进行处理，并应考虑哪些方面的问题以便做出具体安排。

（2）学习目标

通过对房屋外墙（女儿墙）局部空鼓开裂的维修管理能力训练，达到使学生能够认识到做好房屋装饰装修工程维修与养护工作的重要性，它不仅仅影响房屋的使用功能，还有可能会危及人身财产的安全。同时通过该能力训练，使学生能够初步掌握对检查过程中发现的问题如何处理解决、应综合考虑哪些方面的问题有清楚的认识。

（3）任务实施

1）可采取分组讨论或课上同桌同学讨论，经过充分讨论、集思广益形成处理意见和安排之后，各组分别派一名同学代表到讲台上介绍、交流对该任务问题的解答。最后由指导教师进行总结归纳和点评。

2）根据教学进度和任课教师具体要求，将课上大家讨论的结果结合自己的认识、归纳整理形成文字的处理解决方案。

7 房屋本体修缮工程预算

本章学习任务及目标

(1) 了解房屋修缮工程预算定额的概念

(2) 熟悉工程量计算规则

(3) 熟悉房屋修缮工程预算定额（基价）

(4) 熟悉房屋修缮工程预算的作用及编制依据

(5) 熟悉房屋修缮工程竣工结算

(6) 掌握房屋本体修缮工程费用的构成及其内容

(7) 掌握建筑面积计算规则

(8) 掌握房屋修缮工程预算编制的步骤和方法

7.1 房屋本体修缮工程预算概述

7.1.1 房屋本体修缮工程费用的构成及其内容

房屋修缮工程费用也称房屋修缮工程造价。按照现行规定，房屋修缮工程费（造价）由直接费、间接费、利润、税金四部分构成，如图 7-1 所示。其中直接费与间接费之和称为修缮工程预算成本。

(1) 直接费

直接费由直接工程费和措施费组成。

1) 直接工程费

直接工程费是指施工过程中耗费的构成修缮工程实体的各项费用，包括人工费、材料费、施工机械使用费。

①人工费　是指直接从事房屋维修工程施工的生产工人开支的各项费用，内容包括：

A. 基本工资　是指发放给生产工人的基本工资。

B. 工资性津贴　是指按规定标准发放的物价补贴，煤、燃气补贴，交通补贴，住房补贴，流动施工津贴等。

C. 生产工人辅助工资　是指生产工人年有效施工天数以外非作业天数的工资，包括职工学习、培训期间的工资，调动工作、探亲、休假期间的工资，因气候影响的停工工资，女工哺乳时间的工资，病假在六个月以内的工资及产、婚、丧假期的工资。

D. 职工福利费　是指按财务制度规定计提的职工福利费。

E. 生产工人劳动保护费　是按规定标准发放的劳动保护用品的购置费，徒工服装补贴，防暑降温费，在有碍身体健康环境中施工的保健费等。

②材料费　是指施工过程中耗费的构成修缮工程实体的原材料、辅助材料、构配件、零件、半成品的费用。材料费内容包括：

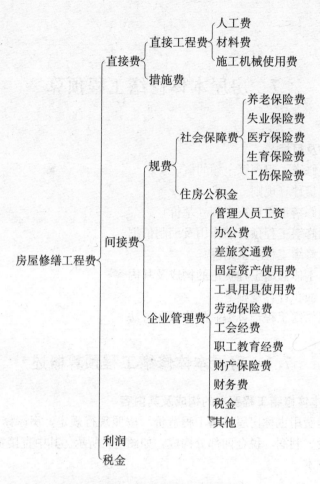

图 7-1 房屋本体修缮工程费用的构成

A. 材料原价（或供应价格）。

B. 材料运输加工费 是指材料自来源地运至工地仓库或指定堆放地点所发生的全部费用及对材料进行加工的费用。

C. 运输损耗费 是指材料在运输装卸过程中不可避免的损耗。

D. 采购及保管费 是指为组织采购、供应和保管材料过程中所需要的各项费用。包括：采购费、仓储费、工地保管费、仓储损耗。

E. 检验试验费 是指对工程材料、构件进行一般鉴定、检查所发生的费用。包括自设试验室进行试验所耗用材料和化学药品等费用。不包括新结构、新材料的试验费和建设单位对具有出厂合格证明的材料进行检验，对构件做破坏性试验及其他特殊要求检验试验的费用。

③施工机械使用费 是指施工机械作业所发生的机械使用费以及机械安拆费和场外运输费。施工机械台班单价由下列七项费用组成：折旧费、大修理费、经常修理费、安拆费及场外运输费、人工费、燃料动力费及车船使用税。

2）措施费

措施费是指为完成工程项目施工，发生于该工程施工前和施工过程中非工程实体项目的费用。内容包括安全文明施工措施费，冬季施工降效费，雨季施工费，夜间施工措施费，封闭作业施工增加费，二次搬运措施费，施工难度增加措施费，总包服务费，竣工验收存档资料编制费，大型机械费，地上、地下物处理及破路费、占道费，施工用水电费，施工用水电接通及拆除费，施工排水、降水费，室内空气污染测试费等。

①安全文明施工措施费

安全文明施工措施费（包括环境保护、文明施工、安全施工、临时设施）是指现场文明施工、安全施工所需要的各项费用和为达到环保部门要求所需要的环境保护费用，以及施工企业为进行建筑工程施工所必须搭设的生活和生产用的临时建筑物、构筑物和其他临时设施等的费用。

文明施工与环境保护费是指施工现场设立的安全警示标志、现场围挡、五板一图、企业标志、场容场貌、材料堆放、现场防火等所需要的各项费用。

安全施工费是指施工现场通道防护、预留洞口防护、电梯井口防护、楼梯边防护等安全施工所需要的各项费用。

临时设施包括：临时宿舍、文化福利及公用事业房屋与构筑物、仓库、办公室、加工厂以及规定范围内的道路、水、电、管线等临时设施和其他小型临时设施。

临时设施费用包括：临时设施的搭设、维修、拆除费或摊销费。

②冬期施工降效费

冬期施工降效费包括由于在冬季施工中劳动效率降低所增加的人工费和机械费。

③雨期施工费

雨期施工费是指在雨期施工中采取的必要防雨、排除雨水、临时道路维修等措施费和由于在雨季施工中劳动效率降低所增加的人工费和机械费。

雨期施工费包括：

A. 不同施工部位的防雨、排除雨水的措施费用和施工过程必须掺用的辅助材料（如促凝剂等）费用。

B. 施工机械冒雨或雨停立即作业必须增设的辅助装置，增加的辅助人工、油料消耗、零件损耗和机械雨中作业效率降低而增加的机械台班等所需费用。

C. 脚手架、斜道防滑等保护费。

D. 临时道路、排水沟在雨季的维修费。

E. 检修仓库，保护材料机具的费用。

④夜间施工措施费

夜间施工措施费是指因夜间施工所发生的夜班补助费、夜间施工降效、夜间施工照明设备摊销等费用。

⑤封闭作业施工增加费

封闭作业施工增加费是指全封闭作业、地下室修缮工程所发生的施工降效，施工照明设备摊销等费用。

⑥二次搬运措施费

二次搬运措施费是指因施工场地狭小等特殊情况而发生的二次搬运费用。

⑦施工难度增加措施费

施工难度增加措施费指由于生产车间、营业性用房（商场、旅店、医院等）不停产、不停业进行施工所引起人工效率降低而发生的费用。

⑧总包服务费

总包服务费是指发包单位将部分专业工程单独发包给其他承包人，发包单位应向总包单位支付总包对专业工程单独承包项目的服务费。

⑨竣工验收存档资料编制费

竣工验收存档资料编制费是指按城建档案管理规定，在竣工验收后应提交的档案资料所发生的费用。

⑩大型机械费

大型机械费是指大型机械台班费、租赁费、进出场费及安拆费等大型机械使用费。

⑪地上、地下物处理及破路费、占道费

地上、地下物处理及破路费、占道费是指因施工需要进行破路或处理地上、地下物（树木、花草、电缆、电线、电杆等）发生的费用。

⑫施工用水电费

施工用水电费是指施工用水电的费用。

⑬施工用水电接通及拆除费

施工用水电接通及拆除费是指施工现场用水用电的临时管线及施工现场以外接通和拆除临时水源、电源所消耗的人工、材料、仪表、申报等费用。

⑭施工排水、降水费

施工排水、降水费是指为确保工程在正常条件下施工，采取各种排水降水措施所发生的各种费用。

⑮室内空气污染测试费

室内空气污染测试费是指检测室内污染所需要的费用。

（2）间接费

间接费由企业管理费和规费组成。

1）企业管理费

企业管理费是指修缮施工企业组织施工生产和经营管理所需的费用。内容包括：

①管理人员工资　包括管理人员的基本工资、工资性津贴、职工福利费、劳动保护费等。

②办公费　是指企业管理办公用的文具、纸张、账本、印刷、邮电、书报、会议、水电和集体取暖（包括现场临时宿舍取暖）用煤等费用。

③差旅交通费　是指职工因公出差、调动工作的差旅交通费、住勤补助费、市内交通费和误餐补助费、职工探亲路费、劳动力招募费、离退休与退职职工一次性路费、工伤人员就医路费、工地转移费以及管理部门使用车辆的油料、燃料及牌照费。

④固定资产使用费　是指企业管理部门和试验单位及所属生产单位使用的属于固定资产的房屋、设备、仪器等的折旧、大修、维修或租赁等费用。

⑤工具用具使用费　是指施工企业管理部门使用的不属于固定资产的工具、器具、家具、交通工具和试验、检验、测绘、消防用具等的购置、维修和摊销费。

⑥劳动保险费　是指由企业支付的离退休职工的异地安家补助费、职工退职金、常病6个月以上人员的工资、职工死亡丧葬补助费、抚恤费、按规定支付给离休干部的各项费用。

⑦工会经费　是指企业按职工工资总额计提的工会经费。

⑧ 职工教育经费　是指企业为职工学习先进技术和提高职工文化水平，按职工工资总额计提的职工教育经费。

⑨ 财产保险费　是指企业管理财产、车辆等支付的保险费用。

⑩ 财务费用　是指企业为筹集资金而发生的各项费用。

⑪ 税金　是指企业按规定缴纳的房产税、车船使用税、土地使用税、印花税等税费。

⑫ 其他费用　包括技术转让费、技术开发费、业务招待费、绿化费、广告费、公证费、法律顾问费、审计费、咨询费等。

2）规费

规费是指按照政府和有关权力部门规定的必须缴纳的费用（简称规费），包括：

① 工程排污费　是指施工现场按规定缴纳的工程排污费。

② 工程定额测定费　是指按规定支付给工程造价（定额）管理部门的定额测定费。

③ 社会保障费，包括：

A. 养老保险费是指企业按规定标准为职工缴纳的基本养老保险费。

B. 失业保险费是指企业按国家规定标准为职工缴纳的失业保险费。

C. 医疗保险费是指企业按规定标准为职工缴纳的基本医疗保险费。

D. 生育保险费是指企业按规定标准为职工缴纳的女职工生育保险费。

E. 工伤保修费是指按照《中华人民共和国建筑法》规定，企业为从事危险作业的建筑安装施工人员支付的意外伤害保险费。

F. 住房公积金是指企业按规定标准为职工缴纳的住房公积金。

（3）利润

利润（法定利润、计划利润）是指房屋维修施工企业完成所承包的维修工程应获得的盈利。

（4）税金

税金是指按照国家税法规定的应计入房屋维修工程造价内的营业税、城市建设维护税、教育费附加及防洪工程维护费。

7.1.2　房屋修缮工程预算定额概述

（1）房屋修缮工程预算定额的概念与组成

1）房屋修缮工程预算定额的概念

房屋修缮工程预算定额是指在一定生产技术组织条件下，为完成一定计量单位的房屋修缮合格产品，规定所必须投入的人工工日、材料消耗、机械台班的数量标准。它反映了一定时期的社会生产力水平。它是具有法令性的经济指标，经国家或其授权单位批准颁发，在其执行范围内，未经授权单位批准，不得任意更改。

"在一定生产技术组织条件下"指劳动力组织合理、材料供应及时、机械运转正常、临时设施齐备等施工现场所应具备的相应条件。

"一定计量单位"指房屋修缮工程定额的计量单位，有的定额项目采用基本单位做计量单位（如：m、m² 等），但有的定额项目采用 10 的扩大单位或 100 的扩大单位做计量单位（如：10m、10m²、100m² 等）。

"合格产品"要求按维修工程验收规范施工，工程质量达到合格以上。

"数量标准"表示房屋修缮工程定额消耗量，包括人工消耗量、材料消耗量、机械台班消耗量的规定。

预算定额是房屋查勘设计、修缮招投标编制标底和标价、控制修缮造价、工程结算的重要依据。

2) 房屋修缮工程定额的组成

房屋修缮工程定额是建设工程定额的一个分支，所以它的组成也同一般建筑工程专业预算定额一样，它由按规范或规程所要求的工作内容、生产（施工）对象的品种规格、和必须完成的数量标准等三部分内容组成。因为所有工程实体的形成，都必须通过人工、材料和机械（三要素）的重新组合才得以实现。为了经济合理地实现工程目标，就必须根据工艺质量要求和针对不同规格的产品对象，制订出必须投入的数量限额标准。所以组成定额的人工数量、材料数量和机械台班数量这三部分内容也是一切工程定额的基本组成内容。

(2) 房屋修缮工程定额的特点及种类

1) 修缮定额的特点

由于修缮工程主要是对既有建筑物的修缮、翻建、加固、改造、装饰装修和局部更新，往往单位工程量小，工地分散，机械化作业程度低，而其中翻修、改建工程又与新增工程相似。因此修缮定额与新建定额之间，两者既有联系，又有区别。

2) 房屋修缮工程定额的种类

① 房屋修缮工程定额：适用于房屋的大、中修工程，凡以原有房屋拆除或改造、加固、接建，配件（设备）的拆旧换新等施工工作作为内容的均采用此定额。它包括土建、暖卫、水电、电梯等工程的维修及油漆保养工程。

② 古建筑修缮工程定额：适用于古建筑的修缮。包括宫、院、寺、庙、亭、廊、榭、舫，以及古民居建筑的砖墙、构架、屋面、门窗、装饰等修缮工程。

③ 房屋抗震加固工程定额：适用于原有房屋进行抗震加固的专用工程定额，它包括房屋抗震加固的全部土建工程内容。

④ 房屋零修养护工程定额（又称小修工程定额）：适用于工程量小，修缮内容零星分散的养护工程的专用定额。包括暖卫、水电、电梯修理等房屋的零星养护工程的全部内容。以上定额除古建筑修缮定额外，有些地区将其他三类定额合为一个。

(3) 房屋修缮工程预算定额（基价）

1) 人工定额

人工定额包括时间定额和产量定额。

① 时间定额

是指某种专业技术等级的工人班组或个人，在合理的劳动组织与合理使用材料的条件下，完成单位合格产品所必需的工作时间。包括准备与结束时间、基本生产时间、辅助生产时间、不可避免的中断时间及工人必需的休息时间。其单位是工日，一工日以一个工人工作 8 小时计算，具体表达如下：

一个工人完成单位产品所需工日，表示为：工日/单位产品。一个班组完成单位产品所需工日，表示为：人工日数总和/单位产品。

② 产量定额

是指在合理的劳动组合与合理使用材料的条件下，某种专业技术等级的工人班组或个人在单位工日中所应完成的质量合格的产品数量。即：单位时间内完成合格产品的数量，表示为：数量/工日。

它与时间定额互为倒数，即：产量定额＝1/时间定额。

人工定额反映了产品生产中，活劳动消耗的数量标准。它不仅关系到施工生产中劳动力的计划、组织和调配，而且关系到按劳分配原则的贯彻，同时也是企业经营管理和施工生产中的主要依据。

2）材料消耗定额

它是指在节省和合理地使用材料的条件下，生产单位合格产品所必须消耗的一定品种规格的材料、燃料、半成品、配件等的数量标准。在修缮过程中，材料消耗量的多少，对于所修工程的价格及修缮工程本身的成本有着直接的影响。材料定额支配着材料的合理调配和使用，在产品数量和材料质量一定的情况下，材料供应量和需要量取决于材料定额。用科学的方法正确地规定材料定额，才有可能保证材料的合理供应和使用，减少积压、浪费和供应不及时现象的发生。定额表达如下：

完成单位合格产品所应消耗的材料数量：数量/单位产品。

3）机械台班产量定额

它是指确定的某种型号的施工机械在正常施工条件下，每个台班（工作 8h 为一台班）应完成的合格产品的产量，表达为：产量/台班。

7.1.3 建筑面积计算规则

（1）单层建筑物的建筑面积，应按其外墙勒脚以上结构外围水平面积计算，并应符合下列规定：

1）单层建筑物高度在 2.20m 及以上者应计算全面积；高度不足 2.20m 者应计算 1/2 面积。

2）利用坡屋顶内空间时净高超过 2.10m 的部位应计算全面积；净高在 1.20m 至 2.10m 的部位应计算 1/2 面积；净高不足 1.20m 的部位不应计算面积。

（2）单层建筑物内设有局部楼层者，局部楼层的二层及以上楼层，有围护结构的应按其围护结构外围水平面积计算，无围护结构的应按其结构底板水平面积计算。层高在 2.20m 及以上者应计算全面积；层高不足 2.20m 者应计算 1/2 面积。

（3）多层建筑物首层应按其外墙勒脚以上结构外围水平面积计算；二层及以上楼层应按其外墙结构外围水平面积计算。层高在 2.20m 及以上者应计算全面积；层高不足 2.20m 者应计算 1/2 面积。

（4）多层建筑坡屋顶内和场馆看台下，当设计加以利用时净高超过 2.10m 的部位应计算全面积；净高在 1.20m 至 2.10m 的部位应计算 1/2 面积；当设计不利用或室内净高不足 1.20m 时不应计算面积。

（5）地下室、半地下室（车间、商店、车站、车库、仓库等），包括相应的有永久性顶盖的出入口，应按其外墙上口（不包括采光井、外墙防潮层及其保护墙）外边线所围水平面积计算。层高在 2.20m 及以上者应计算全面积；层高不足 2.20m 者应计算 1/2 面积。

（6）坡地的建筑物吊脚架空层、深基础架空层，设计加以利用并有围护结构的，层高在 2.20m 及以上的部位应计算全面积；层高不足 2.20m 的部位应计算 1/2 面积。设计加以利用、无围护结构的建筑吊脚架空层，应按其利用部位水平面积的 1/2 计算；设计不利用的深基础架空层、坡地吊脚架空层、多层建筑坡屋顶内、场馆看台下的空间不应计算面积。

(7) 建筑物的门厅、大厅按一层计算建筑面积。门厅、大厅内设有回廊时，应按其结构底板水平面积计算。层高在 2.20m 及以上者应计算全面积；层高不足 2.20m 者应计算 1/2 面积。

(8) 建筑物间有围护结构的架空走廊，应按其围护结构外围水平面积计算。层高在 2.20m 及以上者应计算全面积；层高不足 2.20m 者应计算 1/2 面积。有永久性顶盖无围护结构的应按其结构底板水平面积的 1/2 计算。

(9) 立体书库、立体仓库、立体车库，无结构层的应按一层计算，有结构层的应按其结构层面积分别计算。层高在 2.20m 及以上者应计算全面积；层高不足 2.20m 者应计算 1/2 面积。

(10) 有围护结构的舞台灯光控制室，应按其围护结构外围水平面积计算。层高在 2.20m 及以上者应计算全面积；层高不足 2.20m 者应计算 1/2 面积。

(11) 建筑物外有围护结构的落地橱窗、门斗、挑廊、走廊、檐廊，应按其围护结构外围水平面积计算。层高在 2.20m 及以上者应计算全面积；层高不足 2.20m 者应计算1/2 面积。有永久性顶盖无围护结构的应按其结构底板水平面积的 1/2 计算。

(12) 有永久性顶盖无围护结构的场馆看台应按其顶盖水平投影面积的 1/2 计算。

(13) 建筑物顶部有围护结构的楼梯间、水箱间、电梯机房等，层高在 2.20m 及以上者应计算全面积；层高不足 2.20m 者应计算 1/2 面积。

(14) 设有围护结构不垂直于水平面而超出底板外沿的建筑物，应按其底板面的外围水平面积计算。层高在 2.20m 及以上者应计算全面积；层高不足 2.20m 者应计算 1/2 面积。

(15) 建筑物内的室内楼梯间、电梯井、观光电梯井、提物井、管道井、通风排气竖井、垃圾道、附墙烟囱应按建筑物的自然层计算。

(16) 雨篷结构的外边线至外墙结构外边线的宽度超过 2.10m 者，应按雨篷结构板的水平投影面积的 1/2 计算。

(17) 有永久性顶盖的室外楼梯，应按建筑物自然层的水平投影面积的 1/2 计算。

(18) 建筑物的阳台均应按其水平投影面积的 1/2 计算。

(19) 有永久性顶盖无围护结构的车棚、货棚、站台、加油站、收费站等，应按其顶盖水平投影面积的 1/2 计算。

(20) 高低联跨的建筑物，应以高跨结构外边线为界分别计算建筑面积；其高低跨内部连通时，其变形缝应计算在低跨面积内。

(21) 以幕墙作为围护结构的建筑物，应按幕墙外边线计算建筑面积。

(22) 建筑物外墙外侧有保温隔热层的，应按保温隔热层外边线计算建筑面积。

(23) 建筑物内的变形缝，应按其自然层合并在建筑物面积内计算。

(24) 下列项目不应计算面积：

1) 建筑物通道（骑楼、过街楼的底层）。

2) 建筑物内的设备管道夹层。

3) 建筑物内分隔的单层房间，舞台及后台悬挂幕布、布景的天桥、挑台等。

4）屋顶水箱、花架、凉棚、露台、露天游泳池。

5）建筑物内的操作平台、上料平台、安装箱和罐体的平台。

6）勒脚、附墙柱、垛、台阶、墙面抹灰、装饰面、镶贴块料面层、装饰性幕墙、空调室外机搁板（箱）、飘窗、构件、配件、宽度在 2.10m 及以内的雨篷以及与建筑物内不相连通的装饰性阳台、挑廊。

7）无永久性顶盖的架空走廊、室外楼梯和用于检修、消防等的室外钢楼梯、爬梯。

8）自动扶梯、自动人行道。

9）独立烟囱、烟道、地沟、油（水）罐、气柜、水塔、贮油（水）池、贮仓、栈桥、地下人防通道、地铁隧道。

7.1.4 工程量计算规则

工程量是指用物理计量单位（m、m²、m³、t、kg 等）或自然计量单位（个、组、件、套等）表示的分项工程的实物数量。工程量计算规则是计算分项工程项目工程量时，确定施工图尺寸数据、内容取定、工程量调整系数、工程量计算方法的重要规定。工程量计算规则是具有权威性的规定，是确定工程消耗量的重要依据。

工程量计算规则包含的内容较多，为介绍和课后技能训练方便，在此仅介绍拆除工程和屋面工程量计算规则，其余内容请参见地方的房屋修缮工程预算定额（基价）中的规定。

（1）拆除工程

1）房屋整体拆除面积计算

① 平房按建筑物勒脚以上外围的水平面积以平方米计算。

② 楼房按各层建筑面积的总和计算（其首层按建筑物外墙勒脚以上结构的外围水平面积计算，二层及二层上按外墙结构的外围水平面积计算）。地下室按建筑物外墙外围水平面积以平方米计算。

③ 建筑物外的走廊及檐廊有顶盖和柱时，其面积应按柱外所包括的水平面积以平方米计算。有顶盖无柱时，其面积按顶盖水平面积的一半以平方米计算。

④ 突出墙外的眺望间、门斗、外部附墙烟囱及雨罩、挑阳台、室外楼梯均应计算拆除面积。但突出墙面台阶、挑檐及屋顶天窗均不计算面积。

2）单项拆除工程计算规则

① 拆除各种屋面均按面积以平方米计算。屋面坡长计算至檐口滴水，不扣除附墙烟囱、屋顶小气窗、天沟、斜沟所占的面积，其弯起部分的面积也不增加。带女儿墙屋面计算其弯起部分的工程量。

② 拆除砖墙、砖柱及零星砌体均不扣除各种孔洞以立方米计算。外墙长度按外墙中心线，内墙按净长，高度按实际高度。拆除墙身包括铲内墙皮，如铲外墙皮增加 20% 人工。

③ 铲墙皮是指铲后改变作法的单项基价，铲各种砂浆的墙皮均不扣除各种大小不同孔洞的面积，其侧壁面积也不增加。

④ 拆除各种顶棚、隔断墙均按平方米计算。不扣除门窗洞口面积。抹灰顶顶、隔断墙包括铲除面层灰皮，拆板条、苇箔及木龙骨。拆隔断墙两面算一面。

⑤ 拆木门窗框、扇是指单独拆除而言，如和拆墙同时拆落者，已包括在拆墙项目内，不得重复计算。

⑥ 拆除天窗按框料外围面积以平方米计算，其顶部拆除另套屋面拆除基价。

⑦ 拆除各种地面均按主墙间的净空面积计算，不扣除柱、垛、轻质隔墙、附墙烟囱以及 0.5m² 以内的孔洞所占的面积。但门洞、空圈、暖气槽的开口部分也不增加面积。

⑧ 拆木地板以平方米计算。踢脚线已综合在基价内，不得重复计算。拆除各种楼梯按斜长乘以宽度以平方米计算。拆除砖台阶、混凝土台阶均按水平投影面积以平方米计算。

⑨ 拆除屋顶烟囱不扣除孔洞，按砌体剖面面积乘以高度以立方米计算。拆独立烟囱扣除孔洞按体积以立方米计算。

（2）屋面工程量计算规则

1）保温隔热：按图示设计尺寸计算。不扣除柱、垛所占面积。

2）各种瓦屋面按水平投影面积乘以屋面坡度延尺系数（见表 7-1）以平方米计算。不扣除屋顶烟囱、屋顶小气窗、斜沟等所占的面积，而屋顶小气窗出檐与屋面重叠部分的面积亦不增加，但天窗出檐部分重叠的面积，计入相应的屋面工程量内。

屋面坡度延尺系数表　　　　　　　　　　　　表 7-1

高跨比	延尺系数	高跨比	延尺系数
1/2	1.4142	1/12	1.0138
1/3	1.2019	1/16	1.0078
1/4	1.1180	1/20	1.0050
1/5	1.0770	1/24	1.0035
1/8	1.0308	1/30	1.0022
1/10	1.0198		

3）卷材屋面按水平投影面积乘以屋面坡度延尺系数（见表 7-1）以平方米计算。不扣除屋顶烟囱、风帽、风道、斜沟等所占面积，其根部弯起部分不另增加。女儿墙和天窗等弯起部分增加面积并入卷材屋面工程量内。如图纸未注明尺寸，伸缩缝、女儿墙可按 0.25m，天窗处可按 0.50m 高度计算。局部增加层数时，另计增加部分，套用每增减一毡一油基价。

4）油毡天沟按露明沟宽乘以长以平方米计算，压入瓦底部分已综合在基价内，不得展开计算。

5）各种镀锌薄钢板躺沟按檐口外围长度以米计算，其顺长度方向咬口或搭接的镀锌薄钢板已包括在基价内。躺沟周长包括沟尾压顶部分不得重复计算。

6）立水管均以安装后长度按米计算，其接口插入部分已综合在基价内，不得重复计算。立水管中的下水嘴、灯叉弯合并在立水管基价内。弓形弯制作安装另列项目计算。

7）镀锌薄钢板天沟、披水、烟囱根按展开面积以平方米计算，其顺长度方向咬口或搭接的镀锌薄钢板已包括在基价内，不得重复计算。

8）拆换椽子按设计长度乘以间距以平方米计算，拆换屋面板、笆砖（望砖）按设计面积以平方米计算。

9）屋面板刨光，按设计要求面积以平方米计算。

10）铲修卷材屋面、各种瓦屋面加腮、修补、托屋面板均按设计面积以平方米计算。

铲修、修补卷材屋面，其弯起部分展开并入屋面工程量内。屋面抹水泥砂浆找平层的工程量与卷材屋面相等。

11）新做屋面板同卷材屋面计算规则。

7.2 房屋本体修缮工程预算的编制

7.2.1 房屋修缮工程预算的作用及编制依据

房屋修缮工程预算是以某一修缮工程为对象，依据修缮工程预算定额（基价）在工程开工前预先计算维修工程造价的计划性文件。

（1）房屋修缮工程预算的作用

1）是修缮工程招投标的依据。

2）是编制施工（成本）计划的依据。

3）是拨付工程价款的依据。

4）是修缮工程结算的依据。

5）是施工企业加强经济核算的依据。

（2）房屋修缮工程预算的编制依据

修缮工程预算的编制，一般应以下列文件和资料为依据：

1）经过审查批准的修缮施工图或维修工程计划。

2）现行修缮工程预算定额（基价）及地区单位估价表。

3）修缮施工组织设计或修缮方案。

4）修缮工程各种取费标准。

5）材料预算价格和调价文件。

6）修缮工程施工合同。

7）预算工作手册。

7.2.2 定额计价模式

定额计价模式，是我国现行的计价模式之一，它是在我国计划经济时期及计划经济向市场经济转型过程中所采用的行之有效的计价模式。

定额计价模式采用的方法有"单价法"和"实物法"两种。

"单价法"也称为"单位估价法"，是根据国家或地方颁布的统一预算定额、人工、材料、机械台班预算价格以及地区规定的各种费用定额，先计算出各待建建筑产品的工程数量，套用相应的定额基价（即完成规定计量单位的分项工程所需人工费、材料费、机械使用费之和）计算出定额直接费，再在直接费的基础上，根据各种费用的取费费率计算出间接费及利润和税金，最后汇总形成建筑产品总造价。其计算模型如下：

建筑工程造价＝［∑（工程量×定额基价）×（1＋各种费用的费率＋利润率）］×（1＋税金率）

"实物法"是根据国家或地方颁布的统一预算定额、人工、材料、机械台班预算价格以及地区规定的各种费用定额，先计算出各待建建筑产品的工程数量，套用相应的预算定额中人工、材料、机械的消耗量标准，分别计算出各分部分项工程的人工、材料、机械消耗量，再在此基础上根据市场调查获得的人工单价、各种材料以及机械台班单价计算出单位工程的直接费，再根据各种费用的取费费率计算出间接费以及利润和税金，最后汇总形成建筑产品总造价。其计算模型如下：

建筑工程造价＝[∑(工程量×定额中人工、材料、机械消耗量标准
×市场人工单价、材料单价、机械台班单价)
×(1＋各种费用的费率＋利润率)]×(1＋税率)

"单价法"和"实物法"的区别在于两者求取直接费的方法不同，"单价法"需要在计算利润之前调整材料及人工的差价，而"实物法"则不需要。

除上述定额计价模式外，本世纪初以来，为适应国内和国际市场公平竞争的需要，推行了一种新的计价模式——工程量清单计价模式。

7.2.3 房屋修缮工程预算编制的步骤和方法（以单价法为例）

(1) 收集有关基础资料

包括修缮工程施工图纸；国家或地区颁发的现行修缮工程预算定额（基价）；工资标准、材料预算价格、机械台班单价、各种取费标准；现场施工条件情况等。

(2) 熟悉施工图纸，理解修缮工程的内容和要求

施工图纸是编制预算的主要依据，因此，编制预算之前必须全面熟悉、了解修缮内容和要求，掌握修缮房屋的概况和结构特征，这是准确、高效编制修缮工程预算的关键。

(3) 现场勘查

深入施工现场认真勘查施工条件，了解房屋的实际损坏情况，拟定合理的施工方案。

(4) 熟悉施工组织设计或修缮方案

重点了解施工方法、施工机械的选择、施工工器具的选择等。提高预算的准确性。

(5) 计算工程量

正确计算维修工程量是编制维修工程预算的基础，是预算编制工作中最繁重、细致的重要环节，而且工程项目划分是否齐全、工程量计算是否正确直接影响到预算编制的速度和质量。主要关注点在于维修工程项目划分、工程量计算规则和计量单位的规定。

一般修缮工程量的计算顺序是先计算拆除工程，再由底层起逐层向上计算，即由下向上，再由内向外；先计算土建部分，再计算设备设施，最后计算装饰装修。

工程量计算表常见格式如表7-2所示。

工程量计算表　　　　　　　　　　表7-2

序号	定额编号	子目名称	工程量		计　算　式
			单位	数量	
	合计				

(6) 套用预算定额（基价）计算直接工程费

根据所列计算项目和工程量，就可以套用定额或单位估价表，要求做到工程名称、内容、计量单位与定额（基价）相符。当遇到修缮方案与定额项目中规定的产品规格、增添

的材料数量等不相符时，可按定额中的有关规定予以换算。直接工程费计算表如表7-3所示。

直接工程费计算表　　　　　表 7-3

序号	定额编号	子目名称	工程量		价格（元）		其中（元）				工日合计
			单位	数量	单价	合价	人工费	材料费	机械费	管理费	
	合计										

$$直接工程费＝人工费＋材料费＋机械费$$

其中：人工费＝Σ（分项工程量×定额人工费单价）

　　　材料费＝Σ（分项工程量×定额材料费单价）

　　　机械费＝Σ（分项工程量×定额机械费单价）

（7）计算各项费用

直接工程费确定后，就可以根据预算定额（基价）的各项取费标准规定，以直接工程费或人工费为基数，计算间接费、利润及税金等费用。

房屋修缮工程措施项目预算计价表如表7-4所示。

房屋修缮工程措施项目预算计价表　　　　　表 7-4

序号	项目名称	计算方法	费率(%)	金额（元）	其中:人工费
1	直接工程费	(1.1)＋(1.2)＋(1.3)			
1.1	人工费				
1.2	材料费				
1.3	机械费				
2	安全文明施工措施费	以人工费为基数×规定费率			
2.1	夜间施工措施费	按人工工日计算			
2.2	冬雨季施工费	以直接工程费或规定计算			
2.3	二次搬运措施费	以材料费为基数计算			
2.4	施工难度增加措施费	以人工费为基数计算			
2.5	其他措施项目费	按规定			
	⋮				
	本页合计				

房屋修缮工程施工图预算计算程序表如表7-5所示。

房屋修缮工程施工图预算计算程序表　　　　　　　　　　　表 7-5

序号	费用项目名称	计算方法	金额(元)
1	施工图预算子目基价合计(含管理费)	Σ(工程量×编制期预算基价)	
2	其中:人工费	Σ(工程量×编制期预算基价中人工费)	
3	施工措施费合计	Σ施工措施项目计价	
4	其中:人工费	Σ施工措施项目计价中人工费	
5	小计	(1)+(3)	
6	其中:人工费小计	(2)+(4)	
7	规费	(6)×规定的费率	
8	利润	(6)×相应利润率	
9	税金	[(5)+(7)+(8)]×相应税率	
10	含税造价	(5)+(7)+(8)+(9)	

（8）工料分析及市场价差调整

工料分析是把各单项工程按定额规定所应消耗的劳动力、材料（包括成品、半成品）、机械台班等分别计算，并进行汇总。工料分析是安排施工力量、材料、施工机械计划，以及甲乙双方结算材料差价的依据，也是进行经济核算、加强企业管理的主要内容。

目前，预算定额基价中的人工费、材料费、机械台班使用费是根据编制定额所在地区的省会（或直辖市）所在地的预算价格计算。由于地区预算价格随着时间的变化而发生变化，同时其他地区使用该预算定额时预算价格也会发生变化，所以，用单位估价法计算定额直接工程费后，一般还要根据工程所在地区的人工费、材料费、机械台班使用费预算价格调整差价。

1）材料价差调整

随着我国市场经济不断发展和价格体系的改革，市场材料价格变动频繁，价格调整幅度大。在编制修缮工程预算时，必须要根据当地材料实际价格进行材料价格的调整。材料调价方法有两种。

① 第一种方法：采用材料价差综合调整系数，计算公式如下：

综合系数调整材料价差＝定额材料费（直接工程费）×材料价差综合调整系数

材料价差综合调整系数是当地定额主管部门根据市场材料价格变化情况，进行工程测算所确定的材料调价综合系数。可根据当地定额主管部门下发的材料调价系数（工程造价信息），计算材料调价。

② 第二种方法：单项材料价差调整

一般对影响工程造价较大的主要材料需进行单项材料价差调整。计算公式为：

材料调价＝Σ某种材料总消耗量×相应材料的差价

各种材料总消耗量是从工程材料汇总表中得到。相应材料的差价是用市场的供应价减去定额中的材料单价。

2）人工费调整

房屋修缮工程人工费，是工程造价的重要组成部分。人工费计算是否准确直接影响工人的合理收入和企业的经济效益。

预算定额人工单价一般包括基本工资、工资性补贴、辅助工资、职工福利费、劳动保护费五个方面内容。这五个方面内容只要有一个方面内容发生变化，预算定额人工单价就要调整。人工费调整一般按以下方法计算：

人工费调整＝直接费中人工费×人工费调价系数

人工费调价系数是定额主管部门根据人工调价的幅度，进行工程测算得到的。编制工程预算时根据本地区对人工费调整的计算规定，进行人工调价计算。

3）其他内容调价

差价调整除了材料调价、人工费调整外，还有其他内容的调价。例如施工用水电费调价、施工机械费调价、运费调价等。这些调价计算一般按定额主管部门下发的调价文件规定计算。

（9）编制修缮工程预算书

应按各地区规定的形式或格式要求进行填写和编制。

总之，房屋修缮工程预算的编制，要逐步过渡到以企业内部定额为依据进行。随着我国市场经济的不断深化和发展，市场价格应是通过招投标（包括议标）的形式，由价值和市场供求关系来决定，从长远看不可能要求计价都以统一的预算价格来进行，因此，反映企业内部生产技术及管理水平的定额（企业定额），是房屋修缮单位进行投标或物业服务企业进行招标确定标底的依据。企业定额与国家、地方预算定额的定额水平可以不一样，但其原理和内涵是一致的。

7.3 房屋本体修缮工程结算

7.3.1 房屋修缮工程竣工结算的依据和内容

（1）房屋修缮工程竣工结算概述

1）房屋修缮工程竣工结算的概念

是指房屋修缮工程竣工后，房屋维修施工企业根据修缮施工实施过程中实际发生的变更情况，对原施工图预算造价或工程承包价进行调整、修正、重新确定工程造价的经济文件。施工单位将汇总后的结算文件报送甲方审批，进而确定双方共同认可的工程施工总造价额的过程，称为房屋修缮工程竣工结算。

2）房屋修缮工程竣工结算的作用

① 通过房屋修缮工程结算可以办理已完工程的工程价款，确定房屋维修施工企业的资金收入，补充施工生产过程中的资金消耗。也是确定发包人应支付工程价款的依据。

② 房屋修缮工程竣工结算是统计房屋维修施工企业完成生产计划的依据。

③ 房屋修缮工程竣工结算额是房屋维修施工企业完成该工程项目的总货币收入，是企业内部进行成本核算，确定工程预算成本收入的重要依据。

3）竣工工程结算的分类

根据工程结算的内容不同，工程竣工结算可分为以下几种：

① 工程价款结算

它是指房屋维修工程施工完毕并经验收合格后，房屋维修施工企业（承包商）按工程合同的规定与业主或委托的物业服务企业（发包人）结清工程价款的经济活动。包括预付工程备料款和工程进度款的结算，在实际工作中统称为工程竣工结算。

② 设备、工器具购置结算

它是指发包人、房屋维修施工企业为了采购机械设备、工器具等，同有关单位之间发生的货币收付结算。

③ 劳务供应结算

它是指房屋维修施工企业、发包人及有关部门之间，互相提供咨询、勘察、设计、房屋维修工程施工、运输和加工等劳务而发生的价款结算。

（2）房屋修缮工程竣工结算的编制依据

房屋修缮工程竣工结算的编制依据主要有以下资料：

1）房屋维修施工企业与发包人签订的维修工程施工合同或协议书。

2）房屋维修工程设计图、施工图预算。

3）房屋维修工程施工过程中设计变更通知书、现场工程变更通知书，会审纪要和有关费用签证。

4）分包工程结算书。

5）房屋修缮工程预算定额、材料价格表和各项费用取费标准。

6）国家和当地房产主管部门的有关政策规定。

（3）房屋修缮工程竣工结算的内容及工程价款支付方式

1）房屋修缮工程竣工结算的内容

① 按照房屋修缮工程承包合同或协议办理预付工程备料款。

② 按照双方确定的结算方式开列房屋维修施工企业施工作业计划和工程价款预支单，办理工程预付款。

③ 月末（或阶段完成）呈报已完房屋修缮工程月（或阶段）报表和工程价款结算单，同时按规定抵扣工程备料款和预付工程款，办理房屋维修工程款结算。

④ 年终已完成房屋修缮工程竣工、房屋修缮工程未完工程盘点和年终结算书。

⑤ 房屋修缮工程竣工时，编写工程竣工书，办理房屋修缮工程竣工结算。

2）房屋修缮工程价款的支付方式

① 按月结算

按月结算实行旬末或月中预支工程款项，月终实施结算，跨年度竣工的房屋修缮工程，在年终进行工程盘点，办理年度结算。对在建的房屋修缮施工工程，每月月末（或下月初）由房屋维修施工企业提出已完工程月报表和工程款结算清单，交现场监理工程师审查签证并经发包人确认后，进行已完工程的工程款结算和支付业务。

按月结算时，对已完成的房屋修缮工程施工部分产品，必须严格按规定标准检查质量和逐一清点工程量，对质量不合格或未完成工程合同规定的全部工序内容，则不能办理工程价款支付。

② 分段结算

分段结算是针对大型或较大型房屋修缮工程对象，按其施工进度划分为若干施工阶段，按阶段进行修缮工程价款结算。

③ 竣工结算

房屋修缮工程竣工后，按照工程合同（或协议）的规定，在房屋修缮工程施工图预算的基础上编制房屋修缮工程调整预算，进行维修工程价款结算。

7.3.2　房屋维修工程结算编制步骤和方法

（1）房屋维修工程结算编制步骤和方法

1）收集、整理、熟悉有关房屋修缮工程的原始资料。

2）认真检查复核有关房屋修缮工程原始资料。

3）深入现场、对照观察房屋修缮竣工工程。

4）按房屋修缮工程的实际情况调整修缮工程量。

5）套用房屋修缮工程预算定额（基价），计算房屋修缮工程的设计预算价值。具体包括以下几项工作：

①计算原房屋修缮工程施工图预算直接工程费。

②计算调增部分的直接工程费。按调增部分的工程量，查套相应的房屋修缮工程预算定额（基价），求出调增部分的直接工程费，以"调增小计"表示。

③计算调减部分的直接工程费。按调减部分的工程量，查套相应的房屋修缮工程预算定额，求出调减部分的直接工程费，以"调减小计"表示。

④计算房屋修缮工程竣工结算直接工程费总额。

⑤计算房屋修缮工程的材料价差。

⑥按房屋修缮工程取费标准计算其他各项费用。

⑦计算单位工程结算造价。

6）复制、装订、送审、定案。

对于包干形式的修缮工程结算，应按合同规定的包干范围清理有无包干范围外的增加项目、有无奖惩规定、有无经过签证的工程变更结算单等。将全部清理计算结果与原包干造价合并编制出单位房屋修缮工程结算书。

（2）房屋维修工程结算书的内容

工程结算书的内容一般包括：

1）封面

内容包括：工程名称、建设单位、建筑面积、结构类型、结算造价、编制日期等，并设有施工单位、审查单位以及编制人、复核人、审核人的签字盖章的位置。

2）编制说明

内容包括：编制依据、结算范围、变更内容、双方协商处理的事项及其他必须说明的问题。

3）工程结算直接费计算表

内容包括：定额编号、分项工程名称、单位、工程量、定额基价、合价、人工费、机械费等。

4）工程结算费用计算表

内容包括：费用名称、费用计算基础、费率、计算式、费用金额等。

5）附表

内容包括：工程量增减计算表、材料价差计算表、补充基价分析表等。

本 章 能 力 训 练

1. 屋面卷材防水层整体维修预算编制训练

（1）任务描述

某既有民用建筑屋顶平面图如图 7-2 所示，因年久原屋面油毡防水层整体老化，现计划对老化的防水层进行整体维修，维修项目内容包括：铲除原老化防水层，重新铺抹水泥砂浆找平层后，做 SBS 改性沥青油毡屋面。根据所给屋顶平面图，确定该维修工程预算造价（不考虑价差调整）。

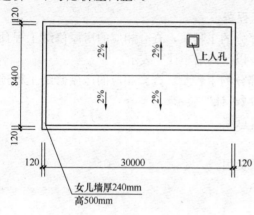

图 7-2 某民用建筑屋顶平面图

（2）训练目标

通过对屋面卷材防水层整体维修预算编制实训内容的练习，应该达到下列技能要求：

1）熟悉使用有关工程量计算规则，正确计算工程量；

2）初步掌握预算定额的内容及套用方法，计算维修工程直接工程费；

3）掌握其他各项取费标准的运用方法；

4）初步掌握房屋修缮工程预算编制的步骤和方法，具有编制中小型修缮工程预算的能力。

（3）任务实施方案及要求

1）在授课教师指导下，每位同学，以 SBS 改性沥青油毡屋面为主，可选择不同的防水层厚度，开展预算编制工作；

2）可采用课上教师指导和课下学生练习相结合的方式完成本次训练任务；

3）可参考本章表 7-2～表 7-5 的格式进行相关内容计算和预算编制；

4）将练习成果装订成册。装订顺序：封面、编制说明、表 7-5、表 7-4、表 7-3、表 7-2。用 A4 纸打印或手写完成。

① 封面　应写明工程名称、工程地点、建筑面积、单方造价、建设单位、施工单位、编制单位名称及负责人、审核单位名称及负责人、日期等。（作为练习，编制单位名称及负责人可写为学生所在班级及姓名）。

② 编制说明　（按教师要求）要写明施工图名称及编号、所用预算定额及编制年份、费用定额及人工、材料、机械调差的有关文件名称文号和套用单价或补充单价方面的情况等。

（4）参考资料

【案例】　××市房屋修缮工程预算基价（节选）

1. 屋面拆除工程

工作内容：

（1）拆除黏土瓦、石棉瓦、铁皮屋面包括拆面层、垫层、木基层、保护顶棚。

（2）拆除卷材屋面包括铲油毡、铲粒砂（粒石）。

编　号			1-036	1-037	1-038	1-039	1-040	1-041
项目名称			黏土瓦屋面		石棉瓦、铁皮屋面		卷材屋面	
			带泥背	不带泥背	带基层	不带基层	带保温层	不带保温
单位			m²					
总价（元）			8.16	4.3	5.15	3.87	7.3	3.44
其中	人工费（元）		7.38	3.89	4.66	3.5	6.61	3.11
	材料费（元）		—	—	—	—	—	—
	管理费（元）		0.78	0.41	0.49	0.37	0.69	0.33
名　称	单位	单价（元）	消耗量					
人 工	综合工日	工日	37.70	0.190	0.100	0.120	0.090	0.170	0.080
	其他人工费	元		0.22	0.12	0.14	0.11	0.20	0.09

2. 屋面工程
（1）找平层

工作内容：调制砂浆、抹水泥砂浆找平层。

编　号				6-011	6-012	6-013
项目名称				1:3水泥砂浆		
				20mm厚	30mm厚	每增减5mm厚
单位				m²		
总价（元）				10.30	14.32	2.38
其中	人工费（元）			3.43	4.41	0.73
	材料费（元）			6.17	9.16	1.51
	机械费（元）			0.31	0.25	0.06
	管理费（元）			0.39	0.50	0.08
名　称		单位	单价（元）	消耗量		
人 工	综合工日	工日	47.20	0.071	0.091	0.015
	其他人工费	元		0.08	0.11	0.02
材 料	水泥	kg	0.34	9.788	14.660	2.349
	粗砂	t	74.43	0.036	0.053	0.009
	其他材料	元		0.16	0.23	0.04
	1:3水泥砂浆	m³		(0.0225)	(0.0337)	(0.0054)
机械	中小型机械费	元		0.31	0.25	0.06

（2）屋面防水（SBS卷材防水）

工作内容：清理基层、涂刷基底胶粘剂、铺贴SBS卷材等工作。

编　号		6-064	6-065	6-066
项目名称		SBS改性沥青油毡屋面		
		2mm	3mm	4mm
单位		m²		
总价（元）		41.2	67.22	74.65
其中	人工费（元）	4.84	7.26	7.26
	材料费（元）	35.81	59.13	66.56
	管理费（元）	0.55	0.83	0.83

续表

名称		单位	单价（元）	消耗量		
人工	综合工日	工日	47.20	0.100	0.150	0.150
	其他人工费	元		0.12	0.18	0.18
材料	改性沥青防水卷材 SBS 厚 2mm	m²	21.45	1.400		
	改性沥青防水卷材 SBS 厚 3mm	m²	35		1.400	
	改性沥青防水卷材 SBS 厚 4mm	m²	40.04			1.400
	水乳型橡胶沥青	kg	10.00		0.36	0.36
	聚氨酯嵌缝膏	kg	14.50	0.040	0.040	0.040
	汽油	kg	7.5	0.500	0.500	0.500
	零星材料费	元		0.54	0.70	0.88
	其他材料费	元		0.91	1.50	1.69

3. 其他各项取费（参考）标准

（1）措施费

1）安全文明施工措施费以人工费合计为基数，乘以系数 6.90% 计算。

2）冬季施工降效费以冬季施工期间完成的工程项目的人工费和机械费合计为基数乘以系数 10%（冬季施工期间完成的工程项目的人工费和机械费可按总价中人工费和机械费的总计的 1/3 计算）。

3）雨季施工费以雨季施工期间完成的工程项目的直接工程费合计为基数乘以系数 1%（雨季施工期间完成的直接工程费可按直接工程费的 17% 计算）。

4）夜间施工措施费按实际参加夜间施工的人工工日计算，每工日 18.47 元。

5）封闭作业施工增加费按封闭作业子目预算基价工日的 80% 计算，每工日 7.87 元。

6）二次搬运措施费以预算基价中材料费合计为基数。一次运输卸料点在预算基价中现场超运距加工范围 300m 以内的不计取二次搬运费，在超运距加工范围 300m 以外统一按系数 1.80% 计取。

7）施工难度增加措施费以基价人工费的 3.49% 计取，全部为人工费，其企业管理费按人工费的 21.20% 计取。

8）总包服务费以发包人与专业工程分包的承包人所签订的合同价格为基数乘以系数计算（参考系数 1%～4%）。

9）竣工验收存档资料编制费以直接工程费合计为基数乘以系数计算（参考系数 0.1%）。

10）大型机械费：施工中如需使用大型机械应双方协商并经确认可按实际发生计取，并计取发生费用的 2.5% 管理配合费。

11）地上、地下物处理及破路费、占道费按实际发生计取，人工单价（包括其他人工费）每工日 38.87 元。

12）施工用水电费按实际发生计取。

13）施工用水电接通及拆除费应按实际发生计取，其人工单价（包括其他人工费）拆除用工每工日 38.47 元，其他用工每工日 48.37 元。

14）施工排水、降水费按实际发生计取，人工单价（包括其他人工费）每工日 48.37 元。

15）室内空气污染测试费按检测部门的收费标准计算。

16）通用措施项目夜间施工、封闭作业施工增加费、二次搬运、总包服务费和竣工验收存档资料编制费的企业管理费和规费均包括在该项目的费用中不另行计算。

17）安全文明施工措施费，冬季施工降效费，雨季施工费，施工难度增加措施费，地上、地下物处理费及破路费、占道费，施工用水电接通及拆除费，施工排水、降水费，室内空气污染测试费，按其人工费计取规费。

18）安全文明施工措施费，冬季施工降效费，雨季施工费，施工难度增加措施费，地上、地下物处理费及破路费、占道费，施工用水电接通及拆除费，施工排水、降水费，室内空气污染测试费，均应计取企业管理费，计取方法为用上述各项措施费中人工费乘以 21.20％。

（2）间接费、利润及税金

1）企业管理费。按上述定额（基价）和措施费中相应规定计算。

2）规费。以直接费中的人工费合计为基数，费率按 44.21％计算。

3）利润。根据修缮工程类别（一般按维修工程建筑面积和预算基价合计两项划分为四类）计算，本屋面维修案例为四类工程，利润率取人工费合计的 14％计算。

4）税金。工程项目所在地在市区的按 3.44％计算，不在市区的按 3.38％计算。

4. 拓展思考问题

通过上述修缮工程预算的编制，总结说明下列问题：

（1）工程量计算应注意哪些方面的问题？

（2）各项取费标准如何应用？

（3）修缮工程预算造价的构成如何？

（4）预算编制过程的主要步骤有哪些？

8 房屋本体维修养护管理

本章学习任务及目标
(1) 了解房屋本体维修养护的管理组织形式和机构设置
(2) 熟悉房屋本体维修行政管理
(3) 熟悉房屋本体维修养护计划管理的目的、意义
(4) 掌握房屋本体维修养护计划的编制
(5) 掌握房屋本体维修工程施工管理的内容
(6) 掌握房屋本体维修工程施工质量、工期（进度）、成本管理

8.1 房屋本体维修养护的管理组织

8.1.1 房屋修缮工程的管理组织形式

(1) 房屋修缮工程管理组织概述

房屋修缮工程的管理组织是指业主（或物业服务企业）及其相应的管理组织体系。大中型维修工程项目确定后，应根据维修工程项目的性质、投资来源、维修工程规模大小、工程复杂程度等情况，建立相应的维修项目管理组织。其作用是对维修项目的进度、质量、成本、安全等方面实施有效的控制与管理。

维修工程项目管理组织机构设置的目的是为了充分发挥维修项目管理职能，协调维修项目参与各方的关系，提高项目整体管理效率，以达到项目管理的最终目标。维修工程项目管理组织体系和组织机构的建立是实现维修项目管理成功的组织保证。

维修项目管理的组织，是指为进行修缮施工项目管理、实现组织职能而进行组织系统的设计与建立、组织运行和组织调整三个方面。组织系统的设计与建立是指通过筹划、设计，建立一个可以完成修缮施工项目管理的组织机构，建立必要的规章制度，划分并明确岗位、层次、部门的责任和权力，建立和形成管理信息系统及责任分担系统，并通过一定岗位和部门内人员的规范化的活动和信息沟通实现组织目标。

(2) 房屋修缮工程的管理组织形式

房屋修缮工程项目的组织形式也就是管理修缮工程项目的组织建制，常见的工程项目管理的组织形式有以下几种：

1) 业主（或物业服务企业）自管方式

即业主（或物业服务企业）自己设置维修管理机构负责支配维修资金、办理前期所需的相关手续、委托鉴定设计、监理、采购设备、招标施工、验收工程等全部工作，如图8-1所示。

这种管理体制是业主（或物业服务企业）和承包单位的管理体制。分为两种情况：第一种，如果是业主自己设置维修管理机构，这种方式并非是专业化、社会化的管理机构，

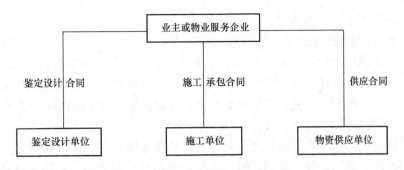

图 8-1　业主自管方式

其人员一般都是临时从各方面调集来的，多数没有管理维修工程项目的经验，而当他们有了一些管理经验之后，又随着维修工程的竣工而停止工程管理工作，回到原来的岗位或改行从事其他工作。不利于业主方管理水平和效益的提高；第二种，是物业服务企业自己设置维修管理机构，负责上述管理工作，是目前比较常见的模式。

2）项目总承包形式

即业主（或物业服务企业）仅提出维修工程项目的要求，而将鉴定设计、维修施工、材料供应等工作全部委托给一家承包公司去做，最终将维修合格的工程交给委托方。该种管理形式也可称为"全过程承包"或维修工程总承包，如图 8-2 所示。

这种管理模式主要适用于管理型的物业服务企业或物业服务企业专业化水平和管理经验欠缺的企业。

3）三角管理形式

即是由业主（或物业服务企业）分别与维修施工承包单位和专业咨询（监理）公司签订合同，由咨询（监理）公司代表业主（或物业服务企业）对承包施工单位进行管理，三方关系如图 8-3 所示。

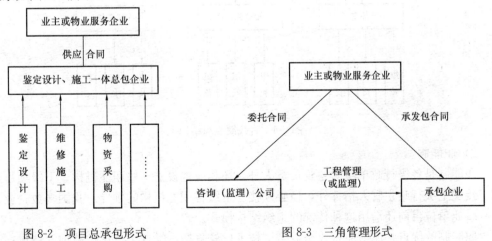

图 8-2　项目总承包形式　　　　　图 8-3　三角管理形式

8.1.2　房屋修缮工程的管理组织机构

（1）项目管理组织机构的设置原则

1）高效精干的原则

项目管理组织机构在保证履行必要职能的前提下，要尽量简化机构、减少层次，做到人员精干、一专多能、一人多职。

2）管理跨度与管理分层统一的原则

项目管理组织机构设置、人员编制是否得当合理，关键是根据项目大小确定管理跨度的科学性。同时大型维修项目管理部的设置，要注意适当划分几个层次，使每一个层次都能保持适当的工作跨度，以便各级领导集团力量在职责范围内实施有效的管理。

3）业务系统化管理和协作一致的原则

项目管理组织的系统化原则是由其自身的系统性所决定的。项目管理作为一个整体，是由众多小系统组成的；各子系统之间，在系统内部各单位之间，不同维修栋号、工种、工序之间存在着大量的"结合部"，这就要求各业务科室的职能之间要形成一个相互制约、相互联系、相互协调、相互配合的有机整体。

4）因事设岗、按岗定人、以责授权的原则

项目管理组织机构设置和定员编制的根本目的在于保证项目管理目标的实施。所以，应按目标需要设置办事机构、按办事职责范围确定人员编制的多少。即坚持因事设岗、按岗定人、以责授权，这是项目管理进行体制改革中必须解决的重点问题。

（2）维修项目管理机构的主要模式

1）直线制

在直线制组织结构中，每一个工作部门只能对其直接的下属部门下达工作指令，每一个工作部门也只有一个直接的上级部门，所以，每一个工作部门只有惟一的指令源，避免了由于矛盾的指令而影响组织系统的运行，但横向联系较为困难。适用于大多数一般中小型的维修工程项目。如图8-4所示。

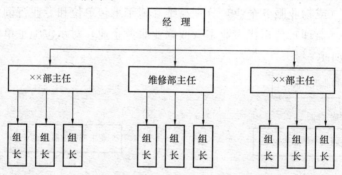

图8-4 直线制组织结构

2）职能制

职能制是各级行政单位除主管负责人外，还相应地设立一些职能机构。下级项目经理除了接受上级行政主管人指挥外，还必须接受上级各职能机构的领导。我国多数企业、学校、事业单位目前还沿用这种传统的组织结构模式。

职能制的优点是能适应现代企业生产技术比较复杂，管理工作比较精细的特点；能充分发挥职能机构的专业管理作用，减轻直线领导人员的工作负担。但缺点也很明显：它妨碍了必要的集中领导和统一指挥，形成了多头领导；不利于建立和健全各级行政负责人和职能科室的责任制，在中间管理层往往会出现有功大家抢，有过大家推的现象；另外，在上级行政领导和职能机构的指导和命令发生矛盾时，下级就无所适从，影响工作的正常进行，容易造成纪律松弛，生产管理秩序混乱，如图 8-5 所示。

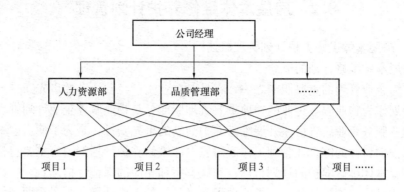

图 8-5 职能制组织结构

3）直线-职能制

直线-职能制，它是在直线制和职能制的基础上，取长补短，吸取这两种形式的优点而建立起来的。这种组织结构形式是把企业管理机构和人员分为两类，一类是直线领导机构和人员，按命令统一原则对各级组织行使指挥权；另一类是职能机构和人员，按专业化原则，从事组织的各项职能管理工作。直线领导机构和人员在自己的职责范围内有一定的决定权和对所属下级的指挥权，并对自己部门的工作负全部责任。而职能机构和人员，则是直线指挥人员的参谋，不能对直接部门发号施令，只能进行业务指导。

直线-职能制的优点是：既保证了企业管理体系的集中统一，又可以在各级行政负责人的领导下，充分发挥各专业管理机构的作用。其缺点是：职能部门之间的协作和配合性较差，职能部门的许多工作要直接向上层领导报告请示才能处理，这一方面加重了上层领导的工作负担；另一方面也造成办事效率低。为了克服这些缺点，可以建立各种会议制度，以协调各方面的工作，起到沟通作用，帮助高层领导出谋划策，如图 8-6 所示。

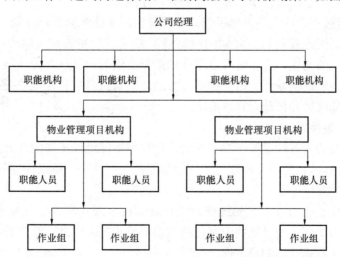

图 8-6 直线-职能制

除上述直线制、职能制和直线—职能制外，还有事业部制、矩阵制等。

8.2 房屋本体维修养护计划管理

8.2.1 房屋本体维修养护计划管理概述

(1) 房屋本体维修计划的概念

计划作为企业管理的重要职能之一，它是对企业生产经营活动的事先安排。房屋本体维修养护计划作为物业服务企业的一项重要管理职能，是物业服务企业计划管理的组成部分，是对物业服务企业所管房屋开展维修养护活动的事先安排，是为了使房屋本体维修工作能够达到预期目标的综合性管理工作。房屋本体维修养护计划的内容主要包括在一定时期内有关房屋本体维修养护的计划目标、实施方案和相应的保证性措施。

房屋本体维修养护计划是一项专业性强而又具体的工作计划，为了全面规划物业服务企业的房屋本体维修养护工作，必须从不同层次、不同角度编制计划，并做好各种计划之间的综合平衡工作，理顺各种计划之间的关系，使之成为相互联系、相互影响、协调一致的计划体系。

(2) 房屋本体维修养护计划管理的意义

1) 计划是管理的开端，是管理循环的起始，任何管理都不能与计划相脱节，没有计划就失去了对行动的导引，就无从谈管理。

2) 计划管理是物业项目房屋本体维修部门与物业服务企业其他部门发生业务联系的纽带，它在正确处理和协调公司全局与局部、维修部门与其他部门业务关系方面有着十分重要的意义。企业组织机构只规定企业各部门的管理职能，而各部门在开展具体业务管理时，则必须按计划办事，计划是指导和评价企业各职能部门工作的重要依据和标准。

3) 房屋本体维修养护工作涉及面广、专业性强、影响因素多，为了使其能正常、高效地进行，必须对其实行全过程的平衡和协调，使维修养护工作始终处于计划的指导之下，而要实现这一点必须通过维修养护计划管理才能实现。

4) 计划执行过程中的信息及时反馈，是优化房屋本体维修养护计划工作的重要方法，通过维修养护计划管理及时检查计划的执行情况并通过控制协调及时做出优化处理。同时，根据实际情况的变化，必要时可以对计划进行适当的调整。若无计划管理就不能使优化得到继续，就不能使企业人、财、物等各方面之间保持科学、合理的关系。

(3) 房屋本体维修养护计划管理的特点

1) 计划的自主性差

物业服务企业的业务性质属于服务性的，其房屋本体维修工作的开展一方面取决于业主的要求（合同约定），另一方面取决于所管房屋的完损情况，所以计划的自主性较差。

2) 计划的多变性

房屋维修工程变化因素多，如维修对象损坏情况、现场环境、气候条件和协作（外包）单位等条件的变化，而且这些因素往往难以准确预见。因此，维修管理组织工作不稳定，影响开竣工，影响计划的稳定性。

3) 计划的不均衡性

由于维修施工往往受季节性的影响，造成计划期内的施工内容与比例不同，使年、季、月之间做到计划均衡的难度很大。

(4) 房屋本体维修养护计划管理的目的

1) 有计划地对房屋进行维修保养，可以有效地避免房屋本体维修养护工作的盲目性，确保房屋安全正常使用，提高房屋的使用功能，延长房屋的使用寿命。

2) 保证合理使用维修资金，使有限的资金发挥最大的维修效果，实现最大的经济效益和社会效益，做到使业主满意，提高物业服务企业的信誉。

3) 提高房屋本体维修养护管理水平，实现房屋本体维修目标，全面完成维修任务。

总之，做好房屋本体维修养护计划管理工作，要根据国家房屋管理政策对维修工作的要求、房屋完好损坏情况及用户的实际需要，在预测的基础上，制定切实可行的维修计划并做好综合平衡工作，合理使用有限的资源，做到节省开支、保证质量、缩短工期，对维修活动的各个方面进行有效的组织、领导、协调和控制，不断提高房屋本体维修质量，满足业主的需求，取得更好的经济效益、社会效益和环境效益。

(5) 房屋本体维修养护计划的类型

1) 按计划内容可分为房屋本体维修施工计划和企业各部门的保证性计划两类

房屋本体维修施工计划是直接指导物业服务企业开展房屋本体维修工作的计划文件，具有主体计划的性质。而物业服务企业各部门围绕房屋本体维修施工计划的实现而做的保证性计划，如材料采购供应计划、劳动力计划、机具供应计划、资金使用计划等，均属于辅助性计划。制定房屋本体维修养护计划时，必须处理好维修施工计划与其他保证性计划的系统关系，保持计划内容、形式、数量、质量指标的相互适应、相互协调及相互统一。同时，还必须根据房屋本体维修工作的特点，不断调整、完善维修计划的内容和指标，努力促进维修工作的正常开展，确保物业服务企业房屋维修计划的全面贯彻实施。

2) 按计划期的长短房屋维修计划可分为年度计划、季度计划和月度计划

房屋维修年度计划是物业服务企业对其年度维修工作的事先安排。由于计划期较长，所以计划内容比较概括，属于控制性计划。房屋维修季度和月度计划是物业服务企业对其季度和月度内预期需要开展维修工作的事先安排，它是具体指导维修工作的计划文件是以年度计划为依据编制的，属于操作性或实施性的计划，所以计划内容应尽可能详细具体。

8.2.2 房屋本体维修养护计划的内容

房屋本体维修养护计划的内容主要包括在一定时期内有关房屋本体维修的计划目标、实施方案和相应的保证性措施。

所谓房屋本体维修的计划目标是指物业服务企业在计划期内必须完成的维修工作的数量、质量和效益等方面的预定标准。其中维修工作的数量是指在计划期内预期对所需维修的房屋、部位、维修工作的内容及相应的实物工程量和工作量的一种规定。维修工作质量是指对计划期内所需维修的房屋的质量要求。维修工作效益是指维修成果与成本的关系，具体反映在维修工程成本、劳动生产率及维修工程工期等效益指标上及相应措施。

房屋本体维修养护计划中的实施方案，是指为实现维修计划目标而采取的工作方法、手段和步骤。实施方案的内容包括计划期内维修工作的时间安排、实施维修工作的方式、维修工程的技术方案及组织措施等内容。

房屋本体维修养护计划的保证性措施，是指为确保维修计划目标及相应实施方案的实现而做的辅助性计划。其内容包括房屋本体维修养护资金使用计划、物资供应计划、劳动力使用计划及技术支持计划等。

（1）房屋本体维修施工计划

是物业服务企业房屋本体维修养护计划的主导和核心，是编制其他计划的依据。其内容主要包括：

1）房屋的概况、维修部位及维修性质、规模（建筑面积和实物工程量）；

2）维修项目施工方案的选择；

3）预计的维修项目所需资金额；

4）施工任务的实施方式（自营维修或外包维修）；

5）各项维修工程项目实施时间及进度安排；

6）各项资源（资金、人员、物资等）需求量计划；

7）主要技术组织措施；

8）主要技术经济效益指标等。

（2）房屋本体维修辅助计划

属于支持、保证性计划，它为确保完成房屋本体维修施工计划创造条件。其内容主要包括：

1）房屋本体维修施工力量计划。包括临时工、合同工的招聘计划，自有工人的组织及供应计划，各维修班组（或施工项目部）任务的安排，外包工程的招投标计划等。

2）房屋本体维修材料供应计划。包括材料、构配件、器材的采购、运输、储存计划等。

3）房屋本体维修机具供应计划。包括机具的购置、租赁、维修、更新计划等。

4）房屋本体维修技术支持计划。包括技术人员的组织与配备、技术制度的制定、施工安全措施等。

5）房屋本体维修资金使用计划。包括资金的需要量预测、资金筹措、资金使用计划等。

6）房屋本体维修成本及利润计划。包括成本预测、成本目标确定、成本控制、成本核算以及预期实现利润额计划等。

8.2.3 房屋本体维修养护计划的编制

（1）房屋本体维修养护计划编制的原则

房屋本体维修养护计划编制的原则是：实事求是、量力而行、留有余地。即从房屋本体维修工程的实际出发，计划的编制既考虑到必要，又考虑到可能。

1）实事求是

是指应根据房屋的完损状况及业主的具体要求，在确保房屋安全使用的基础上，正确处理重点和一般的关系、主要矛盾和次要矛盾的关系，合理安排维修计划。

2）量力而行

是指正确处理业主或使用人需要、技术与经济的关系，在编制维修计划时，在听取业主意见的同时，应充分考虑技术上的可能性和经济上的可行性，做好房屋本体维修方案的论证工作，在确保房屋安全正常使用功能和合理延长房屋使用寿命的基础上，尽量减少业主的经济负担，降低企业的维修成本费用。

3）留有余地

是指计划应有一定的弹性。房屋本体维修活动的特殊性决定了在维修施工过程中存在很多不确定因素及外部环境对它的不利影响，一旦某个外部环境因素对施工过程产生负面影响，就会带来实际施工情况偏离原计划安排的情况。随着这些不利情况的出现，必将对维修施工涉及的人力、物力、财力等企业资源提出新的要求。另一方面，维修项目内容本身也存在着不确定性，既有必然性也有一定的偶然性，如房屋遭受恶劣天气带来的局部损坏，也应及时维修，必然发生费用问题，所以，在编制计划时必须充分考虑上述可能出现变化的因素，做好准备，即在编制计划时应留有余地，如考虑必要的不可预见费。

(2) 房屋本体维修养护计划的编制方法

1) 编制依据

① 依据国家和地方对房地产管理的制度、政策以及必要的经济预测和技术预测资料。

② 物业管理区域内的房屋完损状况。房屋的完损状况是编制年度维修计划的主要依据，通过企业组织查勘鉴定，掌握各类房屋完损等级情况后，为确保房屋安全、正常使用，保持房屋的正常使用功能，针对发现的损坏情况和存在的安全隐患，必须安排不同类型的维修。如危险房屋必须及时安排加固排险；严重损坏房屋可根据情况考虑翻修或大修；一般损坏房屋可进行中修；完好和基本完好房屋需做好经常性的维护保养工作，以保持完好的状态等。所以要根据房屋的完损情况，在确保安全的前提下，编制安排全年房屋本体维修的总规模及翻修、大修、中修、综合维修等各类维修工程的规模。

③ 应充分考虑物业服务企业自身的条件。对企业自身条件、实力应有全面正确的了解，根据公司的施工力量、财务状况、物资设备及人员素质等因素进行综合全面的平衡。协调好各层次、各方面的关系。

④ 房屋完损状况统计资料，企业过去维修施工中工料消耗（指标）资料的积累和分析。

2) 年度维修计划的编制

年度维修计划的编制与维修工程量、工期、降低成本、安全、质量、服务、施工管理等有着密切的联系，年度维修计划的编制步骤如下：

① 根据房屋完损状况、国家有关房屋本体维修管理的政策及标准、企业自身的施工力量、业主提出的合理意见等因素研究确定计划期内房屋本体维修的总规模以及各种维修类型的规模。

② 根据有关技术要求和企业自身条件确定维修任务分配方案（即确定是自营维修还是外包维修）并编制相应的年度维修施工进度安排计划。

③ 根据房屋本体维修工程量、在维修施工中各种资源的消耗量标准（定额）及进度安排，编制有关人工、材料、机具、成本、资金计划。

3) 季度维修计划的编制

季度维修计划是在年度维修计划的基础上，按照均衡生产的原则，并结合季节特点，编制季度计划，季度计划要保证年度计划的顺利完成。

① 编制季度维修计划要考虑的因素

首先，应根据季节不同、气候条件不同（如冬季寒冷，夏季酷暑），合理安排维修任务和采取施工措施。其次，应根据不同季节安排不同维修项目，例如维修屋面工程应尽量安排在雨季到来之前进行。第三，应根据不同季节安排不同业主维修，如修理商业用房应尽量安排在营业淡季进行，学校则可安排在寒暑假期施工等。

② 季度维修计划的编制

编制季度维修计划时，应在年度维修计划的指导下，根据季度特点及有关具体条件来确定本季度维修施工的工程量及相应的进度计划，在确定本季度维修工程量及进度计划时应考虑与年度维修计划总量的比例，在条件许可的基础上，尽量提前安排，以确保年度计划的顺利完成。在编制季度维修计划时，应拟定具体的维修施工方案，以作为编制详细资源供应计划的依据。季度维修计划中每个维修工程项目均应编制工程预算，以确定该工程的预算造价及工料消耗量指标，并在此基础上编制劳动力组织计划及材料、机具、资金使用计划。拟定施工进度计划，并对资源进行综合平衡，尽量组织均衡施工。

4) 月度维修计划的编制

在充分保证季度维修计划完成的前提下，根据季度维修计划中各项工程准备情况及房屋完损情况，按轻重缓急原则编制月度维修计划。工程准备情况主要指工程前期准备，包括工程项目的查勘设计，维修项目报批，水电表移位，道路占用办理，住用户临时搬迁，维修施工队伍、材料、设备等准备情况。

月度维修计划的编制方法与季度维修计划基本相同，月度维修计划应保证季度维修计划的完成，是季度维修计划的进一步细化。如遇特殊情况需调整计划，应按企业内部管理规定履行程序，经批准后才可以调整计划。

8.3 房屋本体维修工程施工管理

房屋本体维修工程项目管理是自维修项目开始至维修项目工作完成，通过对维修项目的计划、准备和实施过程的控制，使维修项目的目标（费用目标、进度目标、质量目标）得以实现的一系列活动。施工管理是整个维修项目管理中非常重要的环节，是具体的实施阶段，其核心管理内容是做好维修施工的费用控制、进度控制、质量控制（三控）；合同管理、安全管理（二管理）工作。

8.3.1 房屋维修工程施工质量控制

（1）房屋维修施工质量控制概述

按照 GB/T 19000—2000《质量管理体系标准》的定义："质量管理是指确立质量方针及实施质量方针的全部职能及工作内容，并对其工作效果进行评价和改进的一系列工作"。根据 GB/T 19000—2000《质量管理体系标准》中质量术语的定义："质量控制是质量管理的一部分，致力于满足质量要求的一系列相关活动"。

1) 质量保证体系的概念

质量保证是物业服务企业向业主保证其维修的工程质量在规定期限内能满足正常使用。它体现了企业对工程质量负责到底的承诺，把现场施工的质量管理与竣工后业主使用质量联系在一起。

质量保证体系，是企业内部的一种管理手段，是以控制和保证工程质量为目标，运用系统的概念和方法，把企业各部门、各环节的质量管理职能和活动合理地组织起来，形成一个有明确任务、职责和权限，相互协调、互相促进的管理网络和有机整体。

2) 房屋维修施工质量保证体系的内容

维修项目施工的质量保证体系是以控制和保证工程质量为目标，贯穿于从施工准备、施工生产到竣工完成的全过程。其主要内容包括以下几个方面：

①维修项目施工质量目标　要以维修项目合同约定为基本依据，同时应符合国家质量标准的要求，逐级分解目标作为施工质量保证体系的各级质量目标。分解可以一方面从时间角度展开，实施全过程的质量控制；另一方面从空间角度展开，实施全方位和全员的质量目标管理。

②维修项目施工质量计划　维修项目施工质量计划可以按内容分为施工质量工作计划和施工质量成本计划。

③思想保证体系　用全面质量管理的思想、观点和方法，使全体人员真正树立起强烈的质量意识。坚持"质量第一"、"预防为主"的观点，贯彻"一切为业主服务"的思想，以达到提高施工质量的目的。

④组织保证体系　即要求必须建立健全各级质量管理组织，分工负责，形成一个有明确任务、职责、权限、互相协调和互相促进的有机整体。

如果物业服务企业自行承担维修施工任务，则要以项目经理为核心组建质量管理部门，下设专业施工队的专职质检员，班组兼职质检员，并按班组建立质量管理（QC）小组。质量管理小组的工作是质量管理的基础。如果物业服务企业将维修施工任务外包给专业维修施工单位，则要以项目为对象组织甲方的项目管理部，实行内部维修施工项目监理。

⑤工作保证体系　明确工作任务和建立工作制度，要落实在以下三个阶段：

A. 施工准备阶段的质量控制　施工准备是为整个维修项目施工创造条件，做好施工准备的质量控制是确保施工质量的首要工作。

B. 施工阶段的质量控制　施工过程是完成维修项目内容的过程，该阶段的质量控制是确保施工质量的关键。必须加强工序管理，建立质量检查制度，严格实行自检、互检和专检，开展群众性的QC活动。

C. 竣工验收阶段的质量控制　主要应做好成品保护，严格按规范标准进行检查验收和必要的处置，杜绝不合格工程蒙混过关，并做好相关资料的收集整理和移交，建立回访制度等。

（2）房屋维修施工质量控制

1）房屋维修质量管理的要求

房屋维修质量管理要做好以下几个方面的工作：

①建立健全质量监督检查机构，配置专职或兼职质检人员，分层管理，层层负责，并相互协调配合。

②质量管理机构和质检人员必须坚持标准，参与编制工程质量的技术措施，并监督实施，指导执行操作规程。

③坚持贯彻班组自检、互检和交接检查制度，对维修工程的关键部位和隐蔽工程，一定要经过检查合格、办理签证手续后，才能进行下一道工序施工。

④在施工准备阶段，应熟悉施工条件和施工图纸，了解工程技术要求，这是为提高施工组织设计质量、制定质量管理计划与质量保证措施、提供控制质量的可靠依据。

⑤在施工过程中，加强中间检查与技术复核工作，特别是对关键部位和隐蔽工程的检查复核工作。

⑥ 严格对建筑材料的品种、规格和质量进行检查验收，主要材料应有产品合格证或测试报告。

⑦ 加强对进入现场建筑配件、成品与半成品的检查验收，检查出厂合格证书或检测（验）报告。

⑧ 搞好施工质量的检查验收，坚持分项工程的检查，做好隐蔽工程的验收及工程质量的评定，不合格的工程不予验收签证。

⑨ 做好成品保护控制。所谓成品保护一般是指在施工过程中，某些部位已经完成，而其他部位还在施工，施工单位必须负责对已完成部分（成品）采取妥善措施予以保护。

⑩ 若发生工程质量事故，按有关规定及时上报技术管理部门，并查清事故原因，进行研究处理。

⑪ 对已交付使用的维修工程要进行质量跟踪，实行质量回访。在保修期内，因施工造成质量问题时，按合同规定负责保修。

2）房屋维修施工质量控制

① 维修施工准备阶段的质量控制

维修施工准备阶段，主要包括以下几个方面：

A. 确定经优选的高质量的施工方案和施工组织设计。

B. 按计划严格进行和检查准备工作的质量。对全场性的准备工作、维修项目工程的准备工作和作业条件的准备工作，都应按有关的准备工作计划周密进行并严格检查其质量，包括进场的施工设备及原材料的复核、检测、试验和鉴定等。

C. 做好技术交底。应逐级做好技术交底工作，使全体施工人员熟悉工程情况、设计意图、技术要求、质量标准和施工方法等。

D. 材料、半成品的质量控制。对材料、半成品的质量控制包括：

a. 严格按质量标准订货、采购、包装和运输。

b. 物资进场要按技术验收标准进行检查和验收。

c. 按规定的条件和要求进行堆存、保管和集中加工。

d. 按进度计划及时供应进场。对重要的材料或半成品，要把质量管理延伸到供应或生产单位。包括提前质量检查，协助供应单位加强质量管理，进行材料的供应监督等。

E. 施工机械、设备的质量保证。包括正确地选择施工机械设备，做好进场安装后的检查试车，使机械设备保持可良好运行的状态。

② 施工过程的质量控制

施工过程是工程质量形成的主要过程，其质量控制是维修项目质量管理的中心环节。

A. 加强施工工艺管理 工艺是直接加工和改造维修项目的技术和方法。严格的工艺控制，可以从根本上减少废次品，提高维修质量的稳定性。为此，必须及时督促操作规程、工艺标准等的认真执行。

B. 施工过程中的工序控制 好的工程质量是由一道道工序在生产过程中形成的。要从根本上防止不合格品的发生，就必须对每道工序进行质量控制。这是保证质量的基础，也是施工过程质量控制的重点。

C. 施工过程中的中间检查和技术复核 对工程质量有较大影响的关键部位和环节，要加强中间检查和技术的复核。

D. 做好主要阶段和交工前的质量检查，发现问题及时处理。

③ 使用过程的质量控制

房屋维修质量管理的最终目的是满足业主或使用人的使用要求。维修项目工程的质量，最终要通过使用才能表现出来。对物业服务企业来说，使用过程的质量控制，就是把质量管理延伸到维修工程的使用过程即工程交付使用后，要做好质量回访和保修，建立保修单和技术服务档案，提高服务质量。其次对维修工程的使用要求和效果进行普查或专题性的调查分析。如针对某种质量通病进行专题性的调查分析等。

8.3.2 维修工程施工成本管理

（1）维修工程施工成本管理概述

1）施工成本管理的概念

维修工程施工成本管理是物业服务企业（或外包专业维修施工企业）为降低维修工程成本而进行的各项管理工作的总称。成本管理是企业经营管理的重要组成部分，企业各项管理工作都同成本管理有着紧密的联系，都会反映到成本上。因此，加强成本管理，不仅能够节约费用，而且能改善企业经营管理水平。

2）施工成本管理的任务

成本管理的基本任务就是保证降低成本，通过对维修工程施工中各项耗费进行预测、计划、控制、核算、分析和考核，在保证工期和满足质量要求的前提下，以最少的消耗取得最优的经济效果。

① 做好成本计划，严格进行成本控制。认真编好成本计划，把降低成本的指标、措施层层落实到各职能部门和各环节上去，并通过承包等方法和职工的物质利益挂起钩来，真正调动起职工的积极性，努力降低消耗，节约开支。在施工中严格进行成本控制，保证一切支出控制在计划成本内。

② 做好成本管理的基础工作。加强定额管理，建立健全原始记录、计量与检验制度，建立健全成本管理责任制。

③ 加强维修成本核算与分析。通过成本核算与分析，可以及时找出存在的问题，了解各项成本费用节约或超支的情况，找出原因，有针对性地提出解决问题的办法，及时总结成本管理工作的经验，促使企业经营管理水平的不断提高。

3）维修工程成本的类型

维修工程施工过程中要消耗一定量的人力、物力和财力，把施工中的这种消耗用货币形式反映出来，即构成维修施工单位的生产费用，把生产费用归集到各个成本项目和核算对象中，就构成维修工程成本。维修工程成本是一个综合性指标，能全面反映维修工程施工生产活动及企业各项管理工作的质量和水平。在实际工作中，维修工程成本又可分为三类，即：预算成本、计划成本和实际成本。

① 预算成本　是按维修工程预算定额和各项取费标准计算的预算造价。预算成本项目包括直接费（人工费、材料费、施工机械使用费、措施费）、间接费（规费、管理费）、利润和税金。这些费用构成工程的全部造价。

② 计划成本　是指企业为了有步骤地降低维修工程成本而编制的内部控制的具体计划指标。

③ 实际成本　是维修工程实际支出的生产费用的总和。它反映维修工程成本耗费的

实际水平,必须按规定正确核算工程成本,准确地反映维修工程的实际耗费,从而为成本分析提供可靠资料。

预算成本是维修工程价款的结算依据,也是编制成本计划和衡量实际成本水平的依据。计划成本和实际成本反映的是维修企业的成本水平,它受企业自身的生产技术、施工条件和生产管理水平的制约。预算成本和实际成本比较,可以反映维修工程实际盈亏情况;实际成本和计划成本比较,可以考核成本计划各项指标的完成情况。

(2) 维修工程施工成本管理

1) 施工成本管理的措施

为了取得施工成本管理的理想效果,应当从多方面采取措施实施管理,通常可以将这些措施归纳为组织措施、技术措施、经济措施、合同措施四个方面。

① 组织措施

组织措施是从施工成本管理的组织方面采取的措施,如实行项目经理责任制,落实施工成本管理的组织机构和人员,明确各级施工成本管理人员的任务和职能分工、权利和责任,编制本阶段施工成本控制工作计划和详细的工作流程图等。施工成本管理不仅是专业成本管理人员的工作,各级维修项目管理人员都负有成本控制的责任。组织措施是其他各类措施的前提和保障,而且一般不需要增加什么费用,运用得当可以收到良好的效果。

② 技术措施

技术措施不仅对解决施工成本管理过程中的技术问题是不可缺少的,而且对纠正施工成本管理目标偏差也有相当重要的作用。因此,运用技术纠偏措施的关键,一是要能提出多个不同的技术方案;二是要对不同的技术方案进行技术经济分析。在实践中,要避免仅从技术角度选定方案而忽视对其经济效果的分析论证。

③ 经济措施

经济措施是最易为人们接受和采用的措施。管理人员应编制资金使用计划,确定、分解施工成本管理目标。对施工成本管理目标进行风险分析,并制定防范性对策。通过偏差原因分析和未完工程施工成本预测,可发现一些潜在的问题将引起未完工程施工成本的增加,对这些问题应以主动控制为出发点,及时采取预防措施。由此可见,经济措施的运用绝不仅仅是财务人员的事情。

④ 合同措施

成本管理要以合同为依据,因此合同措施就显得尤为重要。对于合同措施从广义上理解,除了参加合同谈判、修订合同条款、处理合同执行过程中的索赔问题、防止和处理好与业主和分包商之间的索赔之外,还应分析不同合同之间的相互联系和影响,对每一个合同作总体和具体分析等。

2) 维修工程施工成本管理的内容

维修工程施工成本管理的工作内容一般包括:成本预测、成本计划、成本控制、成本核算、成本分析和成本考核。

① 成本预测

成本预测是加强成本事前管理的重要手段。成本预测的目的,一方面为企业降低成本指出方向;另一方面确定目标成本,为企业编制成本计划提供依据。

成本预测是在大量收集进行预测所需的历史资料和数据的基础上,采用科学方法进行，并和企业挖掘潜力、改进技术组织措施相结合。成本预测的主要目的是确定目标成本，并根据降低成本目标提出降低成本的各项技术组织措施，不断挖掘降低成本的潜力，使各项技术组织措施确实保证达到或超过降低成本目标的要求。

② 成本计划

成本计划是以货币形式编制维修施工项目在计划期内生产费用、成本水平和成本降低率，以及为保证成本计划实施所采取的主要方案。编制成本计划就是确定计划期的计划成本，是成本管理的重要环节。成本计划编制的程序为：

A. 收集、整理、分析资料。为了使编制的成本计划有科学的依据，应对有关成本计划的基础资料全面收集整理，作为编制成本计划的依据。主要有：

a. 计划期维修工程量、工程项目等技术经济指标；

b. 上年度成本计划完成情况及历史最好水平；

c. 计划期内维修生产计划、劳动工资计划、材料供应计划及技术组织措施计划等；

d. 上级主管部门下达的降低成本指标和建议；

e. 施工图纸、定额、材料价格、取费标准等。

B. 成本指标的试算平衡。在整理分析资料的基础上，进行成本试算平衡，测算计划期成本降低的幅度，并把它同事先确定的降低成本目标进行比较。若不能满足降低成本目标的要求，就要进一步挖掘降低成本的潜力，直到达到或超过降低成本目标的要求。

C. 编制成本计划。经过成本试算平衡后，由企业组织有关部门编制成本计划，同时将降低成本指标分解下达到各职能部门和各有关环节上。

③ 成本控制

成本控制就是在维修项目施工过程中，依据成本计划，对实际发生的生产耗费进行严格的计算，对成本偏差进行经常的预防、监督和及时纠正，把成本费用限制在成本计划的范围内，以达到预期降低成本的目标。

建立成本管理制度，是成本控制的一个重要方面。根据分工归口管理的原则，建立成本管理制度，使各职能部门都来加强成本的控制与监督。工程部门负责组织编制维修施工生产计划，搞好施工安排，确保维修工程顺利开展；技术部门负责制定与贯彻技术措施计划，确保工程质量，加速施工进度，节约用工用料，确保施工安全，防止发生事故；合同预算部门负责办理工程合同、协议的签订，编制或核定施工图预算，办理年度结算和竣工结算；材料供应部门负责编制材料采购、供应计划，健全材料的收、发、领、退制度，按期提供材料耗用和结余等有关成本资料，归口负责降低材料成本；劳动人事部门负责执行劳动定额，改善劳动组织，提高劳动生产率，负责降低人工费；财会部门负责落实成本计划，组织成本核算，监督考核成本计划的执行情况，对维修工程的成本进行预测、控制和分析，并制定本企业的成本管理制度；行政管理部门负责制定和执行有关的费用计划和节约措施，归口负责行政管理费节约额的实现。

④ 成本核算

成本核算的目的就是要确定维修工程的实际耗费，并计算出维修施工项目的总成本和单位成本，以此考核维修工程的经济效果。为了正确地对维修工程成本进行核算，必须合理地划分成本核算对象。

成本核算对象划分的原则，一般应以施工图预算所列的单位工程为划分标准，并结合施工管理的具体情况来确定。成本核算对象一般按以下原则划分：

A. 以每一独立编制施工图预算的单位工程为成本核算对象；

B. 翻建、扩建的大、中修工程应以工程地点、一幢房屋或同一个地点几幢房屋的开、竣工时间接近的工程合并为一个核算对象；

C. 小（碎）修、养护工程应以物业服务企业统一划分的维修区域和零修养护班组为核算对象。

维修工程成本核算对象一经确定后，各有关部门不得任意变更。所有的原始记录，都必须按照确定的成本核算对象填写清楚，以便归集各个成本核算对象的生产费用和计算工程成本。为了集中反映各个成本核算对象本期应负担的费用，财会部门应该为每一成本核算对象设置工程成本明细账，以便组织各成本核算对象的成本计算。

⑤ 成本分析

成本分析是在成本核算的基础上，对维修工程施工耗费和支出进行分析、比较、评价，为今后成本管理工作指明方向。成本分析主要是利用成本核算资料及其他有关资料，全面分析、了解成本变动情况，找出影响成本升降的各种因素及其形成的原因，寻找降低成本的潜力。通过成本分析，可以正确认识和掌握成本变动的规律性；可以对成本计划的执行过程进行有效的控制；可以定期对成本计划执行结果进行分析、评价和总结，为今后类似维修工程项目的成本预测、编制成本计划提供依据。

⑥ 成本考核

成本考核是指在维修施工项目完成后，对维修工程预算成本、计划成本及有关指标的完成情况进行考核、评比。成本考核的目的在于充分调动职工降低成本的主动性和自觉性，进一步挖掘潜力。成本考核应和企业的奖惩制度挂起钩来，调动职工积极性，以利于节约开支、降低成本，取得更好的经济效益。

3) 施工成本管理的步骤

在确定了维修项目施工成本计划之后，必须定期地进行施工成本计划值与实际值的比较，当实际值偏离计划值时，就要分析产生偏差的原因，采取适当的纠偏措施，以确保施工成本控制目标的实现。其步骤如下：

① 比较

按照某种确定的方式将施工成本计划值与实际值逐项进行比较，以发现施工成本是否已超支。

② 分析

在比较的基础上，对比较的结果进行分析，以确定偏差的严重性及偏差产生的原因。这一步是施工成本控制工作的核心，其主要目的在于找出产生偏差的原因，从而采取有针对性的措施，减少或避免相同原因的再次发生或减少由此造成的损失。

③ 预测

根据项目实施情况估算整个项目完成时的施工成本。预测的目的在于为决策提供支持。

④ 纠偏

当维修工程项目的实际施工成本出现了偏差，应当根据工程的具体情况，偏差分析和预测的结果，采取适当的措施，以期达到使施工成本偏差尽可能小的目的，纠偏是施工成本控制中最具实质性的一步。只有通过纠偏，才能最终达到有效控制施工成本的目的。

⑤ 检查

它是指对维修工程的进展进行跟踪和检查，及时了解工程进展状况以及纠偏措施的执行情况和效果，为今后的工作积累经验。

8.3.3 维修工程施工进度管理

(1) 维修工程施工进度管理概述

1) 维修工程施工进度控制的概念

施工项目进度控制是指在既定的工期内，编制出最优的施工进度计划，在执行该计划的施工过程中，经常检查施工实际进度情况，并将其与计划进度相比较，若出现偏差，及时分析产生偏差的原因和对工期的影响程度，确定必要的调整措施，并不断地如此循环，直至工程竣工验收。施工项目进度控制的总目标是确保施工项目的既定目标工期得以实现，或者在保证施工质量和不因此而增加施工成本的条件下，适当缩短施工工期。

施工项目进度控制与成本控制和质量控制一样，是项目施工中的重点控制内容之一。它是保证施工项目按期完成，合理安排资源供应、节约工程成本的重要措施。

2) 施工项目进度控制方法和主要任务

① 施工项目进度控制方法

施工项目进度控制方法主要是计划、控制和协调。计划是指编制进度计划，确定并实现施工项目总进度控制目标和分进度控制目标的预先安排，施工进度计划是施工进度控制的依据；控制是指在施工项目实施的全过程中，进行实际进度与计划进度的比较，当出现偏差及时采取措施调整；协调是指协调与施工进度有关的单位、部门和施工队伍之间的进度关系。

施工进度计划的编制方法常采用横道图法和工程网络计划法，对于一般的房屋维修工程项目可采用简单而实用的横道图法即能满足进度控制要求。

② 施工项目进度控制的任务

施工项目进度控制的主要任务是编制施工总进度计划并控制其执行，按期完成整个施工项目的任务；编制单位工程施工进度计划并控制其执行，按期完成单位工程的施工任务；编制分部分项工程施工进度计划，并控制其执行，按期完成分部分项工程的施工任务；编制季度、月、旬作业计划，并控制其执行，完成规定的目标等。

(2) 施工项目进度控制的措施

施工项目进度控制采取的主要措施有组织措施、管理措施、技术措施、经济措施、合同措施和信息管理措施等。

1) 组织措施

① 重视建立施工项目进度实施和控制的组织体系；

② 落实各层次进度控制人员、具体任务和工作职责；

③ 进度控制包含了大量的组织和协调工作，制定进度控制工作制度、检查时间、方法，召开协调会议时间、人员等；

④ 确定施工项目进度目标，建立施工项目进度控制目标体系，采取纠偏措施以及调整进度计划。

2) 管理措施

① 进度控制的管理措施涉及管理的思想方法和手段以及承发包模式、合同管理和风险管理等。

② 用工程网络计划的方法编制进度计划有利于实现进度控制的科学化。

③ 承发包模式的选择直接关系到项目实施的组织和协调。工程物资的采购模式对进度也有直接的影响。

④ 注意分析影响项目进度的风险。重视信息技术（包括相应的软件、局域网、互联网以及数据处理设备）在进度控制中的应用，建立监测、分析、调整、反馈进度实施过程的信息流动程序和信息管理工作的制度，以实现连续的、动态的全过程进度目标控制。

3）经济措施

建设工程项目进度控制的经济措施涉及资金需求计划、其他资源（人力和物力资源）需求计划和加快施工进度的经济激励措施等。落实实现进度目标的保证资金，建立并实施关于工期和进度的奖惩制度等。

4）合同措施

合同措施是指以合同形式保证工期进度的实现，是对分包单位签订维修施工合同的合同工期与有关进度计划目标相协调。即保持总进度控制目标与合同总工期相一致；分包合同的工期与总包合同的工期相一致；供货、供电、运输、构件加工等合同对施工项目提供服务配合的时间应与有关的进度控制目标相一致，相协调。

5）技术措施

主要是采取加快施工进度的技术方法。涉及对实现进度目标有利的设计技术和施工技术的选用。设计工作前期，应对设计技术与工程进度的关系作分析比较；工程进度受阻时，应分析有无设计变更的可能性。施工方案在决策选用时，应考虑其对进度的影响。

（3）影响维修施工项目进度的因素

由于维修工程项目的施工特点，尤其是较大和复杂的大修施工项目、工期较长，影响进度因素较多。编制计划和执行控制施工进度计划时必须充分认识和估计这些因素，才能减小其影响，使施工进度尽可能按计划进行，当出现偏差时，应考虑有关影响因素，分析产生的原因进行调整。其主要影响因素有：

1）相关单位的影响

施工项目的主要施工单位（外包或自营）对施工进度起决定性作用，但是业主、鉴定设计单位、专项维修资金管理单位、材料设备供应部门、运输部门、水、电供应部门及政府的有关主管部门都可能给施工某些方面造成困难而影响施工进度。其中鉴定设计单位图纸不及时和有错误以及有关部门或业主对设计方案的变动是经常发生和影响最大的因素。材料和设备不能按期供应，或质量、规格不符合要求，都将使施工停顿。资金不能保证也会使施工进度中断或速度减慢等。

2）施工条件的变化

施工中工程地质条件和水文地质条件与勘查设计不符，如地质断层、溶洞、地下障碍物、软弱地基以及恶劣的气候、暴雨、高温和洪水等都对施工进度产生影响、造成临时停工或破坏。

3）技术失误

施工单位采用技术措施不当，施工中发生技术事故；应用新技术、新工艺、新材料、新结构缺乏经验，不能保证质量等都要影响施工进度。

4）施工组织管理不利

流水施工组织不合理、劳动力和施工机械调配不当、施工平面布置不合理等将影响施工进度计划的执行。

5）意外事件的出现

施工中如果出现意外事件，如战争、严重自然灾害、火灾、重大工程事故、重大纠纷等都会影响施工进度计划。

（4）维修施工项目进度控制

1）施工前的进度控制

① 确定进度控制的工作内容和特点，控制方法和具体措施，进度目标实现的风险分析，以及存在哪些尚待解决的问题；

② 编制施工组织总进度计划，对工程准备工作及各项任务做出时间上的安排；

③ 编制工程进度计划，重点考虑以下内容：

A. 所动用的人力和施工设备是否能满足完成计划工程量的需要；

B. 基本工作流程是否合理、实用；

C. 施工设备是否配套，规模和技术状态是否良好；

D. 工作空间分析，施工平面如何布置，如何规划运输通道；

E. 预留足够的清理现场时间，材料、劳动力供应计划是否符合进度计划的要求；

F. 竣工、验收计划；

G. 可能影响进度的施工环境和技术问题；

H. 编制年度、季度、月度工程进度计划。

2）施工过程中进度控制

① 采用信息技术，及时收集数据，预测施工进度的发展趋势，实行进度控制。进度控制的周期应根据计划的内容和管理目的来确定。

② 随时掌握各分部分项工程或工序施工过程持续时间的变化情况以及设计变更等引起的施工内容的增减，施工内部条件与外部条件的变化等，及时分析研究，采取相应措施。

③ 及时做好各项施工准备，加强作业管理和调度。在各施工过程开始之前，应对施工技术物资供应，施工环境等做好充分准备。不断提高劳动生产率，减轻劳动强度，提高施工质量，节省费用，做好各项作业的技术培训与指导工作。

3）施工后进度控制

施工后进度控制是指完成工程后的进度控制工作，包括：组织工程验收，处理工程索赔，工程进度资料整理、归类、编目和建档等。

8.3.4　维修工程施工合同管理

合同管理是维修工程项目管理的重要内容之一。是对维修工程施工合同的签订、履行、变更和解除等进行筹划和控制的过程，其主要内容有：根据维修项目特点和要求确定施工承发包模式和合同结构、选择合同文本、确定合同计价和支付方法、合同履行过程的管理与控制、合同索赔和反索赔等管理。

1）施工承发包模式

① 平行承发包　业主将维修工程项目的鉴定设计、施工以及设备和材料采购的任务分别发包给不同的设计单位、施工单位和设备材料供应厂商，并分别与各承包商签订合同。

采用这种方式，业主把任务分别委托于多个设计单位和施工单位，其关系是平行的。平行承发包适合边设计边施工、涉及行业较广的项目。对质量控制较有利。但是其对项目组织和管理来说，难度较大，对投资控制和进度协调不利。

② 总承包　一个维修项目的建设全过程或某个阶段的全部工作，让一家承包单位负责组织实现。采用总承包方式对业主的项目管理有利，而对进度和质量控制既有有利的一面也有不利的一面。对承包商来说，责任大，风险高，需要具有较高的管理水平和丰富的实际经验。

③ 分包　分包是相对总包而言的，指承包者负责一个工程项目的一部分工程，在现场的活动由总承包单位统筹安排。

分包有两种方式：一是发包人指定，并与发包人直接签约，直接对发包人负责，仅仅是在现场的活动由总承包商安排。二是总包自行选择分包商，分包直接与总包签约，对总包负责，但是前提是该分包商的选择要得到发包人的认可。

2）维修工程施工合同的计价方式

维修工程施工合同根据合同计价方式的不同，一般情况下分为三大类型，即总价合同、单价合同和成本加酬金合同。单价合同包括估算工程量单价合同和纯单价合同；而成本加酬金合同包括成本加固定百分比酬金合同、成本加固定金额酬金合同、成本加奖罚合同、最高限额成本加固定最大酬金合同。

①总价合同

总价合同是指支付承包方的款项在合同中是一个"规定的金额"，即总价。总价合同又包括固定总价合同和可调值总价合同。

A. 固定总价合同的价格计算是以图纸及规定、规范为基础，承发包双方就施工项目协商一个固定的总价，由承包方一笔包死，不能变化。采用这种合同，合同总价只有在设计和工程范围有所变更的情况下才能随之做相应的变更，除此之外，合同总价是不能变动的。这种形式的合同适用于工期较短，对最终产品的要求又非常明确的工程项目，这就要求项目的内涵清楚，项目设计图纸完整齐全，项目工作范围及工程量计算确切。

B. 可调值总价合同的总价一般也是以图纸及规定、规范为计算基础，但它是按"时价"进行计算的，这是一种相对固定的价格。在合同执行过程中，遇到通货膨胀而使所用的工料成本增加，因而对合同总价进行相应的调值，即合同总价依然不变，只是增加调值条款。因此可调值总价合同应明确规定有关调值的特定条款。调值工作必须按照这些特定的调值条款进行。这种合同与固定总价合同不同在于，它对合同实施中出现的风险做了分摊，发包方承担了通货膨胀这一不可预测费用因素的风险，而承包方只承担了实施中实物工程量成本和工期等因素的风险。这种形式的合同适用于工期较长，对最终产品的要求又非常明确的工程项目。

② 单价合同

在施工图不完整或当准备发包的维修工程项目内容、技术经济指标一时还不能明确、具体地予以规定时（如紧急抢修工程），往往要采用单价合同形式。这样在不能比较精确地计算工程量的情况下，可以避免凭运气而使发包方或承包方任何一方承担过大的风险。工程单价合同可细分为估算工程量单价合同和纯单价合同两种不同形式。

A. 估算工程量单价合同。是以工程量清单和工程单价表为基础和依据来计算合同价格的。通常是由发包方委托招标代理单位或造价工程师提出总工程量估算表，即"暂估工程量清单"，列出分部分项工程量，由承包方以此为基础填报单价。这种合同一般适用于工程性质比较清楚，但任务及其要求标准不能完全确定的情况。

B. 纯单价合同是发包方只向承包方给出发包工程的有关分部分项工程以及工程范围，不需对工程量做任何规定。承包方在投标时只需要对这种给定范围的分部分项工程作出报价即可，而工程量则按实际完成的数量结算。这种合同形式主要适用于没有施工图、工程量不明，却急需开工的紧迫工程。

③ 成本加酬金合同

这种合同形式主要适用于工程内容及其技术经济指标尚未全面确定，投标报价的依据尚不充分的情况下，发包方因工期要求紧迫，必须发包的工程；或者发包方与承包方之间具有高度的信任，承包方在某些方面具有独特的技术、特长和经验的工程。以这种形式签订的维修施工合同，有两个明显缺点：一是发包方对工程总价不能实施实际的控制；二是承包方对降低成本也不感兴趣。因此，这种合同形式在维修工程中很少采用。

总之，不同的招标方式决定了不同的合同方式、计价方式。通过工程量清单招标的工程所形成的合同形式一般是单价合同；通过施工图招标的工程所形成的合同形式一般是总价合同；而通过直接发包的工程所形成的合同形式一般是总价合同或成本加酬金合同。发包方和承包方都应重视选择维修工程施工合同计价形式，弄清各种计价方式的优缺点、使用范围，从而减少因维修工程施工合同的不完善而引起的经济纠纷。

3）维修工程施工合同的主要内容

订立维修施工合同通常按所选的合同示范文本或双方约定的合同条件，协商签订以下主要内容：合同的法律基础；词语定义与解释；合同文件的组成；双方当事人名称、地址；工程概况；工程承包范围及方式；双方当事人的权利及义务；合同价款与交付；工期与施工进度控制；质量标准；工程验收、结算与质量保修；工程变更；违约责任、合同解除；不可抗力；索赔和争议解决方式；补充条款及附件等。

4）维修工程合同管理

合同管理是贯彻于合同订立前、合同订立中、合同履行中和合同发生纠纷时的全过程的管理。

① 合同订立前的管理

合同订立前的管理也称为合同总体策划。合同签订意味着合同生效和全面履行，所以，必须采取谨慎、严肃、认真的态度，做好签订前的准备工作，具体内容包括：市场预测、资信调查和决策以及订立合同前行为的管理。

作为招标方，主要应通过合同总体策划对以下几方面内容作出决策：招标方式的确定；合同种类的选择；合同条件的选择；重要合同条款的确定以及其他战略性问题（如相关合同关系的协调等）。

② 合同订立中的管理

合同订立阶段，意味着当事人双方经过维修工程招标投标活动，充分酝酿、协商一致，从而建立起维修工程合同法律关系。订立合同是一种法律行为，双方应当认真、严肃拟定合同条款，做到合同合法、公平、有效。

③ 合同履行中的管理

合同依法订立后，当事人应认真做好合同履行过程中的组织和管理工作，严格按照合同条款，行使权利和履行义务。

在此阶段合同管理人员要做好的主要工作有以下几方面：建立合同实施的保证体系、对合同实施情况进行跟踪并进行诊断分析、进行合同变更管理。

④ 合同发生纠纷时的管理

在合同履行过程中，当事人之间有可能发生纠纷，当争议纠纷出现时，有关双方首先应从整体、全局利益的目标出发，做好有关的合同管理工作。

另外，合同当事人一方因对方不履行或未能正确履行合同或者由于其他非自身因素而受到经济损失或权利损害，通过合同规定的程序向对方提出经济或时间补偿要求的行为，即索赔也时有发生，要注意做好这方面的应对、防范措施。

8.3.5 维修工程安全、文明施工和环境保护管理

（1）维修工程施工安全管理

1）安全生产管理概述

① 安全生产管理的概念　施工安全管理就是针对施工过程的安全问题，运用有限的资源，发挥人们的智慧，进行有关决策、计划、组织和控制等活动，实现施工过程中人与机械设备、物料、环境的和谐，达到安全生产的目标。

② 安全生产管理的目标　主要是避免或减少一般安全事故和轻伤事故，杜绝重大、特大安全事故和伤亡事故的发生，最大限度地确保施工中劳动者的人身和财产安全。

③ 安全生产管理的主要内容包括：

A. 建立健全有效的安全生产管理机构；

B. 建立健全安全生产责任制；

C. 编制安全技术措施计划；

D. 搞好岗位培训安全教育工作；

E. 进行多种形式的安全检查；

F. 做好伤亡事故的调查和处理。

2）设置安全生产管理机构并建立安全责任制

① 建筑生产中最基本的安全管理制度，是所有安全规章制度的核心，它是安全管理体系的主要依据，是企业岗位责任制的重要组成部分。

② 公司应设置以法人代表为第一责任人的安全管理机构；现场设置以项目经理为第一责任人的安全管理领导小组；施工班组设立兼职安全员。

③ 制定和实施安全生产责任制原则就是：贯彻"安全第一，预防为主"的安全生产方针，遵循"各级领导人员在管理生产的同时必须负责管理安全"原则。在计划、布置、检查、总结评比生产的同时，要布置、检查、总结评比安全。

3）安全教育

① 临时工、新工人入职要进行全面的三级安全教育（即：公司安全教育；项目部安全教育；班组安全教育）。

②　从事特殊工种作业的人员，必须进行安全教育和安全技术培训，并经考核合格取得有关发证部门颁发的操作证，方可独立上岗作业。

涉及房屋修缮工程的特殊工种一般包括电工、焊工、架子工、司炉工、爆破工、机械操作工、起重工、塔吊司机及指挥人员、人货两用电梯司机等。

4）安全技术措施

①　一般工程安全技术措施　编制修缮施工组织设计或修缮方案时，必须考虑相应的施工安全技术措施。如对于有毒、有害、易燃、易爆等项目的施工作业；用电设备、高空作业等可能给施工人员和周围居民带来不安全因素，应制定相应的施工安全技术措施。

②　特殊工程安全技术措施　对于结构复杂、危险性大、特性较多、施工复杂的特殊工程，应编制专项的安全措施。

③　季节性施工安全技术措施　由于建筑产品生产过程受到所处的地理环境气候条件的制约，所以在施工过程就要考虑不同季节的气候对施工生产带来的不安全因素，可能造成各种突发性事故，从防护上、技术上、管理上采取相应的措施。如夏季要制定防暑降温措施；雨季施工要制定防触电、防雷、防坍塌措施；冬季施工要制定防风、防火、防滑、防煤气和亚硝酸钠中毒措施等。

5）安全检查

①　安全检查的内容

安全检查内容主要是查思想、查制度、查隐患、查措施，查机械设备、查安全设施、查安全教育培训、查操作行为、查劳保用品使用、查伤亡事故处理等。

②　安全检查的主要形式

安全生产检查形式有多种。从具体方式上分为经常性安全检查、定期和不定期检查、专业检查、重点抽查、季节性检查、节假日前后检查、班组自检、互检、交接检查和验收检查等。

③　安全检查的要求

在施工生产中，为了及时发现安全事故隐患，排除施工中的不安全因素，纠正违章作业，监督安全技术措施的执行，堵塞漏洞，防患于未然，必须对安全生产中易发生事故的主要环节、部位，由专业安全生产管理机构进行全过程的动态监督检查，不断改善劳动条件，防止工伤事故发生。

A. 要有定期安全检查制度。

B. 安全检查要有记录。

C. 检查出事故隐患整改要做到"五定"，即：定整改责任人、定整改措施、定整改完成时间、定整改完成人、定整改验收人。

6）安全事故处理

①　生产安全事故的处理程序

按照2007年6月1日起施行的《生产安全事故报告和调查处理条例》，生产安全事故的处理程序如下：

A. 报告安全事故

事故报告应当及时、准确、完整，任何单位和个人对事故不得迟报、漏报、谎报或者瞒报。事故发生后，事故现场有关人员应当立即向本单位负责人报告；单位负责人接到报告后，应当于 1 小时内向事故发生地县级以上人民政府安全生产监督管理部门和负有安全生产监督管理职责的有关部门报告。报告事故应当包括下列内容：

a. 事故发生单位概况；

b. 事故发生的时间、地点以及事故现场情况；

c. 事故的简要经过；

d. 事故已经造成或者可能造成的伤亡人数（包括下落不明的人数）和初步估计的直接经济损失；

e. 已经采取的措施；

f. 其他应当报告的情况。

事故报告后出现新情况的，应当及时补报。自事故发生之日起 20 日内，事故造成的伤亡人数发生变化的，应当及时补报。道路交通事故、火灾事故自发生之日起 7 日内，事故造成的伤亡人数发生变化的，应当及时补报。

B. 安全事故调查

特别重大事故由国务院或者国务院授权有关部门组织事故调查组进行调查。重大事故、较大事故、一般事故分别由事故发生地省级人民政府、设区的市级人民政府、县级人民政府负责调查。省级人民政府、设区的市级人民政府、县级人民政府可以直接组织事故调查组进行调查，也可以授权或者委托有关部门组织事故调查组进行调查。未造成人员伤亡的一般事故，县级人民政府也可以委托事故发生单位组织事故调查组进行调查。上级人民政府认为必要时，可以调查由下级人民政府负责调查的事故。

C. 事故处理

重大事故、较大事故、一般事故，负责事故调查的人民政府应当自收到事故调查报告之日起 15 日内做出批复；特别重大事故，30 日内做出批复，特殊情况下，批复时间可以适当延长，但延长的时间最长不超过 30 日。

D. 对事故责任人进行处理，有关机关应当按照人民政府的批复，依照法律、行政法规规定的权限和程序，对事故发生单位和有关人员进行行政处罚，对负有事故责任的国家工作人员进行处分。事故发生单位应当按照负责事故调查的人民政府的批复，对本单位负有事故责任的人员进行处理。负有事故责任的人员涉嫌犯罪的，依法追究刑事责任。

E. 编写事故处理报告并上报

在事故调查处理完毕，并进行规定的检查验收或鉴定后，事故发生单位应尽快整理写出详细的事故处理报告，按规定上报。事故调查报告应当包括下列内容：

a. 事故发生单位概况；

b. 事故发生经过和事故救援情况；

c. 事故造成的人员伤亡和直接经济损失；

d. 事故发生的原因和事故性质；

e. 事故责任的认定以及对事故责任者的处理建议；

f. 事故防范和整改措施。

事故调查报告应当附具有关证据材料。事故调查组成员应当在事故调查报告上签名。

② 安全事故的处理原则

在安全事故处理时，应严格遵守"四不放过"原则：

A. 事故原因没有查清不放过；

B. 事故责任人和员工没有受到教育不放过；

C. 事故责任人没有受到处理不放过；

D. 事故没有制定防范措施不放过。

③ 伤亡事故的处理规定

伤亡事故是指职工在劳动过程中发生的人身伤害、急性中毒事故。伤亡事故的调查和处理工作必须坚持实事求是、尊重科学的原则。事故调查组提出的事故处理意见和防范措施建议，由发生事故的企业及其主管部门负责处理。

（2）维修工程文明施工管理

1）文明施工的内容

文明施工是维修项目环境管理的一部分，文明施工包括下列工作：

① 进行现场文化建设。

② 规范场容，保持作业环境整洁卫生。

③ 创造有序生产的条件。

④ 减少对居民和环境的不利影响。

维修工程实行施工总承包的，由总承包单位对施工现场的文明施工实施统一管理。分包单位应当服从总承包单位的管理，并对分包范围内的文明施工向总承包单位负责。维修工程未实行施工总承包的，由物业服务企业统一协调管理，各施工单位按照承包范围分别负责。施工单位工程项目负责人对施工现场文明施工直接负责，组织编制实施文明施工方案，落实文明施工责任制，实行文明施工目标管理。

2）文明施工管理

① 文明施工组织设计

在施工方案确定前，物业服务企业应会同鉴定设计、施工单位和有关部门对可能造成周围建筑物、构筑物、防汛设施、道路、地下管线损坏或堵塞的施工现场进行检查，并制定相应的技术措施，纳入施工组织设计。一般文明施工设计内容如下：

A. 施工现场平面布置图；

包括临时设施、现场交通、现场作业区、施工设备及机具的布置、成品、半成品、原材料的堆放位置等。

B. 现场围护的设计；

C. 现场工程标志牌的设计；

D. 临时建筑物、构筑物、地面硬化、道路等单体设计；

E. 现场污水处理排放设计；

F. 粉尘、噪声控制措施；

G. 施工区域内现有市政管网和周围的建筑物、构筑物的保护；

H. 现场卫生及安全保卫措施；

I. 现场文明施工管理组织机构及责任人。

② 现场文明施工管理的内容

现场文明施工管理的内容较多，应结合各地具体要求安排，但基本要点如下：

A. 维修施工现场周围必须设置定型板材遮挡围墙。围挡必须稳固、安全、整洁、美观。一般小区内围挡高度不得低于 1.8m。

特殊情况不能进行围挡的，应当设置安全警示标志，并在工程险要处采取隔离措施。

B. 施工现场的施工区、办公区、生活区应当分开设置，实行区划管理。生活、办公设施应当科学合理布局，并符合城市环境、卫生、消防安全及安全文明施工标准化管理的有关规定。

C. 施工现场的场区应干净整齐，施工现场的楼梯口、电梯井口、预留洞口、通道口和建筑物临边部位应当设置整齐、标准的防护装置，各类警示标志设置明显。施工作业面应当保持良好的安全作业环境，余料及时清理、清扫，禁止随意丢弃。

D. 施工现场的各种设施、建筑材料、设备器材、现场制品、成品半成品、构配件等物料应当按照施工总平面图划定的区域存放，并设置标签。禁止混放或在施工现场外擅自占道堆放建筑材料、工程渣土和建筑垃圾。

E. 施工现场堆放砂、石等散体物料的，应当设置高度不低于 0.5m 的堆放池，并对物料裸露部分实施遮盖。土方、工程渣土和垃圾应当集中堆放，堆放高度不得超出围挡高度，并采取遮盖、固化措施。

F. 在施工现场设置食堂及就餐场所的，应当符合卫生管理规定，制定健全的生活卫生和预防食物中毒管理制度。

G. 建筑工地内的民工宿舍面积应符合卫生和居住要求，宿舍应保持整洁，不得男女混杂居住及居住与施工无关的人员。

H. 坐落在建成区内的施工现场厕所，应当采用密闭水冲式，保持干净清洁。

I. 施工现场应当设置良好的排水系统和废水回收利用设施。防止污水、污泥污染周边道路，堵塞排水管道或河道。采用明沟排水的，沟顶应当设置盖板。禁止向饮用水源及各类河道、水域排水。

J. 临街或人口密集区的建筑物，应设置防止物体坠落的防护性设施。

K. 施工单位应当制定公共卫生突发事件应急预案。在施工现场应当配备符合有关规定要求的急救人员、保健医药箱和急救器材。

③ 维修项目工地的主要出入口处应设置醒目"五牌一图"

即在现场入口处的醒目位置悬挂、公示下列内容：

A. 维修工程概况；

B. 施工安全纪律；

C. 防火须知；

D. 安全生产与文明施工制度；

E. 现场施工平面图；

F. 项目经理部组织机构及主要管理人员名单。

（3）维修工程的环境保护

1）施工现场环境因素对环境的影响

维修项目施工现场的环境对环境影响的类型，如表8-1所示。

2）施工现场环境保护的有关规定

① 工程的施工组织设计中应有防治扬尘、噪声、固体废物和废水等污染环境的有效措施，并在施工作业中认真组织实施。

环境因素的影响　　　　　　　　　　　　　表 8-1

序号	环境因素	产生的地点、工序和部位	环境影响
1	噪声的排放	施工机械、运输设备、电动工具运行中	影响人体健康、居民休息
2	粉尘的排放	施工场地平整、土堆、砂堆、石灰、现场路面、进出车辆车轮带泥沙、水泥搬运、混凝土搅拌、木工房锯末、喷砂、除锈衬里	污染大气、影响居民身体健康
3	运输的遗撒	现场渣土、商品混凝土、生活垃圾、原材料运输当中	污染路面、影响居民生活
4	化学危险品、油品的泄漏或挥发	试验室、油漆库、油库、化学材料库及其作业面	污染土地和人员健康
5	有毒有害废弃物排放	施工现场、办公区、生活区废弃物	污染土地、水体、大气
6	生产、生活污水的排放	现场搅拌站、厕所、现场洗车处、生活区服务设施、食堂等	污染水体
7	生产用水、用电的消耗	现场、办公室、生活区	资源浪费
8	办公用纸的消耗	办公室、现场	资源浪费
9	光污染	现场焊接、切割作业中、夜间照明	影响居民生活、休息和邻近人员健康
10	离子辐射	放射源储存、运输、使用中	严重危害居民、人员健康

②　施工现场应建立环境保护管理体系，责任落实到人，并保证有效运行。

③　对施工现场防治扬尘、噪声、水污染及环境保护管理工作进行检查。

④　定期对职工进行环保法规知识培训考核。

3）建设工程环境保护措施

维修施工单位应遵守国家有关环境保护的法律规定，采取有效措施控制施工现场的各种粉尘、废气、废水、固体废物以及噪声、振动等对环境的污染和危害。借鉴《建设工程施工现场管理规定》第三十二条规定，施工单位应当采取下列防止环境污染的措施：

①　妥善处理泥浆水，未经处理不得直接排入城市排水设施和河流；

②　除设有符合规定的装置外，不得在施工现场熔融沥青或者焚烧油毡、油漆以及其他会产生有毒有害烟尘和恶臭气体的物质；

③　使用密闭式的圆筒或者采取其他措施处理高空废弃物；

④　采取有效措施控制施工过程中的扬尘；

⑤　禁止将有毒有害废弃物用作土方回填；

⑥　对产生噪声、振动的施工机械，应采取有效控制措施，减轻噪声扰民。

8.3.6　维修工程竣工验收管理

（1）房屋维修工程竣工验收管理

房屋维修施工单位完成全部房屋维修工程施工合同所规定的维修项目后，应通知房屋维修责任人（业主或物业服务企业）及时进行竣工验收，并同时进行维修工程质量的评定。

房屋维修工程竣工验收是全部维修工作过程的最后一个重要程序。它是全面考核、检验鉴定设计和维修工程质量的重要环节。未经验收或验收不合格的维修工程，不得交付使用。

1）房屋维修工程竣工验收的依据

① 维修项目批准文件。

② 国家和有关部门颁发的维修施工规范、质量标准、验收规范。

③ 房屋维修工程合同。

④ 房屋维修鉴定设计图纸或维修方案。

⑤ 房屋维修工程变更通知书。

⑥ 房屋维修工程技术交底记录或纪要。

⑦ 房屋维修工程隐蔽工程验收记录。

⑧ 材料、构配件检验及设备调试等资料。

2）房屋维修工程竣工验收的标准

① 符合维修设计或维修方案的要求，满足合同的约定。

② 符合《房屋修缮工程质量检验评定标准》的规定，对不符合维修设计或维修方案要求的项目内容，应进行返修直到符合规定。

③ 技术资料和原始记录齐全、完整、准确。

④ 窗明、地净、路通、场地清，具备使用条件。

⑤ 水、电、暖、消防、燃气、电梯、监控等设备调试运行正常；烟道、通风道、管道等畅通无阻。

3）竣工验收的组织

房屋维修施工单位在维修工程项目正式交验前，均应进行自检或预检。通过对整个维修工程项目、设备试运转情况及有关技术资料进行全面检查，找出存在的问题，并认真做好记录，定期解决，然后才能申请发包方、设计单位等部门正式验收。

房屋维修责任人（业主或物业服务企业）在接到房屋维修施工单位的工程验收通知后，应及时组织有关单位的专业人员和行政管理部门进行工程验收。工程检验合格，符合质量标准要求的，业主或物业服务企业应给予签证；凡不符合质量标准或未达到项目维修要求的，应由房屋维修施工单位及时返修，返修合格后，方可签证。签证后双方办理交接手续。

（2）房屋维修工程的保修

房屋维修工程的保修制度是指维修工程在竣工验收合格之日起，在一定的期限内，由于施工单位施工责任造成的房屋使用功能不良或质量问题，应由施工单位负责无偿修理，直至达到正常使用标准。

1）维修工程施工合同中的保修条款

质量保修的内容和期限，应当在工程合同中载明。维修工程施工合同中的保修条款应该包括以下内容：

① 工程质量保修范围和内容；

② 质量保修期；

③ 质量保修责任；

④ 保修费用；

⑤ 其他。

2）保修的范围

按照保修制度的要求，各种类型的建筑工程及建筑工程的各个部位都应该实行保修。《建设工程质量管理条例》第四十一条规定：建设工程在保修范围内和保修期内发生质量问题的，施工单位应当履行保修义务，并对造成的损失承担赔偿责任。

保修范围主要是那些属于施工单位的责任，特别是由于施工原因而造成的质量缺陷。凡是由于用户使用不当或第三方造成建筑功能不良或损坏者，不属于保修范围，由责任方承担维修费用；不可抗力造成的缺陷或损坏，也不属于保修范围，由业主承担维修费用。

3）质量保修的年限

《房屋建筑工程质量保修办法》第七条规定，在正常使用下，房屋建筑工程的最低保修期限为：

① 地基基础和主体结构工程，为设计文件规定的该工程的合理使用年限；

② 屋面防水工程、有防水要求的卫生间、房间和外墙面的防渗漏为 5 年；

③ 供热与供冷系统，为 2 个采暖期、供冷期；

④ 电气系统、给排水管道、设备安装为 2 年；

⑤ 装修工程为 2 年。

其他项目的保修年限由建设单位和施工单位约定。建设工程的保修期自竣工验收合格之日起计算。

对于房屋维修工程的质量保修期限，可参考上述《房屋建筑工程质量保修办法》的规定，结合地方的规定，在合同中明确约定。

（3）物业维修工程的资料归档

1）房屋维修工程的技术档案管理

房屋维修的技术档案，除包括新建期间所形成的技术资料外，凡属中修及以上的工程，一般还应提供维修技术档案资料，内容如下：

① 维修工程施工合同。

② 竣工工程图。

③ 相关的维修施工资料（包括设备、主要材料合格证书，混凝土、砂浆配合比试验报告等）。

④ 维修工程质量等级检查评定结果。

⑤ 隐蔽工程记录。

⑥ 维修工程项目的决算资料。

⑦ 竣工验收资料。

⑧ 维修前后的照（底）片或录像。

房屋维修责任人（物业服务企业）应配备专（兼）档案管理人员，建立和健全技术档案管理制度。

8.4 房屋本体维修行政管理

8.4.1 住宅专项维修资金的使用管理

《住宅专项维修资金管理办法》（中华人民共和国建设部 中华人民共和国财政部令第

165号）规定了住宅专项维修资金的交存、使用、监督管理和法律责任等内容。物业服务企业应当严格按照国家和地方规定执行。

（1）住宅专项维修资金的用途

住宅专项维修资金，是指专项用于住宅共用部位、共用设施设备保修期满后的维修和更新、改造的资金。

住宅共用部位，是指根据法律、法规和房屋买卖合同，由单幢住宅内业主或者单幢住宅内业主及与之结构相连的非住宅业主共有的部位，一般包括：住宅的基础、承重墙体、柱、梁、楼板、屋顶、门厅、楼梯间、走廊通道以及户外的墙面等。

共用设施设备，是指根据法律、法规和房屋买卖合同，由住宅业主或者住宅业主及有关非住宅业主共有的附属设施设备，一般包括电梯、天线、照明、消防设施、绿地、道路、路灯、沟渠、池、井、非经营性车场车库、公益性文体设施和共用设施设备使用的房屋等。

县级以上地方人民政府建设（房地产）主管部门会同同级财政部门负责本行政区域内住宅专项维修资金的指导和监督工作。

（2）住宅专项维修资金的使用管理

住宅专项维修资金划转业主大会管理后，需要使用住宅专项维修资金的，按照以下程序办理：

1）物业服务企业提出使用方案，使用方案应当包括拟维修和更新、改造的项目、费用预算、列支范围、发生危及房屋安全等紧急情况以及其他需临时使用住宅专项维修资金的情况的处置办法等；

2）业主大会依法通过使用方案；

3）物业服务企业组织实施使用方案；

4）物业服务企业持有关材料向业主委员会提出列支住宅专项维修资金；其中，动用公有住房住宅专项维修资金的，向负责管理公有住房住宅专项维修资金的部门申请列支；

5）业主委员会依据使用方案审核同意，并报直辖市、市、县人民政府建设（房地产）主管部门备案；动用公有住房住宅专项维修资金的，经负责管理公有住房住宅专项维修资金的部门审核同意；直辖市、市、县人民政府建设（房地产）主管部门或者负责管理公有住房住宅专项维修资金的部门发现不符合有关法律、法规、规章和使用方案的，应当责令改正；

6）业主委员会、负责管理公有住房住宅专项维修资金的部门向专户管理银行发出划转住宅专项维修资金的通知；

7）专户管理银行将所需住宅专项维修资金划转至维修单位。

住宅专项维修资金划转业主大会管理前，需要使用住宅专项维修资金的使用办理程序见《住宅专项维修资金管理办法》规定，此处不再赘述。

住宅专项维修资金的管理和使用，应当依法接受审计部门的审计监督。

8.4.2 修缮施工质量的政府监督

（1）建筑工程质量法律规范

国家住房和城乡建设部及有关部委自1983年以来，先后制订了多项建设工程质量管理的监督法规，主要有：《建筑工程质量责任暂行规定》、《建筑工程质量检验评定标准》、

《建筑工程质量监督条例》、《建筑工程质量监督站工作暂行规定》、《房屋修缮工作质量检验评定标准（试行）》、《建筑工程质量检测工作规定》和《建筑工程质量监督管理规定》等。特别是《建筑法》和《建设工程质量管理条例》的颁布对建筑工程质量做出了更加明确的规定。

对建设工程质量做出全面具体的规范，不仅为建设工程质量的管理监督提供了依据，而且也对维护建筑市场秩序提高人们的质量意识，增强用户的自我保护观念，发挥了积极的作用。

（2）建设工程质量政府监督

国家实行建设工程质量政府监督制度。

1）国务院有关部委对工程质量的监督管理

《建设工程质量管理条例》规定，国务院建设行政主管部门对全国的建设工程质量实施统一监督管理。国务院铁路、交通、水利等有关部门按照国务院的职责分工，负责对全国的有关专业建设工程质量的监督管理。主要职责包括：

① 贯彻国家有关建设工程质量的方针、政策和法律、法规，制定建设工程质量监督、检测工作的有关规定和办法；

② 负责全国建设工程质量监督和检测工作的规划及管理；

③ 掌握全国建设工程质量动态，组织交流质量监督工作经验；

④ 负责协调解决跨地区、跨部门重大工程质量问题的争端。

国务院发展计划部门按照国务院规定的职责，组织稽查特派员，对国家出资的重大建设项目实施监督检查。

国务院经济贸易主管部门按照国务院规定的职责，对国家重大技术改造项目实施监督检查。

2）县级以上人民政府建设行政主管部门和其他有关部门对工程质量的监督管理，县级以上人民政府建设行政主管部门和交通、水利等有关部门，负责本行政区域内的工程质量监督管理。其职责是加强对有关建设工程质量的法律、法规和强制性标准执行情况的监督检查。在履行职责时，有权采取下列措施：

① 要求被检查的单位提供有关工程质量的文件和资料。

② 进入被检查单位的施工现场进行检查。

③ 发现有影响工程质量的问题时，责令改正。

④ 工程竣工时，要求建设单位提交工程竣工验收报告和规划、公安消防、环保等部门出具的认可文件或准许使用文件，审查合格后予以备案，若发现在竣工验收过程中有违反国家有关建设工程质量管理规定行为时，责令停止使用，重新组织竣工验收。

对建设工程质量的监督管理，可以由建设行政主管部门或其他有关部门委托的建设工程质量监督机构具体实施。

（3）建设工程质量责任

1）建设单位的质量责任和义务

① 应当依法对工程建设项目的勘察、设计、施工、监理以及与工程建设有关的重要设备、材料的采购进行招标，发包给具有相应资质等级的单位。应该根据工程特点，以有利于工程的质量、进度、成本控制为原则，合理划分标段，不得肢解发包工程。

② 工程发包时，不得迫使承包方以低于成本的价格竞标，不得任意压缩合理工期。

③ 不允许以任何理由明示或暗示设计单位或施工单位违反工程建设强制性标准，降低建设工程质量。

④ 施工图设计文件需报县级以上人民政府建设行政主管部门或者其他有关部门审查。未经审查批准前不得使用。

⑤ 按照国家有关规定履行工程报建手续，在领取施工许可证或开工报告前，还应办理工程质量监督手续。

⑥ 收到建设工程竣工报告后，应及时组织设计、施工、工程监理等有关单位进行竣工验收，验收合格方可使用。

⑦ 工程项目建设过程中应当严格按照国家有关档案管理的规定，及时收集，整理建设项目各环节的文件资料，建立、健全项目档案。竣工验收后，向建设行政主管部门或其他有关部门移交建设项目档案。

2）施工单位的质量责任和义务

① 施工单位应当对本单位施工的工程质量负责；因承包人的原因致使建设工程在合理使用期限内造成人身和财产损害的，承包人应当承担损害赔偿责任。

② 施工单位必须按资质等级承担相应的工程任务，不得擅自超越资质等级及业务范围承包工程；必须依据勘察设计文件和技术标准精心施工；应当接受工程质量监督机构的监督检查。

③ 实行总包的工程，总包单位对工程质量和竣工交付使用的保修工作负责。实行分包的工程，分包单位要对其分包的工程质量和竣工交付使用的保修工作负责。

④ 必须按照工程设计图纸和技术标准施工，不允许擅自修改工程设计，不得偷工减料。发现设计文件和图纸有差错时，应当及时提出意见和建议。

⑤ 施工单位应建立健全质量保证体系，落实质量责任制，加强施工现场的质量管理，加强计量，检测等基础工作，抓好职工培训，提高企业技术素质，广泛采用新技术和适用技术。

⑥ 竣工交付使用的工程必须符合国家法律、行政法规等有关竣工验收规定的基本要求。对施工中出现的质量问题或竣工检验不合格的工程，应当负责返修。

3）返修和损害赔偿

① 保修期限

《建筑法》第62条规定："建筑工程的保修范围应当包括地基基础工程、主体结构工程、屋面防水工程和其他土建工程，以及电气管线、上下水管线的安装工程，供热、供冷系统工程等项目保修的期限应当按照保证建筑物合理寿命年限内正常使用，维护使用者合法权益的原则确定。"具体的保修范围和最低保修期限在《建设工程质量管理条例》中已有明确规定。

② 返修

《建设工程质量管理条例》规定：建设工程自办理竣工验收手续后，在法律规定的期限内，因勘察设计、施工、材料等原因造成的质量缺陷（质量缺陷是指工程不符合国家或行业现行的有关技术标准、设计文件以及合同中对质量的要求），应当由施工单位负责维修。施工单位对工程负责维修，其维修的经济责任由责任方承担。

③ 损害赔偿

因建设工程质量缺陷造成人身、缺陷工程以外的其他财产损害的，侵害人应按有关规定，给予受害人赔偿。

（4）房屋修缮管理

为加强城市房屋修缮的管理，保障房屋住用安全，保持和提高房屋的完好程度与使用功能，原建设部于一九九一年八月一日颁布施行了《城市房屋修缮管理规定》（中华人民共和国建设部令第 11 号）。

1）房屋修缮管理主管部门

《城市房屋修缮管理规定》第七条规定，县级以上人民政府房地产行政主管部门对于城市房屋修缮的管理，应当履行下列主要职责：

① 贯彻执行国家和地方有关城市房屋修缮的法规、标准和方针、政策，组织编制城市房屋修缮的长期规划和近期计划，并督促实施；

② 按照管理权限对房屋修缮企事业单位进行资质管理；

③ 组织或参与房屋修缮定额的编制、修订，并监督检查执行情况；

④ 指导并督促房屋所有人落实房屋修缮资金；

⑤ 负责房屋修缮工程的安全、质量监督管理；

⑥ 组织房屋修缮业务、技术的培训和房屋修缮新技术、新工艺、新设备的推广应用；

⑦ 依法调解和处理有关房屋修缮的争议和纠纷。

2）房屋修缮管理

① 对于中修以上的房屋修缮工程，房屋所有人或者修缮责任人必须向房屋所在地的有关质量监督机构办理质量监督手续；未办理质量监督手续的，不得施工。

② 中修以上的房屋修缮工程，应当先进行查勘设计，并严格按照设计组织施工。

③ 中修以上的房屋修缮工程竣工后，由房屋管理部门或者房屋所在地的县级以上地方人民政府房地产行政主管部门依照《房屋修缮工程质量检验评定标准》组织质量检验评定。凡检验评定不合格的，不得交付使用。

本 章 能 力 训 练

1. 房屋本体维修养护计划编制训练

（1）任务描述

根据第 2 章能力训练完成的内容，即各组对所选定的房屋查勘结果及发现的房屋本体损坏情况记录，有针对性地制定其年度维修养护计划。

（2）学习目标

通过对房屋本体维修养护计划编制的训练，应达到下列技能要求：

① 熟悉房屋本体维修养护计划应该包括的内容；

② 学会作为物业管理项目经理或维修部门经理应当具备的全面、均衡、考虑问题，协调有关方面关系，懂得做好计划管理工作的重要性；

③ 掌握房屋本体维修养护计划的编制步骤和方法。

（3）任务实施及要求

① 在授课教师指导下，每位同学以各自所在小组已完成的"房屋损坏情况记录表"为依据，独立完成房屋本体维修养护计划的编制任务；

② 在房屋本体维修养护计划编制前，可以小组为单位开展讨论，确定维修养护工作的重点内容，但撰写工作须由每位同学本人独自完成；

③ 做好房屋本体维修养护计划编制前的学习与资料准备工作。

（4）参考资料

1）房屋本体维修养护计划编写应包括的内容，一般应包括下列内容：

① 修缮房屋概况及完损状况介绍。

② 房屋维修养护计划目标（数量、质量、效益目标）。

③ 物业维修养护实施方案

A. 修缮分类及费用；

B. 时间安排；

C. 组织措施和技术措施；

D. 工作步骤。

④ 相应的保证性措施

A. 资金保证性措施；

B. 物资保证性措施；

C. 劳动力保证性措施；

D. 技术支持保证措施。

2）工作计划的格式要求

① 标题

计划标题一般由四个部分组成：计划的制订单位名称、适用时间、内容性质及计划名称。如《××物业有限公司20××年××花园住宅项目维修计划》。

② 引言

计划通常有一个"前言"段落，主要点明制订计划的指导思想和对基本情况的说明分析。前言文字力求简明，以讲清制订本计划的必要性、执行计划的可行性为要，应力戒套话、空话。

③ 主体

如果说引言回答了"为什么做"的问题，那么主体要回答"做什么"、"怎么做"、"何时做"等问题。

A. 目标与任务 首先要明确指出总目标和基本任务，随后应根据实际内容进一步详细、具体地写出任务的数量、质量指标。必要时再将各项指标定质、定量分解，以求让总目标、总任务具体化、明确化。

B. 办法与措施 以什么方法，用什么措施确保完成任务实现目标，这是有关计划可操作性的关键一环。所谓办法、措施就是对完成计划须动员哪些力量，创造哪些条件，排除哪些困难，采取哪些手段，通过哪些途径等心中有数。这既需要熟悉实际工作，又需要有预见性，而关键在于要实事求是、量力而行。只有这样，制订出的办法、措施才是具体的，切实可行的。

C. 时限与步骤 工作有先后、主次、缓急之分，进程又有一定的阶段性，为此在计划中针对具体情况应事先规划好操作的步骤、各项工作的完成时限及责任人。这样才能职责明确、操作有序，执行不折不扣。

3）撰写计划应注意的事项

计划写作中必须注意掌握以下五条原则：

① 对上负责的原则　要坚决贯彻执行党和国家的有关方针、政策和上级的指示精神。

② 切实可行的原则　要从实际情况出发定目标、定任务、定标准，既不要因循守旧，也不要盲目冒进。即使是做规划和设想，也应当保证可行，能基本做到，其目标要明确，其措施要可行，其要求也是可以达到的。

③ 集思广益的原则　要深入调查研究，广泛听取群众意见、博采众长，反对主观主义。

④ 突出重点的原则　要分清轻重缓急，突出重点，以点带面，不能眉毛胡子一把抓。

⑤ 防患未然的原则　要预先想到实施中可能发行的偏差，可能出现的问题，有必要的防范措施或补充办法。

2. 拓展思考问题

通过上述房屋本体维修养护计划的编制，请回答你在计划编制过程中，重点考虑了哪些因素或问题。

参 考 文 献

[1] 郑忱主编. 房屋建筑学. 北京：中央广播电视大学出版社，1994.
[2] 邵秀英、张青主编. 建筑工程质量事故分析. 北京：机械工业出版社，2009.
[3] 吴锦群主编. 物业维修服务与管理. 北京：中国建筑工业出版社，2004.
[4] 彭圣浩主编. 建筑工程质量通病防治手册. 第二版. 北京：中国建筑工业出版社，1990.
[5] 李承刚主编. 建筑防水新技术. 北京：中国环境科学出版社，1996.
[6] 刘宇、张崇庆主编. 房屋维修技术与预算. 北京：机械工业出版社，2010.
[7] 项建国编著. 建筑工程项目管理. 第三版. 北京：中国建筑工业出版社，2008.
[8] 天津市建设管理委员会. 天津市房屋修缮工程预算基价. 北京：中国建筑工业出版社，2008.